致 读 者

"知以获智，智达高远"是我们永远的精神追求。

面向精英荟萃的高等教育领域，我们以专业化的编辑团队、与时俱进的出版理念，通过深入的需求研究，注重创新，依靠强大的资金支持和专业出版背景，整合专业资源，挖掘最一流的作者，致力于打造原创、适用、高品质的高等教育教材。

欢迎您选用我们的教材！如对我们的教材有何意见或建议，请您随时联系我们！

E-mail:wx@ccpress.com.cn(王霞)；

　　　　 pjj@ccpress.com.cn(蒲晶境)

电话:010-85285927,010-85285995(传真)

地址:北京市朝阳区安定门外外馆斜街3号

　　　人民交通出版社土木与建筑图书出版中心

邮编:100011

您可以登陆我们的网站 **http://www.ccpress.com.cn**,获取最新教材信息,免费下载教学课件,并可以享受优惠购书服务。

U0319954

可供教材目录

（标有"☆"的为国家级"十一五"规划教材）

一、土木工程专业应用型本科规划教材

工程制图(主编:张英 主审:陈锦昌)······38.00
工程制图习题集(主编:郭全花 主审:陈锦昌)······29.00
建筑工程CAD(主编:冯小平 主审:马华)······28.00
工程测量(主编:贺跃光 主审:过静珺)······22.00
工程测量实践教学指导书(主编:马斌)······待出版
土力学地基与基础(主编:邵光辉 主审:陈轮)······28.00
工程力学(主编:刘淑红 主审:沈蒲生)······28.00
工程结构(主编:叶玲 主审:沈蒲生)······待出版
土木工程材料(主编:张正雄 主审:黄政宇)······29.00
土木工程材料实验指导书(主编:米文瑜 主审:黄政宇)······18.00
土木工程施工(主编:张云波 主审:朱宏亮)······待出版

二、工程管理专业应用型本科规划教材

专业英语(主编:孙春玲 主审:卢有杰)······20.00
工程估价(主编:马楠 主审:尹贻林)······48.00
工程项目管理基础(主编:周建国 主审:刘长滨)······39.00
工程经济学(主编:宋伟 主审:刘晓君)······34.00
工程经济学学习指导与习题解析(主编:宋伟)······29.00
金融与保险(主编:张国兴 主审:张洪涛)······36.00
建设工程项目管理(主编:庞南生 主审:刘长滨)······待出版
工程合同管理(主编:杨平 主审:成虎)······34.00
建设项目评估(主编:吴文平 主审:王立国)······待出版
建筑企业经营管理(主编:张涑贤 主审:庞永师)······39.00
　　※　　　　※　　　　※　　　　※　　　　※　　　　※
房地产经济学(主编:余宏 主审:武永祥)······26.00
房地产估价(主编:李杰 主审:盛承懋)······27.00
房地产开发(主编:陈双 主审:李启明)······28.00
房地产市场营销(主编:刘鹏忠 主审:盛承懋)······32.00
房地产财务管理(主编:赵玉霞 主审:邵军义)······29.00
房地产经纪(主编:薛姝 主审:盛承懋)······25.00
房地产项目策划(主编:张敏莉 主审:黄安永)······38.00
房地产金融(主编:寇慧丽 主审:田金信)······25.00
物业管理(主编:周云 主审:王建廷)······32.00
房地产法规(主编:李岫 主审:朱宏亮)······28.00
　　※　　　　※　　　　※　　　　※　　　　※　　　　※
工程造价管理(主编:吴怀俊 主审:陈起俊)······39.00
工程计量与计价(主编:李锦华 主审:王雪青)······32.00
工程定额管理(主编:李建峰 主审:赵世强)······29.00
工程估价学(主编:尹贻林严玲)☆······32.00
工程项目风险管理(主编:陈伟珂)☆······28.00

三、土木工程专业地下工程方向教材

四、土建类国家级精品课程教材

五、交通运输大类专业城市轨道交通方向核心课程教材

六、教学辅助用书

教材使用调查问卷

尊敬的老师：

  欢迎您使用《土木工程材料》教材，请您拨冗填写以下问卷。反馈问卷即进入我社教材服务贵宾数据库，我们将向您提供周到细致的服务：**赠送新版教材，赠送教师教学辅助用书，赠送相关图书多媒体课件，赠送业界最新资讯信息，提供购书优惠，优先参与教材编写，提供教师培训和定期举办的假期研讨班，等等。**

  教师姓名：_____ 电话：_____

  邮箱：_____ 主讲课程：_____

  学校：_____ 院（系）：_____

  地址：_____（ ）

1. 您是否拥有同类的其他教材，如有，请列出：

 ⊙_____

 ⊙_____

 ⊙_____

2. 您认为本书和以上图书相比，有哪些优点？

 ⊙_____

 ⊙_____

3. 您认为本书在哪些方面尚需改进？

 ⊙_____

 ⊙_____

4. 您对我们的工作有何建议和要求：

 ⊙_____

 ⊙_____

5. 您是否会采用本书做为您的教材？

⊙是 ⊙否 原因是：_____

  同时，我们也希望能与您交换教学用资料，如案例、课件、多媒体资料等，以充实、完善教学服务体系。

普通高等教育规划教材
国家级精品课程教材

土木工程材料

TUMU GONGCHENG CAILIAO

主编　阎培渝 [清华大学]

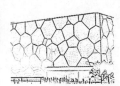

人民交通出版社
China Communications Press

内 容 提 要

本教材简要介绍了主要的土木工程材料的组成、结构、性能及它们的相互关系，土木工程材料的应用技术。本书还提供了学生实验指导书。本书以材料科学理论为基础，引入最新的研究成果，探讨材料的组成、结构与性能的关系，结合工程实际需要，介绍土木工程材料选用的原则。

本书可供非土木工程专业开设的土木工程材料课程选用，也可供一般应用型本、专科院校、成人和继续教育学院、自学考试的土木工程专业开设的相关课程选用。

图书在版编目(CIP)数据

土木工程材料/阎培渝主编 . —北京：人民交通出
版社，2009.5
ISBN 978-7-114-07160-7

Ⅰ. 土…　Ⅱ. 阎…　Ⅲ. 建筑材料—高等学校—教材
Ⅳ. TU5
中国版本图书馆 CIP 数据核字(2008)第 070418 号

书　　　名：	土木工程材料
著 作 者：	阎培渝
责任编辑：	王　霞(wx@ ccpress. com. cn)
出版发行：	人民交通出版社
地　　　址：	(100011)北京市朝阳区安定门外外馆斜街 3 号
网　　　址：	http://www.ccpress. com. cn
销售电话：	(010)59757969，59757973
总 经 销：	北京中交盛世书刊有限公司
经　　　销：	各地新华书店
印　　　刷：	北京市密东印刷有限公司
开　　　本：	787×960　1/16
印　　　张：	14
字　　　数：	272 千
版　　　次：	2009 年 5 月　第 1 版
印　　　次：	2009 年 5 月　第 1 次印刷
书　　　号：	ISBN 978-7-114-07160-7
定　　　价：	26.00 元

(如有印刷、装订质量问题，由本社负责调换)

前言 QIAN YAN

　　土木工程材料是土木工程建设的物质基础,土木工程材料的进步推动结构设计方法和建筑施工工艺的进步,所以土木工程材料是土木工程专业主要的专业基础课之一。对于许多其他专业,如工程管理、工程力学、工程地质、交通工程、建筑学、环境工程、矿业工程等,也需要了解土木工程材料的基本知识和应用技术。由于这些专业的知识体系的特点,并受到学时数的限制,这些专业不需也不能像土木工程专业那样系统深入地学习土木工程材料。本书即针对这些少学时、对专业知识要求不高的专业编写。本书力图用浅显的语言解释建筑材料涉及的基础理论,着重介绍如何正确应用建筑材料。

　　中国是目前世界上经济最活跃的国家,正处于快速发展时期。大量的基础设施正在建设中,需要大量的建筑材料。中国的大宗结构工程材料的产量长期居世界首位,旺盛的需求促进了建筑材料行业的巨大发展。近年来建筑材料科学研究与工程应用都取得了长足的进步,出现了许多新材料、新工艺,对于常用传统建筑材料的认识也有所改变。本书力图反映这种变化。

　　本书重点突出三个特点,即:(1)强调建筑材料的生产和应用必须符合可持续发展的原则;(2)以材料科学理论为基础,探讨材料的组成、结构与性能的关系,结合工程实际需要,介绍建筑材料选用的原则;(3)力图引进最新的研究成果,向读者介绍建筑材料的发展动态,使读者了解建筑材料发展的趋势。书中涉及的材料性能、计算公式和试验方法等,均引用了最新的标准规范。

　　由于是第一次编写简明版的《土木工程材料》,对于内容的深度和广度的把握没有经验。并由于编写者水平的限制,书中难免存在一些错误,诚恳地希望广大读者和同行专家批评指正,提出宝贵意见,编写者不胜感谢。

清华大学土木工程系　　阎培渝

2008 年 12 月　于北京清华园

目录 MU LU

第一章　绪　论

第一节　土木工程材料及其分类

土木工程材料是指用于土木工程建设的各种材料。土木工程材料种类繁多,应用广泛,即使是同一类材料,也有许多品种。在进行生产和施工管理,制定产品质量标准及试验方法,或进行材料性能研究过程中,通常按以下几种方法对土木工程材料进行分类。

一、按照制造方法分类

按照制造方法,土木工程材料可分为天然材料和人工材料。天然材料是指对自然界中的物质只进行简单的形状、尺寸、表面状态等物理加工,而不改变其内部组成和结构,例如天然石材、木材、土、砂等。人工材料是对自然界中取得的原料进行煅烧、冶炼、提纯、合成或复合等加工而得到的材料,例如钢材、铝合金、水泥、混凝土、砖瓦、玻璃、塑料、石油沥青、木材制品、合成纤维材料等。

二、按照化学组成分类

按照化学组成,土木工程材料可分为无机材料、有机材料和复合材料。无机材料又分为金属材料和非金属材料,用于土木工程的金属材料主要有建筑钢材、铝合金、不锈钢、铜、铸铁等,其中建筑钢材用量最大。非金属材料又称为矿物质材料,在土木工程材料中占据主要位置,包括天然石材、烧土制品、水泥、混凝土、建筑陶瓷、建筑玻璃等。有机材料包括天然的有机材料与合成的有机材料。木材、竹材、沥青、生漆、植物纤维等属于天然有机材料。合成有机材料有塑料、涂料、合成树脂、粘结剂、密封材料等。复合材料是指两种或两种以上材料复合而成的材料,例如钢筋混凝土、钢纤维混凝土是金属与非金属材料复合而成;聚合物混凝土、沥青混凝土、玻璃钢是有机材料与无机材料复合而成;木塑材料是天然材料与人工材料复合而成。复合材料具有更加优良的特性。

三、按照使用功能分类

按照使用功能,土木工程材料可分为承重材料、装饰装修材料、隔断材料、防火材料等。承重材料主要用作建筑物中的梁、柱、基础、承重墙体等承受荷载的构件,构成结构物的骨架,通常使用的材料有木材、石材、钢材、混凝土等。装饰、装修材料用于建筑物的内外表面装饰,以分隔、美观、装饰及保护结构体为目的,主要有涂料、瓷砖、壁纸、玻璃、各类装饰板材、金属板、地毯等。隔断材料是指以防水、防潮、隔声、保温隔热等为目的的材料,包括各类防水材料、各种具有控制热量传递功能的玻璃、保温板材与砂浆、密封材料等。防火材料是以防止火灾的发生和蔓延为目的的材料,包括防火门、石棉水泥板、硅钙板、岩棉、混凝土预制构件等。

四、按照使用部位分类

按照使用部位,土木工程材料可分为基础材料、结构材料、屋顶材料、地面材料、墙体材料、顶棚材料等。

土木工程材料种类繁多,性能各异,其分类方法也有许多,根据分析问题的不同角度或者施工管理方便等可采取不同的分类方法。

第二节　土木工程材料的发展历程

在人类漫长的历史发展过程中,土木工程材料的发展经历了从无到有,从天然材料到人工材料,从手工业生产到工业化生产这样几个阶段(图 1-1)。

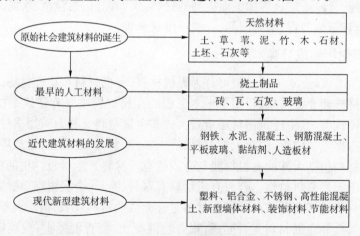

图 1-1　土木工程材料的发展历程

一、天然材料的利用

大约距今 10000～6000 年前,人类学会了建造自己的居所。这一时期的房屋多为半地穴式,所使用的材料为天然的木、竹、苇、草、泥等。墙体多为木骨抹泥,有的还用火烤得极为坚实,屋顶多为茅草或草泥。除了住居之外,人们还建造了一些防卫用的壕堑、牲畜栏和储藏用的窖穴等生活设施。

天然石材具有比木材、泥、土等材料更坚硬、耐久的性质,但不易切割和使用。随着人类生产工具的进步,取材能力增强,人们开始利用天然石材建造房屋和纪念性结构物。最早利用大块石材的结构物当数公元前 2500 年前后建造的埃及金字塔。公元前 400~前 500 年建造的古希腊雅典卫城、公元 80~200 年期间兴旺一时的罗马古城,也大量使用了天然石材。进入中世纪,石材建筑更是风靡欧洲,许多皇家建筑及教堂,均采用石材作为结构材料。由于石材建筑坚固耐用,因此许多建筑物得以长久地保存下来,成为人类宝贵的文化遗产。

公元前 16~前 11 世纪(商代)的青铜器时代,由于青铜器的大量使用,使得社会生产力水平有了很大提高。同时,青铜器的使用为木结构建筑及"版筑技术"提供了很大的方便。所谓"版筑技术",就是用木板或木棍作边框,然后在框内填筑黄土,用木杵夯实之后,将木板拆除。这是一种非常经济的筑墙方法,就地取土筑墙,木版框可以重复使用多次。利用这种技术,对天然土进行简单的加工,用于人类的住居及其他建筑物。在我国西北地区现在仍在使用这种技术建造房屋。碾压混凝土筑坝技术则是现代的版筑技术。

二、烧土制品——最早的人工建筑材料

以天然黏土类物质为原料,经过预先成型,然后高温焙烧获得的建筑材料叫做烧土制品。烧土制品是人类最早加工制作的人工建筑材料,可以说是与人类的文化、历史同步发展的一种土木工程材料。

土坯是黏土砖的前身,将黏土用水拌和成泥,能产生塑性变形。利用这种性质,将黏土泥放入一定尺寸的模型中成型,然后利用太阳光照干燥制成,这是人类最初加工制造的建筑材料,这种土坯最早在公元前 8000 年左右,就在中近东到埃及一带使用。在古埃及和美索不达米亚的遗迹中,有很多构筑物就使用了这种日晒土坯。土坯制作简单,成本低廉,保温性能好,直到现在,在一些干旱少雨、工业生产不发达的偏僻农村仍然使用土坯砌筑房屋的墙体或内墙。但是土坯组织粗糙,强度低,吸水后软化。为了克服这些缺点,人们将土坯在高温下焙烧,成为坚实、耐水的黏土砖。在土坯出现后大约 3000 年(即公元前 5000 年左右),就出现了烧制的黏土砖。这种黏土砖最早被苏美尔人用于建造宫殿。

我国从西周时期(大约公元前 1060~前 711 年)开始出现了黏土砖,到了秦汉时期,黏土砖已经作为最主要的房屋建筑材料被大量使用,因此有"秦砖汉瓦"之称。黏土砖是烧土制品的代表性材料,与土坯相比,黏土砖强度高、耐水性好,同时外形规则、尺寸适中,易于砌筑,2000 多年以来,黏土砖在我国房屋建筑中始终是墙体材料的主角。

但是烧制黏土砖要破坏大量的耕地,随着人口的增多,土地资源的匮乏,我国正在逐步限制实心黏土砖的使用和生产,这种传统的墙体材料将逐步被其他材料所取代。

石灰是最早的人工胶凝材料。生石灰的化学成分主要是 CaO,是由天然的石灰石($CaCO_3$)经煅烧分解而成的。石灰加水拌和成浆体,具有流动性和可塑性,经过一定时间,水分蒸发形成氢氧化钙结晶,同时与空气中的二氧化碳反应生成碳酸钙而产生强度,同时能把块状材料或散粒材料粘结起来。在西周时期的陕西凤雏遗址中,发现土坯墙上采用了三合土(即石灰、黄砂、黏土混合)抹面,说明我国在 3000 多年前已能烧制石灰。

玻璃也属于烧土制品的一种,其主要成分是硅酸盐。它是将高温下的熔融体快速冷却,固化形成的非晶态物质。玻璃最大的特点是具有透明性,强度高、坚硬,抗压强度大约为 600~1200MPa,是石材的 10~20 倍。玻璃最早是作为装饰品或祭祀品使用,公元前 2000 年左右的埃及古墓中就已经有了透明的玻璃祭葬品。到中世纪左右,在欧洲玻璃的应用范围扩展到建筑和美术品。最开始在建筑上的应用是将彩色玻璃用于教堂建筑的内墙壁画,例如,公元 1100 年左右俄国圣索菲亚教堂的内墙就采用了彩色玻璃。而用于门窗采光的透明玻璃,是 1640 年首先在俄国生产的。如今,透明的平板玻璃已成为建筑上不可缺少的采光材料,同时,各种功能的玻璃制品也广泛地应用在建筑物上。

烧土制品的出现,使人类建造房屋的能力和水平跃上了新的台阶,土坯、黏土砖作为块体材料用来砌筑墙体,其强度和保温隔热性能远远优于木骨抹泥的墙体,黏土瓦作为屋面材料大大提高了房屋的防雨、防渗漏功能,使居室环境得到改善。以石灰为胶凝材料可以拌制成砂浆,既可以用于块体材料之间的胶结,提高砌筑墙体的强度和整体性,又可以用于墙体的抹面,提高墙体的隔断性能和表面美观性。玻璃作为具有透光、透明性材料,用于房屋建筑的门窗,大大提高了居室的采光效果。因此,烧土制品作为最早的人工建筑材料,使人类的居住环境得到了根本性的改善。

三、近代土木工程材料的进步与建设水平的提高

1824 年,英国人 Joseph Aspding 将石灰石与黏土混合制成料浆,然后在石灰窑中高温煅烧,得到固体材料,将其粉磨成粉末,成为水泥,并取得了发明专利。这种水泥硬化之后,与当时英国的波特兰(Portland)岛出产的一种淡黄色石材的颜色极为相似,所以将这种水泥命名为波特兰水泥(Portland cement)。波特兰水泥的主要矿物成分是硅酸盐矿物,所以在我国称之为硅酸盐水泥。波特兰水泥的发明是建筑材料发展史上的一个里程碑。与石灰胶凝材料相比,硅酸盐水泥不仅强度高,而且具有水硬性,与砂、石和水拌和制成混凝土材料,广泛地用于房屋建筑、道路、桥梁、水工结构物等基础设施的建设,使人类的建设活动范围和规模得到进一步发展。

世界各国很快认识到了水泥的优良性能,先后开始水泥的生产,并大量用于各项建设活动。我国于 1889 年最早在河北唐山建立了第一家水泥厂,当时叫做"启新洋灰公司",正式开始生产水泥。如今我国已经是世界上水泥产量最高、使用量最多的国家。

钢材在使用过程中容易生锈;混凝土则属于脆性材料,虽然抗压强度较高,但抗拉强度极低,很容易开裂。在实际使用中,人们发现两者结合起来具有很好的黏结力,可以互相弥补缺点,发挥各自所长,在混凝土中放入钢筋,既可以使钢筋免于大气中有害介质的侵蚀,防止生锈;同时钢筋提高了构件的抗拉性能,于是出现了钢筋混凝土材料。1855 年,法国的 J. L. Lambot 在第一届巴黎万国博览会上展示了钢筋混凝土小船,宣告钢筋混凝土制品问世。1887 年,M. Koenen 发表了钢筋混凝土梁的荷载计算方法。1892 年法国的 Hennebique 发表了梁的剪切增强配筋方法。这些计算及设计方法成为今天钢筋混凝土结构设计的基础。

进入 20 世纪以来,钢筋混凝土材料有了两次较大的飞跃。其一是 1908 年,由 C. R. Steiner 提出了预应力钢筋混凝土的概念,1928 年法国的 E. Fregssinet 使用高拉力钢筋和高强度混凝土使预应力混凝土结构实用化。其二是 1934 年,在美国发明了减水剂,在普通的混凝土中加入少量的减水剂,可大大改善混凝土的工作性。这些发展使混凝土和钢筋混凝土的性能得到进一步提高,应用范围进一步扩大。

水泥混凝土、钢筋混凝土及预应力钢筋混凝土的出现,是土木工程材料发展史上的又一飞跃。它使建筑物向高层、大跨度发展有了可能。混凝土材料无论是强度还是耐久性,都远远优于木材、砖、瓦等传统材料。今天钢筋混凝土材料已经成为建设工程中使用量最大的人造材料。

四、现代各种新型材料使建筑物形式更加丰富

如果说 19 世纪钢材和混凝土作为结构材料的出现使建筑物的规模产生了飞跃性的发展,那么 20 世纪出现的高分子有机材料、新型金属材料和各种复合材料,则使建筑物的功能和外观发生了根本性的变革。以塑料和合成树脂为代表的高分子有机材料是 20 世纪具有代表性的新型材料。品种繁多的有机建筑材料作为装饰装修材料、防水材料、保温隔热材料、管线材料、绝缘材料,在建筑物中发挥着各种功能作用,使建筑物的使用功能和质量得到了很大提高。

铝合金、不锈钢等新型金属材料是现代建筑理想的门窗及住宅设备材料,这些新型的金属材料在建筑物开口部位及厨房、卫浴设备上的应用,极大地改善了建筑物的密封性、美观性与清洁性,提高了居住质量。

20 世纪建筑材料的另一个明显的进步是各种复合材料的出现和使用,包括有机材料与无机材料的复合、金属材料与非金属材料的复合,以及同类材料之间的复合。

例如含有钢纤维、玻璃纤维、有机纤维等的各种纤维增强混凝土,利用纤维材料抗拉强度高的特点及它们与混凝土的黏结性,提高了混凝土的抗拉强度和冲击韧性,克服了混凝土材料脆性大、容易开裂的缺点,使混凝土的使用范围得到扩大;采用聚合物混凝土、树脂混凝土等复合材料制造的各种地面材料、台面材料,模仿天然石材的质地和花纹,而且比石材韧性好、颜色美观;采用小木块、碎木屑、刨花等木质材料为基材,使用胶黏剂或夹层材料加工而成的各种人造板材,模仿天然木材的纹理和走向,可达到以假乱真的程度。这些板材用作建筑物的地面、内隔墙板、护壁板、顶棚板、门面板及各种家具等,弥补了天然木材尺寸有限、材质不均匀、容易变形等方面的缺陷,提高了木材的利用率和功能。除此之外,石膏板、矿棉吸声板等各种无机板材,可代替天然木材作内墙隔板、吊顶材料,使建筑物的保温性、隔声性等功能更加完善。各种空心砖、加气混凝土砌块等墙体材料代替实心黏土砖,可节约土地资源。随着高效减水剂的开发成功,高性能混凝土应运而生,使混凝土材料又迈上一个新的台阶。各种涂料、防水卷材、嵌缝密封材料的开发利用,改善了建筑物的防水性和密闭性。各种壁纸用于建筑物的内墙装修,极大改善了建筑物的美观性、舒适性。各种陶瓷制品用于地面、墙面、卫生洁具,耐酸、碱、盐等化学物质的侵蚀,容易清洁,使人们生活更加方便、舒适,生活质量得到了极大提高。

随着人类社会发展水平的提高,人类对于自然界的索取和破坏程度加剧。为了实现人类社会的可持续发展,需要按照循环经济的理念来指导土木工程材料的生产和消费。即合理利用资源和环境容量,在物质循环利用的基础上发展经济。"3R原理(Reduce——减量化、Reuse——再利用、Recycling——再循环)"是循环经济的核心内容。土木工程材料工业可以大量利用工业固体废弃物,减少资源消耗。提高土木工程材料的耐久性,延长建筑物的使用寿命,也是减少资源消耗的有效途径。

第三节　土木工程材料的组成、结构与性能的关系

影响材料性质的因素很多,这些因素可以分成两部分,即外界因素和材料本身的内部因素,而后者更重要。一般从材料的组成和结构出发,分析材料性质与其内在因素的关系。

一、材料组成

土木工程材料的组成通常是指其化学成分和矿物组成。

化学成分是指材料的化学元素及化合物的种类和含量。

矿物是指地质作用中各种化学成分所形成的自然单质和化合物,具有相对固定的化学成分和内部结构。矿物是组成地壳的基本物质单元。土木工程材料中引申了

这一概念。通常将人造的无机非金属材料中具有特定晶体结构和特定物理力学性能,且与天然矿物相似的组织称为矿物。矿物组成即指材料中的矿物种类及含量。

材料的组成及其相对含量的变化,不仅影响其化学性质,也会影响材料的物理力学性质。例如一般建筑钢材容易发生锈蚀,当冶炼时加入铬和镍就可以提高钢材的防锈能力,成为不锈钢。又如硅酸盐水泥主要由 4 种矿物成分(水泥熟料矿物)加入适量石膏混合磨细而得,如果不掺加石膏,则这种水泥会因快凝而无法在工程中使用。再如在混凝土搅拌过程中加入化学外加剂,混凝土性能即可发生明显改变。

材料成分不同,其物理力学性质也会有明显差异。典型的例子如金属材料和高分子材料,它们在导电性能方面有明显差异。纯铁、钢、生铁三者的主要成分都是铁元素,但纯铁强度相对较低且较柔软,钢却较坚韧,生铁则硬脆。形成这种差别的主要原因之一就是含碳量的不同,含碳量不同也会引起物质结构的变化。材料中某些成分的改变,可能会导致某项性质的较大改变,而对另一些性质虽然也有影响,但却不明显。不锈钢中的铬、镍元素可明显提高钢的防锈性能,但对钢的强度的影响却不大。

由上述可见,材料的组成直接影响材料性能,在材料的生产、使用时应根据对性能的要求来确定材料组成及所占比例。

二、材料的结构

材料的结构是决定材料物理力学性能的重要因素。材料的结构是指在 $10^{-10} \sim 10^{-3}$ m 尺寸范围内的组织状态,可分为微观结构和细观结构。

1. 微观结构

微观结构是原子、分子层次的结构状态,尺寸范围 $10^{-10} \sim 10^{-6}$ m,通过电子显微镜、X 射线衍射等检测手段进行观察、分析和研究。固体无机材料的微观结构分为晶体、玻璃体和胶体 3 种。

晶体结构是质点(离子、原子或分子)按特定的规则排列并呈周期性重复的空间结构。晶体具有规则的几何外形、固定的熔点、各向异性、化学稳定性好等特点。多晶体材料是由许多小晶粒杂乱排列形成的,材料的性质不仅与各个单一晶粒的性质有关,还受到细观层次的晶体组织结构(不同单晶粒间的组合)的影响。宏观层次多晶体材料的各向同性是众多小晶粒无规则排列的表现。

晶体分为原子晶体、离子晶体、分子晶体、金属晶体。质点间的相互作用力与化学键有关,一般是共价键(形成原子晶体)最大,离子键次之,分子键最小,金属键的结合力则视电子数目而定,电子愈多,结合力愈大。钢材中晶格的质点密集程度很高,质点间有金属键联结,这使得钢材具有很大的塑性变形能力、较高的强度,并且具有良好的导热性和导电性。如果晶格中质点的密集程度不高,则材料的变形能力就很小,其脆性很大,如天然石料等。

晶体材料中并不完全是以单一化学键联结质点,在复杂晶体结构中其化学键的结合也相当复杂。在建筑材料中占有重要地位的硅酸盐材料,其结构就是以共价键和离子键交互构成的,由硅氧四面体单元与不同的金属离子结合而成。在石棉材料中硅氧四面体形成链状结构,纤维与纤维之间的键力要比链状结构方向上的共价键弱。云母中硅氧四面体单元连结成片状结构,再叠合成层状结构,层与层之间以分子键结合。而在石英中硅氧四面体以立体网状结构形状结合,所以强度和硬度都较高。

在熔融物冷却凝固过程中,如果冷却速度较快,质点来不及按一定规则排列,便形成玻璃体。玻璃体材料各向同性,破坏时没有解理面,无固定熔点。玻璃体在急冷过程中,质点间的能量以内能的形式存储起来,使得玻璃体具有化学不稳定性,有时表现出一定的化学活性。如火山灰材料中非晶态 SiO_2 与石灰在有水的条件下可发生反应生成水化硅酸钙,而石英砂中的晶态 SiO_2 与石灰在常温下几乎不反应。在建筑材料中常利用粒化高炉矿渣、烧黏土和某些天然岩石具有化学活性的特点,将其作为水泥混合材或混凝土的掺合料。

胶体结构是由一种细小的固体粒子(直径 $1\sim100nm$)分散在介质中形成的。由于胶体的质点很小,其总的表面积很大,因而表面能很高,吸附能力也很强。在胶体结构中,当固体粒子(胶粒)较少时,形成溶胶结构,具有一定的流动性和黏滞性;当胶粒较多时,形成凝胶结构,具有固体性质。在长期应力作用下,凝胶体又有黏性流动的性质。

玻璃体和胶体材料一般均为非晶体材料。非晶体材料的体态和性质的变化范围较大,从性质方面看,既可以是具有很大变形能力的溶胶,如沥青等,也可以是变形能力很小的脆性固体,如玻璃等。一般来说,非晶体材料在外力作用下可同时产生可恢复的弹性变形和不可恢复的塑性变形。非晶体材料还包括有机高分子聚合物材料,它们由链状或网状的高分子聚合而成,其弹性变形可超过100%。

材料在微观结构上的差异影响到材料的强度、硬度、熔点、变形、导热性等性质。材料的微观结构决定着材料的物理力学性质。

2. 细观结构

细观结构是从材料内部组织和相的层次来研究材料的,其尺寸范围为 $10^{-6}\sim10^{-3}m$。借助光学显微镜就可观察材料的细观结构。

土木工程材料的细观结构研究应根据具体材料分类进行。钢材的晶体组织在常温下有铁素体、珠光体、渗碳体,当它们在钢中的含量不同时,钢材的力学性能就会有明显差别。木材的微观组织即管胞、导管、木纤维、髓线、树脂道的分布及管状细胞的组成决定了木材的性能。其他土木工程材料,如混凝土、天然岩石的性能也受到细观层次上的组织(相)特征、分布情况、组织(相)间界面的影响。

三、材料的构造

材料构造是指宏观的组织状态和具有特定性质的材料单元的组合情况,其尺寸范围在 10^{-3} m 以上。材料内部孔隙对强度的影响,最明显之处就是减小了材料承受荷载的有效面积。更深入的研究表明,应力在孔隙处的分布会发生变化,最简单的例子是在孔隙处的应力集中(重分布)。孔隙不仅影响材料的力学性质还影响材料的物理性质,如导热性、水渗透性、抗冻性等。孔隙对材料性质的影响不仅取决于孔隙率,还与孔隙大小、形状、分布等特征有着密切关系。

按孔隙特征可将材料分为致密结构(如钢铁等)、多孔结构(如泡沫塑料等)和微孔结构(如石膏等)。

由材料单元组合而成的材料性能取决于各单元的性质、组合方式、所占比例等因素。按组合方式可将材料分为堆聚结构(如水泥混凝土等),纤维结构(如木材、纤维增强塑料等),层状结构(如胶合板等),散粒结构(如膨胀珍珠岩等)。

综上所述,材料的组成、结构与构造决定材料的性质。材料组成、结构与构造的变化带来了材料世界的千变万化。

第四节　建筑材料基本性质

一、基本物理性质

1. 密度(ρ)、表观密度(ρ_0)与堆积密度(ρ_1)

(1)密度是指材料在绝对密实状态下单位体积的质量,用式(1-1)表示:

$$\rho = \frac{m}{V} \tag{1-1}$$

式中:ρ——材料的密度,g/cm^3;

　　　m——材料在绝对干燥状态下的质量,g;

　　　V——材料在绝对密实状态下的体积,cm^3。

(2)表观密度是指材料在自然状态下单位体积的质量,用式(1-2)表示:

$$\rho_0 = \frac{m}{V_0} \tag{1-2}$$

式中:ρ_0——材料的表观密度,kg/m^3;

　　　m——材料的质量,kg,需要注明含水状态,如果没有特殊注明,一般指气干状态下的质量;

　　　V_0——材料在自然状态下的体积,m^3,该体积包括材料内部封闭孔隙的体积。

（3）堆积密度（也叫体积密度）指粒状材料在堆积状态下单位体积的质量，用式（1-3）表示。根据堆积的密集程度，又可分为紧密体积密度和松散体积密度。材料的堆积密度为：

$$\rho_1 = \frac{m}{V_1} \qquad (1-3)$$

式中：ρ_1——材料的堆积密度，kg/m^3；

$\quad m$——材料在自然状态下的质量，kg；

$\quad V_1$——材料在堆积状态下的体积，m^3，该体积既包括材料内部封闭孔隙的体积，也包括颗粒之间的空隙体积。

材料的密度、表观密度是材料最基本的物理性质，它间接地反映材料的密实、坚硬程度。同时在生产和施工过程中，通过密度、表观密度或堆积密度等指标来掌握材料的质量、体积等数据，以便安排储存场地、运输工具等。

2. 密实度（D）与孔隙率（P）

（1）密实度（D）指材料体积内被固体物质充实的程度，即材料的绝对密实体积 V 占外观体积 V_0 的百分比，用式（1-4）表示：

$$D = \frac{V}{V_0} \times 100\% \qquad (1-4)$$

如果已知材料在绝对干燥状态下的表观密度 ρ_0，则密实度也可以表示为式（1-5）：

$$D = \frac{\rho_0}{\rho} \times 100\% \qquad (1-5)$$

（2）孔隙率（P）指材料体积内孔隙体积所占的比例，即材料内部的孔隙体积占外观体积的百分率，用式（1-6）表示：

$$P = \frac{V_0 - V}{V_0} \times 100\% = \left(1 - \frac{\rho_0}{\rho}\right) \times 100\% \qquad (1-6)$$

根据上述密实度和孔隙率的定义，可得出密实度和孔隙率的关系：$D+P=1$。

孔隙率或密实度反映材料的结构致密程度，直接影响材料的力学性能、热学性能及耐久性等性能。但是孔隙率只能反映材料内部所有孔隙的总量，并不能反映孔径分布状况，也不能反映孔隙是开放的，还是封闭的，是连通的，还是孤立的等特性。不同尺寸、不同特征的孔隙对材料性能的影响程度不同，例如封闭孔隙有利于提高材料的保温隔热性，在一定范围内对材料的抗冻性也有利；而开放或连通的孔隙则降低材料的保温性和抗渗性。孔径较大的孔隙对材料的强度极为不利，但孔径在 20nm* 以下的凝胶孔对强度几乎没有任何影响。所以，除孔隙率之外，孔径大小、孔隙特征对材料的性能也具有重要的影响。

　　按照孔径大小可将材料内部的孔隙分为气孔(或大孔)、毛细孔和凝胶孔 3 种。其中气孔的平均孔径范围为 $50\sim200\mu m^{*}$，最大甚至达到 1mm 以上；毛细孔的孔径范围为 $2.0nm\sim50\mu m$，对材料的吸水性、干缩性和抗冻性影响较大；凝胶孔极其微细，孔径在 20nm 以下。按照孔隙是否封闭特征，又分为连通孔隙(开口孔隙)和封闭孔隙(闭口孔隙)，连通孔隙和封闭孔隙体积之和等于材料的总孔隙。

　　3. 填充率(D_1)与空隙率(ρ_1)

　　填充率及空隙率适用于粒状材料。

　　(1)所谓填充率是指粒状材料在堆积体积中，被颗粒填充的程度，可以用颗粒的外观体积 V_0 占堆积体积 V_1 的百分率来表示，如式(1-7)所示：

$$D_1 = \frac{V_0}{V_1} \times 100\% \tag{1-7}$$

　　如果采用相同含水状态下的表观密度 ρ_1 和堆积密度 ρ_0，则填充率也可以表示为式(1-8)：

$$D_1 = \frac{\rho_1}{\rho_0} \times 100\% \tag{1-8}$$

　　(2)所谓空隙率是指粒状材料在堆积体积中，颗粒之间空隙体积占堆积体积的百分率，可以用式(1-9)表示：

$$P_1 = \frac{V_1 - V_0}{V_1} \times 100\% = \left(1 - \frac{\rho_1}{\rho_0}\right) \times 100\% \tag{1-9}$$

　　根据上述定义，可得出填充率和空隙率的关系：$D_1 + P_1 = 1$。

　　空隙率反映粒状材料堆积体积内颗粒之间的相互填充状态，是衡量砂、石子等粒状材料颗粒级配好坏，进行混凝土配比设计的重要原材料数据。在进行混凝土配比设计时，通常根据骨料的堆积密度、空隙率等指标计算水泥浆用量及砂率等。

二、材料与水有关的性质

　　1. 亲水性与憎水性

　　将一滴水珠滴在不同的固体材料表面，水滴将出现不同状态，如图 1-2 所示。其中图 1-2a)所示为水滴向固体表面扩展，这种现象叫做固体能够被水润湿，该材料是亲水性的；图 1-2b)所示为水滴呈球状，不容易扩散，这种现象叫做固体不能被水润湿，该材料是憎水性的。

---

　　* 　1nm=10^{-9}m；1μm=10^{-6}m

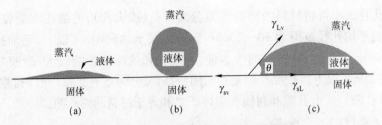

图 1-2 水珠在不同固体材料表面的形状

图 1-2 中水滴、固体材料及气体形成固—液—气三相系统,在三相交界点处沿液—气界面作切线,与固—液界面所夹的角叫做材料的润湿角(θ),如图 1-2(c)所示。当 $\theta < 90°$ 时,表明材料为亲水性或能被水润湿;当 $\theta \geqslant 90°$ 时,表明材料为憎水性或不能被水润湿。θ 角的大小,即固体材料是亲水性的,还是憎水性的取决于气—固之间的表面张力(γ_{sv})、液—气之间的表面张力(γ_{Lv})及固—液之间界面张力(γ_{sL})三者之间的关系,如式(1-10)所示:

$$\cos\theta = \frac{\gamma_{sv} - \gamma_{sL}}{\gamma_{Lv}} \qquad (1-10)$$

大多数建筑材料都是亲水性的,例如木材、混凝土、黏土砖等,同时这些材料内部又存在着孔隙,因此水很容易沿着材料表面的连通孔隙进入内部。憎水性材料如沥青、塑料等,水分不容易进入材料内部,这类材料适合作防水材料。

2. 吸水性与吸湿性

(1)吸水性指将材料放入水中能吸收水分的性质。材料的吸水性用吸水率表示。质量吸水率即材料达到饱和吸水时所吸收水分的质量占材料干燥状态下质量的百分比,如式(1-11)所示:

$$W_m = \frac{m_w - m_d}{m_d} \times 100\% \qquad (1-11)$$

式中:W_m——材料的质量吸水率,%;

m_w——材料在吸水饱和时的质量,g;

m_d——材料在干燥状态下的质量,g。

材料所吸水分是通过连通孔隙吸入的,所以连通孔隙率越大,则材料的吸水量越多。材料吸水达到饱和时的体积吸水率即为材料的连通孔隙率。吸水率的大小反映了材料孔隙率的大小及连通孔隙的多少,反映了材料的致密程度,影响材料的保温隔热性能。同时吸水率的大小与材料内部的孔径大小和孔隙特征有关,细微的连通孔隙容易吸水,而封闭的孔隙水分不能进入。连通的大孔虽然水分容易进入,但不容易存留。

(2)吸湿性(还湿性)指材料在空气中吸收(或放出)水分的性能,用含水率(W_h)

表示,即材料吸收水分的质量占材料干燥状态下质量的百分比为含水率,用式(1-12)表示。

$$W_h = \frac{m_h - m_d}{m_d} \times 100\%$$ (1-12)

式中:W_h——材料的含水率,%;

m_h——材料在环境中的质量,g;

m_d——材料在干燥状态下的质量,g。

吸湿性的大小不仅与材料本身的孔隙率有关,还与环境湿度有关。如果环境湿度大,材料的含水率将增大,反之如果环境干燥,含水率将降低。材料吸收一定的水分与周围环境湿度达到相对平衡时的含水率叫做平衡含水率。此时,材料将不再吸收水分,也不再放出水分,或者说材料吸收的水分等于放出的水分,达到相对的动态平衡。

材料吸水后会导致自重增加,体积与尺寸、形状变化,保温隔热性能降低,强度下降等问题,影响使用功能。例如木材制品由于内部含水量的变化会出现尺寸变化或变形,多孔材料吸收水分后保温隔热性能降低,导热系数增大;石膏制品、黏土砖、木材等材料吸水后强度和耐久性也将产生不同程度的降低。

3. 耐水性

材料在长期饱水环境中不破坏、其强度也不显著降低的性质称为耐水性。耐水性用材料在吸水饱和状态与干燥状态下的强度之比来衡量,叫做软化系数,如式(1-13)所示:

$$K_R = \frac{f_w}{f_d}$$ (1-13)

式中:K_R——材料的软化系数;

f_w——材料在吸水饱和状态下的强度,MPa;

f_d——材料在干燥状态下的强度,MPa。

材料的软化系数在0~1之间变化,软化系数越高,表明材料的耐水性能越好。一些长期在水中或潮湿环境中工作的结构物,要选择软化系数大于0.85的耐水性材料。

三、材料的热工性质

材料的热工性质包括热量在材料中传导的速度、材料储存热量的能力等物理特性,主要由导热系数、传热系数、比热和热容量等性能指标表示。

1. 导热性

当材料两侧存在温度差时,热量将从温度高的一侧向温度低的一侧传递,直到两侧温度相同。不同的材料其传导热量的速度不同,叫做导热性,用导热系数来表示,如式(1-14)所示。导热系数的物理意义是厚度为 1m 的材料,当材料两侧的温差为 1K 时,在 1h 内通过 $1m^2$ 面积的热量。

$$\lambda = \frac{Qd}{At(T_1 - T_2)} \tag{1-14}$$

式中： Q——传导的热量,W;

A——传热面积,m^2;

t——传热时间,h;

d——材料的厚度,m;

$(T_1 - T_2)$——材料两侧的温度差,K;

λ——导热系数,W/(m·K)。

导热系数越小,表明材料的隔热性能越好。建筑上通常将导热系数小于 0.23W/(m·K)的材料称为绝热材料。为了提高建筑物的保温效果,节省温控能耗,房屋建筑的围护结构应尽量采用导热系数小的材料。不同成分及结构的材料其导热系数差别很大,常用材料的导热系数见表 1-1。

常用材料的热工性能指标　　　　　　　　　　　　　　　　　　表 1-1

材　　料	导热系数 λ [W/(m·K)]	比热 c [J/(g·K)]	材　　料	导热系数 λ [W/(m·K)]	比热 c [J/(g·K)]
钢材	550	46	木材(松木)	0.15	1.63
花岗岩	2.9	0.80	空气	0.025	1.0
混凝土	1.8	0.88	水	0.6	4.19
黏土砖	0.55	0.84	冰	2.20	2.05
泡沫塑料	0.035	1.30			

材料的导热系数不仅取决于材料的组成,还与材料内部的孔隙率、吸水多少有密切关系。由表 1-1 数据可见,空气的导热系数很小,而水的导热系数较大,如果材料内部含有大量封闭的、微小孔隙,同时保持干燥状态,孔隙内部充满空气,可有效地降低材料的导热系数;但是如果多孔材料吸收大量水分,将使导热系数增大,降低其保温效果。

2.热容量与比热

材料温度升高时将吸收热量,温度降低时将放出热量。材料积蓄热量的能力叫做热容量。

当温度升高或降低 1K 时,单位质量的材料所吸收或放出的热量叫做该材料的比热,用式(1-15)表示：

$$c = \frac{Q}{m(T_1 - T_2)} \tag{1-15}$$

式中：　Q——材料的热容量，J；

　　　　m——材料的质量，g；

$(T_1 - T_2)$——材料受热或冷却前后的温度差，K；

　　　　c——材料的比热，J/(g·K)。

　　导热系数表示热量通过材料传递的速度，热容量或比热表示材料内部存储热量的能力。对于房屋建筑围护结构所用的材料，一般希望冬季保暖、夏季隔热，即在室内外存在温差的条件下，尽量减小热量通过墙体、屋顶等部位的传递，同时将热量存储在材料之中，以保证室内温度稳定。在选材时，要选用导热系数小而热容量或比热大的材料。常用材料及物质的热工性能指标如表1-1所示。

四、材料的力学性质

1. 强度

　　材料在荷载作用下抵抗破坏的能力叫做强度。当材料受外力作用时，内部就会产生抵抗外力作用的内力，单位面积上所产生的内力叫做应力，在数值上等于外力除以受力面积。外力增加时，材料内部的抵抗力即应力也相应增加，该应力值达到材料内部质点间结合力的最大值时则材料破坏。因此，材料的强度即为材料内部抵抗破坏的极限应力。

　　根据外力作用的方式不同，有抗压、抗拉、抗弯（抗折）和抗剪等各种强度（图1-3）。其中抗压、抗拉或抗剪强度按公式(1-16)计算；抗折强度等于试件所受最大弯矩除以该截面的抗弯模量，当跨距为 L、两端简支、跨中受一集中荷载 F 作用时，抗折强度按公式(1-17)计算。

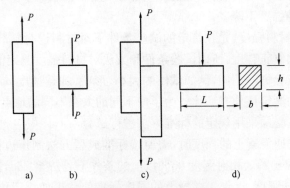

图 1-3　材料受外力作用示意图

a)抗拉；b)抗压；c)抗剪；d)抗弯（抗折）

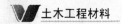

$$f = \frac{F}{A} \qquad\qquad (1\text{-}16)$$

$$f_{tm} = \frac{3FL}{2bh^2} \qquad\qquad (1\text{-}17)$$

式中：f——抗压、抗拉或抗剪强度，MPa；

f_{tm}——抗折强度，MPa；

F——最大破坏荷载，N；

A——受力面积，mm^2；

L——抗折试件中间跨距，mm；

b——抗折试件截面宽度，mm；

h——抗折试件截面高度，mm。

影响材料强度的因素有：

(1)材料的组成。不同组成的材料，内部质点的排列方式、质点间距离及结合强度有很大不同，因此是影响强度的内在因素。例如金属材料属于晶体材料，内部质点规则排列，且以金属键连接，作用力强，不易破坏，因此金属材料的强度较高；而水泥浆体硬化后形成凝胶粒子的堆积结构，相互之间以分子引力即范德华力连接，强度很弱，因此强度比金属材料低很多。

(2)材料的结构。包括孔隙率、孔隙结构特征、内部质点之间的结合方式等。相同组成的材料，随着孔隙率的增加，强度呈直线下降。

(3)含水状态。大多数材料在吸水饱和状态下的强度都低于干燥状态下的强度。这是由于水分的存在使材料内部质点之间的距离增大，相互间的作用力减弱，所以强度降低。

(4)温度。温度升高，内部质点的振动加强，质点之间距离增大，相互间的作用力减弱，因此材料的强度下降。

通常所说的材料强度，是在特定的试验条件下对材料进行加载试验所测得的强度值，并非材料的真正强度，所以试验条件和方法对材料强度测定值的影响很大。相同的材料，由于试验方法不同，例如试件的大小、形状、加载速度、端部约束条件等的变化，材料强度的测定值均有变化。为了使不同的人在不同的地点、时间所得的试验结果具有可比性，必须采用规定的标准方法进行试验。

例如：测定普通混凝土的强度时，需要按标准成型方法制作边长为 150mm 的立方体试块，在 20℃±2℃、相对湿度 95% 以上的条件下养护至 28d，按规定速度加载，测定其立方体抗压强度，以作为混凝土的强度标准值。再如测定防水卷材的拉伸强度时，强度值受温度的影响很大，因此必须在规定的温度下进行试验。不仅强度，其他性能的测定同样存在试验条件的影响。例如进行钢材的拉伸试验时，如果钢筋试件的原始标距不同,因标距内变形并非均匀,所以同样型号的钢材所测得的延伸率值也将有很大差别。

因此,材料的性能是在某种约定的试验条件下,或以某种规定的试验方法测得的试验值。这些规定的条件或方法经过长期试验和研究形成标准、规范,用以指导材料性能和工程质量的检验,在工程中通常要按照标准规定的方法对材料性能进行检验,并按某种技术指标将材料划分成等级、牌号或标号。例如混凝土材料按标准试件的立方体抗压强度标准值划分强度等级;水泥按照规定龄期的抗压、抗折强度划分强度等级;钢材按照屈服强度、极限强度及延伸率等指标划分牌号或等级;大理石板材等装修材料按尺寸偏差和表面允许偏差划分优等品、一等品和合格品等。

2.弹性与塑性

材料在外力作用下,将在受力的方向产生变形。根据变形的性质分为弹性变形和塑性变形。

物体在外力作用下产生变形,当外力去除后变形能完全恢复,这种性质称为弹性。这种能够完全恢复的变形称为弹性变形,具有这种性质的材料称为弹性体。如果应力与应变呈直线关系,即符合虎克定律,如式(1-18)所示,则该物体叫做虎克弹性体,公式中的比例常数 E 叫做该材料的弹性模量。虎克定律表达式为:

$$\varepsilon = \frac{\sigma}{E} \tag{1-18}$$

式中:ε——应变,即单位长度产生的变形量;

σ——应力,MPa;

E——弹性模量,MPa。

可见,弹性模量 E 值等于应变为 1 时的应力值。E 值越大,表明材料越不容易变形,即刚性好。弹性模量是材料的一个重要性质,是进行结构设计时的重要参数。有些材料受力时应力与应变不成比例关系,但去除外力后变形也能完全恢复,这类物体叫做非虎克体,非虎克体的弹性模量不是一个定值。

材料在外力作用下产生变形,当外力去除后,有一部分变形不能恢复,这种性质称为材料的塑性,这种不能恢复的变形称为塑性变形(或永久变形)。实际生活中完全理想的塑性体和弹性体是不存在的。有些材料在应力较小的范围内表现为弹性,当应力超过某一范围后表现为塑性。取消外力后,一部分变形能够恢复,而一部分变形残存下来。例如建筑钢材,在受力不超过弹性极限时呈弹性,如果在弹性范围内卸载,则变形完全恢复,利用这一特性可生产预应力钢筋混凝土。而在外力超过钢材的弹性极限后,将产生不可恢复的塑性变形,且变形的同时能保持不断裂,利用这一特性可对钢材进行弯曲、轧制等冷加工,得到所需的形状。还有一些材料没有明显的弹性阶段,从一开始受力就是弹性变形与塑性变形同时产生,取消外力后弹性变形部分恢复,而塑性变形部分残存。

3. 脆性与韧性

材料受外力作用时不产生明显的变形,当外力达到一定限度后突然破坏,材料的这种性质称为脆性,具有这种性质的材料称为脆性材料。脆性材料的抗压强度远远大于抗拉强度(大几倍至几十倍),所以脆性材料不能承受振动和冲击荷载,也不宜用作受拉构件,只适用于作承压构件。黏土砖、石材、玻璃、混凝土等大部分无机非金属材料均属于脆性材料,破坏前没有明显的变形。

材料在冲击、振动荷载作用下,能够吸收较大的能量,同时能产生一定的变形而不致破坏的性质称为韧性(或冲击韧性)。与石材、混凝土等脆性材料相比,建筑钢材的韧性较高,因此工程中经常受冲击荷载作用的构件、有抗震要求的构件,例如吊车梁、桥梁等,通常采用钢结构。

4. 硬度与耐磨性

材料抵抗其他较硬的物体压入或刻划的能力叫做硬度。材料的硬度反映了材料的耐磨性和加工的难易程度。常用的硬度测量方法有刻划法和压入法。刻划法即用硬度不同的材料对被测材料的表面进行刻划,按刻划材料的硬度递增分为 10 个等级,依次为滑石、石膏、方解石、萤石、磷灰石、正长石、石英、黄玉、刚玉、金刚石。该方法用于测定天然矿物的硬度。压入法测得的是布氏硬度值,即将硬物压入材料表面,用压力除以压痕面积所得到的值为布氏硬度值。

材料表面抵抗磨损的能力叫做耐磨性。在水利工程中,滚水坝的溢流面、闸墩和闸底板等部位经常受到夹砂高速水流的冲刷作用或水底夹带石子的冲击作用而遭受破坏,用于这些部位的材料要求具有抵抗磨损的能力;建筑工程中楼梯的踏面、地面,道路工程中的路面等材料也要求具有较高耐磨性。

五、材料的耐久性

耐久性指材料在长期使用过程中,在环境因素作用下,能保持不变质、不破坏,能长久地保持原有性能的性质。环境因素包括温度变化、湿度变化、冻融循环等物理作用,酸、碱、盐类等有害物质的侵蚀,以及日光、紫外线等对材料的化学作用;菌类、蛀虫等生物方面的侵害作用。

材料在实际环境中的耐久性指标,需要经过长期观察或测定才能获得,不可能像强度指标那样由破坏试验直接获得。为了在材料使用之前就能获得其耐久性评价结果,就必须采用强化的环境条件进行快速试验,这样取得的试验结果可能会与实际情况有些差距。因此必须考察材料耐久性试验方法的科学性,以及快速试验结果与长期耐久性能之间的对应关系。

同时,材料的耐久性包括多方面内容,是一个综合性质。对于不同用途的材料、不同的环境条件,所要求的耐久性指标不完全相同。例如在地下、水中或潮湿环境下,有挡水要求的构件要重点考虑抗渗性、水的侵蚀;处于水位经常变化、温度变化部位的构件或材料要考虑对干湿循环和冻融循环作用的抵抗能力;海洋工程结构物或氯离子含量较高的环境要考虑盐溶液的侵蚀、钢筋锈蚀等因素;工厂、高温车间、城市道路附近的建筑物要考虑碳化、高温及硫酸盐等侵蚀性介质的危害;沥青路面、塑料等高分子材料要考虑在氧气、紫外线等因素作用下的老化性能等。

习题与思考题

1. 材料的组成、结构变化对其性能有何影响?

2. 材料的密度、表观密度、堆积密度有何区别?

3. 如何判断材料的亲水性与憎水性?

4. 为什么需要按照标准方法测定材料的强度?

5. 材料的导热系数、比热与建筑物的使用功能有何关系?

6. 何谓脆性材料与韧性材料?

7. 什么是材料的弹性变形,什么是材料的塑性变形?

第二章　水泥混凝土

由胶结材料、骨料和水(或不加水)按适当比例配合,拌和制成具有一定可塑性的混合物,经一定时间后硬化而成的人造石材叫做混凝土。其中的胶结材料可以是水泥、石灰、石膏等无机胶凝材料,也可以是沥青、树脂等有机胶凝材料。建筑工程中最常用的混凝土是由水泥、水和砂、石为基本材料组成的水泥混凝土。其中水泥是胶凝材料,与水拌和后形成水泥浆,具有胶结作用,砂、石分别叫做粗、细骨料。刚刚拌和的塑性混合料叫做混凝土拌合物或新拌混凝土,混合料硬化之后叫做混凝土。

一、混凝土的常规分类方法和种类

1. 按表观密度分类

按照表观密度,混凝土可分为重混凝土、普通混凝土和轻混凝土。重混凝土表观密度超过 $2600kg/m^3$,主要用于防辐射混凝土,例如核能工程的屏蔽结构、核废料容器等。普通混凝土是指表观密度在 $2100\sim2500kg/m^3$ 范围内的混凝土,是土木、建筑工程中使用最为普遍的混凝土,大量用作各种建筑物、结构物的承重材料。轻混凝土是指表观密度小于 $1900kg/m^3$ 的混凝土,采用轻骨料或多孔结构,具有保温隔热性能好、质量轻等特点,多用于保温构件或结构兼保温构件。

2. 按用途分类

按照在工程中的用途或使用部位,混凝土可分为结构混凝土、防水混凝土、耐热混凝土、耐酸混凝土、装饰混凝土、大体积混凝土、膨胀混凝土、防辐射混凝土、道路混凝土等。

3. 按生产和施工方法分类

按照搅拌(生产)方式,混凝土可分为预拌混凝土(也叫商品混凝土)和现场搅拌混凝土。预拌混凝土是在搅拌站集中搅拌,用专门的混凝土运输车运送到工地进行浇筑的混凝土。由于搅拌站专业性强,原材料质量波动性小,称量准确度高,所以混凝土的质量波动性小,故预拌混凝土的使用量越来越多。现场搅拌混凝土是将原材料直接运送到施工现场,在施工现场搅拌后直接浇筑,适用于工程量小、配比变化比较多的工程。按照施工方法分为普通混凝土、泵送混凝土、喷射混凝土、压力灌浆混凝土、挤压混凝土、离心混凝土、碾压混凝土等。

二、混凝土的基本组成材料及其作用

水泥混凝土的基本组成材料有水泥、水、粗骨料（碎石或卵石）和细骨料（砂子），其中的水泥和水占总体积的 20%～30%，砂石集料占体积的 70%～80%。

混凝土中的水泥和水在未硬化之前叫做水泥浆，具有流动性和可塑性，并将骨料黏结起来，使混凝土拌合物成为具有流动性和可塑性的不定形体，有利于浇筑和施工。水泥浆硬化之后叫做水泥石，本身具有一定的强度，并具有胶结作用，能将粒状的骨料联结起来，形成坚固的整体。虽然水泥和水在混凝土总量中所占比例较小，但所起的作用至关重要，可以说水泥浆是混凝土拌合物整体流动性、可塑性的来源，也是硬化后混凝土具有整体强度的重要组分。

混凝土中的骨料起骨架和填充作用。与水泥石相比，骨料颗粒坚硬，体积稳定性好，相互搭接可形成坚实的骨架，抵抗外力的作用，限制硬化水泥石的收缩，对保证混凝土的体积稳定性具有重要作用。同时骨料的成本大大低于水泥，在混凝土中占据大部分体积，使混凝土的成本大大降低。

三、混凝土的性能特点

以水泥为胶凝材料的混凝土从其发明到现在只不过 100 多年的历史，但已经是当今社会使用量最大的建设材料。这主要取决于混凝土具有许多其他材料不可比拟的优点。混凝土原材料来源丰富，造价低廉。混凝土从不定型的、可塑性材料逐渐硬化变成具有强度的材料，其形状、尺寸不受限制，借助于模板可以浇筑成任意形状和尺寸的构件。硬化后的混凝土具有较高的抗压强度，一般工程使用的混凝土的抗压强度为 20～40MPa，另外，60～80MPa 的混凝土已经在实际工程中使用。混凝土与钢材的黏结能力强，利用这一特点可制成钢筋混凝土，一方面利用钢材的韧性和较高的抗拉强度弥补混凝土容易开裂、脆性的不足，同时碱性的混凝土环境可以保护钢筋不生锈；与传统的结构材料如木材、钢材等材料相比，混凝土材料耐久性好、不腐朽、不生锈、不易燃烧、耐火性能好。

混凝土材料也存在着诸多缺点。首先，自重大，强重比较低。现代建筑越来越朝着高层、大跨度方向发展，要求材料具有轻质高强的性能，混凝土在这方面存在着先天不足。其次，混凝土的抗拉强度低，拉压比只有 1/10～1/20，容易开裂；混凝土属于脆性材料，抗冲击能力差，在冲击荷载作用下容易产生脆断；混凝土的导热系数大，普通混凝土导热系数为 1.8W/(m·K)，大约为普通烧结砖的 3 倍，所以保温隔热性差；混凝土的硬化较慢，生产周期长，与钢材相比施工效率较低。

综上所述，混凝土材料具有许多优点，但也存在着一些难以克服的缺点，只是目前还没有其他材料可以取代混凝土成为最主要的结构材料。同时混凝土是一种多组

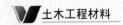

成、多相、非均质材料,其质量受施工过程及养护条件的影响很大。因此,掌握混凝土各组成材料的特点、性质要求,了解施工过程和条件对混凝土性能的影响规律,根据使用环境合理选择原材料,并合理设计配合比,严格控制施工过程,才能获得性能、质量满足要求的混凝土材料。

第一节 水 泥

一、胶凝材料

凡经过自身的物理、化学作用,能够由可塑性浆体变成坚硬固体,并具有胶结能力,能把粒状材料或块状材料黏结为一个整体,具有一定力学强度的物质统称为胶凝材料。

胶凝材料分为有机和无机两大类。石油沥青、高分子树脂等属于有机胶凝材料。最常用的无机胶凝材料有水泥、石灰、石膏等,根据其凝结硬化条件及适用环境,无机胶凝材料又分为气硬性和水硬性两类。

所谓气硬性胶凝材料是指只能在空气中凝结硬化,并且只能在空气中保持和发展强度的胶凝材料,石灰、石膏、水玻璃等属于这一类。而水硬性胶凝材料不仅能在空气中硬化,而且能更好地在水中硬化,保持并继续发展其强度。建设工程中大量使用的各种水泥即属于水硬性胶凝材料。气硬性胶凝材料只能用于地面以上、处于干燥环境中的部位,而水硬性胶凝材料既可用于干燥环境,也可用于地下或水中环境。

水泥是一种水硬性胶凝材料,密度为 $3.0 \sim 3.2 \mathrm{g/cm^3}$,堆积密度 $900 \sim 1300 \mathrm{kg/m^3}$。水泥在建设工程中使用量大,应用范围广,品种繁多。目前,全世界每年生产水泥超过 20 亿吨,水泥品种已达 100 多种。水泥可按下述方法分类。

1. **按照用途与性能分类**

按照用途与性能可将水泥分为通用水泥、专用水泥和特性水泥三大类。

通用水泥指一般土木建筑工程中通常使用的水泥,主要包括硅酸盐水泥、普通硅酸盐水泥、矿渣硅酸盐水泥、火山灰质硅酸盐水泥、粉煤灰硅酸盐水泥和复合硅酸盐水泥 6 个品种。专用水泥指有专门用途的水泥,例如油井水泥、大坝水泥、砌筑水泥、道路水泥等。特性水泥指某种性能比较突出的水泥,例如白色硅酸盐水泥、中热硅酸盐水泥、抗硫酸盐水泥、膨胀水泥等。

2. **按照主要水硬性矿物分类**

按照主要水硬性矿物可将水泥分为硅酸盐水泥、铝酸盐水泥、硫铝酸盐水泥、铁铝酸盐水泥、氟铝酸盐水泥及无熟料水泥等。

水泥的种类、品种繁多,从生产量和工程实际使用量来看,硅酸盐类水泥是使用最普遍、产量最多、占主导地位的水泥品种。

二、通用硅酸盐水泥

1.定义、熟料组成

以适当成分的生料烧至部分熔融,所得以硅酸钙为主要成分的粒状产物称为硅酸盐水泥熟料。硅酸盐水泥熟料主要由氧化钙、氧化硅、氧化铝和氧化铁 4 种氧化物组成(占熟料总量的 95％左右)。熟料中各氧化物的适当含量范围如表 2-1 所示。

硅酸盐水泥熟料化学成分的含量范围　　　　　　　表 2-1

化 学 成 分	含量范围(%)	化 学 成 分	含量范围(%)
CaO	62～67	Al_2O_3	4～7
SiO_2	20～24	Fe_2O_3	2.5～6.0

硅酸盐水泥生产过程的核心部分是熟料煅烧。未煅烧之前将原材料破碎、磨细、合理配合并均匀地混合所得到的矿物质混合物叫做生料。将生料在窑内经高温煅烧所获得的颗粒状物质叫做熟料,包含 4 种主要矿物:硅酸三钙 $3CaO \cdot SiO_2$(简称 C_3S[❶])、硅酸二钙 $2CaO \cdot SiO_2$(简称 C_2S)、铝酸三钙 $3CaO \cdot Al_2O_3$(简称 C_3A)、铁铝酸四钙 $4CaO \cdot Al_2O_3 \cdot Fe_2O_3$(简称 C_4AF),另外还有少量的游离氧化钙(f－CaO)、方镁石(MgO)和玻璃体等。将熟料与石膏、混合材料一起磨细所得到的粉末状材料叫做水泥。硅酸盐水泥的生产工艺流程可概括为"两磨一烧",即生料的制备(磨细)、熟料的煅烧和水泥的粉磨与包装三大部分(图 2-1)。

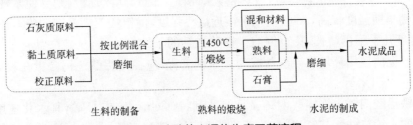

图 2-1　硅酸盐水泥的生产工艺流程

硅酸盐水泥熟料的矿物组成:

(1)硅酸三钙(C_3S)

硅酸三钙是硅酸盐水泥熟料中含量最多、对性能影响最主要的矿物,其含量通常为 50％～65％。纯的硅酸三钙为白色,密度为 3.14～3.25g/cm^3。在硅酸盐水泥中,硅酸三钙通常含有少量其他氧化物杂质,如氧化镁、氧化铝等形成固溶体,称为阿利特(Alite)矿或 A 矿。阿利特矿物的组成,由于其他氧化物的含量及其在硅酸三钙

---

❶在水泥化学中,常用简写来表示氧化物。如,C:CaO;S:SiO_2;A:Al_2O_3;F:Fe_2O_3;H:H_2O。

中固溶程度的不同而变化较大,但其成分仍然接近于纯硅酸三钙。

硅酸三钙加水调和后,与水反应较快,正常磨细的硅酸三钙颗粒加水后28d,可水化70%左右。所以硅酸三钙强度发展比较快,早期强度高,且强度增进率较大,28d强度可达到一年强度的70%～80%,是4种主要矿物中强度最高的一种矿物。但其水化放热量大,抗水性差。

(2)硅酸二钙(C_2S)

其在硅酸盐水泥熟料中的含量为20%左右。硅酸二钙通常也含有一些氧化物杂质,以固溶物的形式存在。固溶有少量氧化物的硅酸二钙称为贝利特(Belite)矿,简称为B矿。贝利特矿水化速度较慢,加水后至28d仅水化20%左右。凝结硬化缓慢,早期强度较低。但28d以后强度仍能较快增长,在一年后可以赶上阿利特。通过增加粉磨细度可以明显提高其早期强度。由于贝利特水化热小,抗水性较好,对大体积工程,尤其是深油井水泥或处于侵蚀性环境的工程用水泥,适当提高贝利特含量、降低阿利特含量是有利的。

(3)中间相

填充在阿利特、贝利特矿物之间的物质统称中间相,包括铝酸盐、铁酸盐、组成不定的玻璃体和含碱化合物。游离氧化钙、方镁石虽然有时会呈包裹体形式存在于阿利特、贝利特中,但通常分布在中间相里。中间相在熟料煅烧过程中,开始熔融成液相;冷却时部分液相结晶,部分液相来不及结晶而凝结成玻璃体。

①铝酸钙。主要是铝酸三钙(C_3A),纯的铝酸三钙为无色晶体,密度为3.04g/cm^3。铝酸三钙水化迅速,放热量大,如果不加石膏等缓凝剂则易使水泥急凝。铝酸三钙早期强度较高,3d强度几乎接近最终强度,但铝酸三钙强度的绝对值不高,3d后强度几乎不再增长,甚至倒缩。铝酸三钙的干缩变形大,抗硫酸盐性能差。所以如果水泥的使用环境有硫酸盐或为大体积工程,应控制铝酸三钙含量在较低的范围之内。

②铁铝酸四钙。铁铝酸四钙又称为才利特(Celite)矿或C矿,其水化速度早期介于铝酸三钙与硅酸三钙之间,但后期发展不如硅酸三钙;早期强度类似于铝酸三钙,后期还能不断增长,类似于硅酸二钙;抗冲击性能和抗硫酸盐性能较好,水化热较铝酸三钙低。当铁铝酸四钙含量高时,熟料较难粉磨。在制造道路水泥、抗硫酸盐水泥和大体积工程用水泥时,适当提高铁铝酸四钙的含量是有利的。

③玻璃体。在硅酸盐水泥熟料的煅烧过程中,熔融液相如能在平衡条件下冷却,则可全部结晶析出而不存在玻璃体。但在工厂生产条件下,熟料通常冷却较快,部分液相来不及结晶就成为玻璃体。在玻璃体中,质点排列无序,组成也不固定。玻璃体的主要成分为Al_2O_3、Fe_2O_3、CaO,也有少量的MgO、K_2O、Na_2O等。

按照国家标准《通用硅酸盐水泥》(GB 175—2007)的规定,以硅酸盐水泥熟料和适量的石膏、或/和混合材料制成的水硬性胶凝材料,称为通用硅酸盐水泥。通用硅酸盐水泥按混合材料的品种和掺量分为硅酸盐水泥、普通硅酸盐水泥、矿渣硅酸盐水泥、火山灰质硅酸盐水泥、粉煤灰硅酸盐水泥和复合硅酸盐水泥。各品种水泥的组分和代号应符合表 2-2 的规定。

通用硅酸盐水泥的组成(单位:%)　　　　　　　　表 2-2

品　　种	代号	组　　分				
		熟料+石膏	粒化高炉矿渣	火山灰质混合材料	粉煤灰	石灰石
硅酸盐水泥	P·I	100	—	—	—	—
	P·II	≥95	≤5	—	—	—
		≥95	—	—	—	≤5
普通硅酸盐水泥	P·O	≥80且<95	>5且≤20	—	—	—
矿渣硅酸盐水泥	P·S·A	≥50且<80	>20且≤50	—	—	—
	P·S·B	≥30且<50	>50且≤70	—	—	—
火山灰质硅酸盐水泥	P·P	≥60且<80	—	>20且≤40	—	—
粉煤灰硅酸盐水泥	P·F	≥60且<80	—	—	>20且≤40	—
复合硅酸盐水泥	P·C	≥50且<80	>20且≤50			

普通硅酸盐水泥和矿渣硅酸盐水泥所用的活性混合材料允许用不超过水泥质量 8% 的非活性混合材料或不超过水泥质量 5% 的窑灰代替。活性混合材料为活性指标符合国家标准要求的粒化高炉矿渣、粒化高炉矿渣粉、粉煤灰、火山灰质混合材料。复合硅酸盐水泥所用的混合材由两种或两种以上的活性混合材料或/和非活性混合材料组成,并允许用不超过水泥质量 8% 的窑灰代替。掺矿渣时混合材料掺量不得与矿渣硅酸盐水泥重复。非活性混合材料为活性指标低于国家标准要求的粒化高炉矿渣、粒化高炉矿渣粉、粉煤灰、火山灰质混合材料,石灰石和砂岩,其中石灰石中的 Al_2O_3 含量应不超过 2.5%。

2.硅酸盐水泥的水化与凝结硬化

水泥加水拌和成为可塑性的浆体,叫做水泥浆。随着时间的延长,水泥浆将逐渐失去塑性,并开始产生强度,变成坚硬的具有一定强度和黏结力的固体,称为水泥石。这种形态及性能的变化来自于水泥的水化反应。

(1)各矿物成分的水化反应

水泥加水拌和后,其中的各矿物成分将与水发生化学反应,称为水化反应。水化反应所生成的物质称为水化产物(或称为水化物)。水泥的水化反应为放热反应,伴随着水化反应的进行,生成各水化产物的同时,将放出热量,称为水化热,通常用单位质量的水泥完全水化所放出的热量表示。在常温下,硅酸盐矿物的水化反应方程式如下：

$$3CaO \cdot SiO_2 + nH_2O \longrightarrow xCaO \cdot SiO_2 \cdot yH_2O + (3-x)Ca(OH)_2 \quad (2\text{-}1)$$

$$2CaO \cdot SiO_2 + mH_2O \longrightarrow xCaO \cdot SiO_2 \cdot yH_2O + (2-x)Ca(OH)_2 \quad (2\text{-}2)$$

硅酸盐矿物的水化产物是水化硅酸钙和氢氧化钙。水化硅酸钙分子式中的 x、y 分别表示水化硅酸钙中的 CaO/SiO_2 分子比(或缩写为 C/S 比)和 H_2O/SiO_2 分子比(或缩写为 H/S 比)。硅酸盐矿物的水化反应是一个复杂的过程，水化过程难以进行完全，所生成的水化产物也并非单一组成的物质；在水化不同阶段，其水化产物的组成是变化的，与水固比、温度、有无其他离子参与等条件有关。水化硅酸钙常用 C—S—H 来表示，说明水化硅酸钙的分子组成不是固定的。

铝酸三钙的水化反应也是一个极为复杂的过程。在没有石膏存在的条件下，C_3A 的水化产物为 C_4AH_{19}、C_4AH_{13} 及 C_2AH_8 等六方片状晶体。这些晶体在常温下均处于介稳状态，有转化为等轴晶体 C_3AH_6 的趋势。温度越高，这种转化趋势越大；水化温度高于 35℃ 时，甚至会直接生成 C_3AH_6。所以，通常用式(2-3)来表示 C_3A 的水化反应：

$$3CaO \cdot Al_2O_3 + 6H_2O = 3CaO \cdot Al_2O_3 \cdot 6H_2O \quad (2\text{-}3)$$

铝酸三钙的水化非常迅速，大量生成的片状水化产物相互连接，形成网状结构，阻碍水泥浆体内的粒子的相对移动，导致水泥浆体发生瞬时凝结。为了调节水泥的凝结时间，在水泥粉磨时都掺加适量的石膏。在有石膏存在的条件下，铝酸三钙将与石膏反应生成针状三硫型水化硫铝酸钙晶体，又称为钙矾石(AFt)，即：

$$3CaO \cdot Al_2O_3 + 3CaSO_4 \cdot 2H_2O + 26H_2O = 3CaO \cdot Al_2O_3 \cdot 3CaSO_4 \cdot 32H_2O$$

$$(2\text{-}4)$$

当浆体中的石膏被消耗完毕后，水泥中尚未水化的 C_3A 与钙矾石(AFt)可继续反应生成单硫型水化硫铝酸钙(AFm)，即：

$$3CaO \cdot Al_2O_3 \cdot 3CaSO_4 \cdot 32H_2O + 2C_3A + 4H_2O$$
$$= 3[3CaO \cdot Al_2O_3 \cdot CaSO_4 \cdot 12H_2O] \quad (2\text{-}5)$$

铁铝酸四钙的水化过程类似于铝酸三钙，但水化速率较低，即使单独水化也不会引起瞬凝。铁铝酸四钙的水化产物也与铝酸三钙的水化产物类似，氧化铁基本上起着与氧化铝相同的作用，最终形成水化硫铝酸钙和水化硫铁酸钙的固溶体，或者水化铝酸钙和水化铁酸钙的固溶体。

(2)水泥各矿物成分的水化速度

水化反应进行的快慢程度叫做水化速度。水泥的水化反应是一个随时间逐渐进行的过程，强度增长速度及所形成的水泥石结构与水化速度直接相关，因此水化速度是决定水泥性能的一个重要指标。水化速度通常用到达某一龄期时水泥的水化程度来表示。所谓水化程度(α)是指从加水拌和时起至某一龄期水泥已发生水化反应的量占完全水化量的百分率。

表 2-3 所示为 4 种矿物成分在各个龄期时的水化程度,按 28d 龄期的数据,4 种矿物成分的水化速度按照由快至慢的顺序为:$C_3A>C_4AF>C_3S>C_2S$。其中 C_3A 的水化速度最快,水化热最大,且主要在早期放出,其次是 C_4AF 早期水化速度较快。但这两种矿物成分在硅酸盐水泥中含量较少,且水化产物的强度并不高,所以对强度的贡献不大。C_3S 的水化速度较快,水化热较大,早期、后期强度均较高,同时含量最高。C_2S 的水化速度最慢,水化热最小,主要在后期放出,早期强度增长很慢,但后期强度增长较快。因此,不论是早期强度,还是后期强度,水泥石的强度主要来源于硅酸三钙和硅酸二钙的水化反应。

各矿物在不同龄期的水化程度 α(%)　　　　表 2-3

矿物	3d	7d	28d	3 月	6 月	完全水化
C_3S	36	46	69	93	96	100
C_2S	1	11	16	29	36	100
C_3A	80	82	84	91	93	100
C_4AF	70	71	74	89	91	100

无论哪一种矿物成分,其水化反应速度都是开始较快,随着龄期的延长,水化速度逐渐减慢。有些成分直到十几年甚至几十年还未完全水化。完全水化的硅酸盐水泥大约生成 60%～70% 的水化硅酸钙和 20%～25% 的 $Ca(OH)_2$,只有少量的水化铝酸钙和水化铁酸钙。

(3)硅酸盐水泥的水化

硅酸盐水泥与水拌和后,石膏和上述几种矿物迅速溶解,液相很快就为各种离子所饱和,几分钟后首先出现称为钙矾石的三硫型水化硫铝酸盐($C_3A \cdot 3C\bar{S} \cdot H_{32}$,其中 $C\bar{S}$ 代表 $CaSO_4$)针状晶体;几小时后氢氧化钙六方片状晶体和微小的纤维状水化硅酸钙开始出现,并填充原先水泥颗粒和水占据的空间;当石膏消耗完,但仍有未水化的铝酸盐矿物存在时,钙矾石将转化为六方片状的单硫型水化硫铝酸钙($C_3A \cdot C\bar{S} \cdot H_{12}$)。刚拌和好的水泥浆体既有可塑性,又有流动性,但随水化时间延长而逐渐减小。在常温下通常加水拌和 2～4h 后水泥浆体的塑性基本丧失,称为初凝;此时水泥浆体加速变硬,但这时还没有或者只有很低的强度;水泥浆体完全硬化经过几小时达到终凝后才产生强度,随后的 1～2d 内水泥石的强度迅速发展,随后强度发展速率逐渐减缓,但仍将持续至少几个月、几年。

在凝结和硬化初期,水泥浆体的温度升高。在一定温度下的硅酸盐水泥的水化放热速率曲线如图 2-2 所示:加水拌和后马上出现一个短暂的高放热峰(A),但只延续几分钟,随后放热速率下降,形成水化速度缓慢的潜伏期,大约延续 1～2h,之后放热速率又开始上升,此时水泥浆体达到初凝;然后形成一较宽的放热峰(B),而水泥的终凝便发生在这个放热峰的上升段中。在加水拌和后 10～12h,达到最大放热速率,之后逐渐降低。约 24h 后,转入缓慢水化的阶段,放热速率很低,但持续很长时间。根据水泥水化放热速率变化内部结构形成情况,可将水泥的凝结硬化过程分为4 个阶段。

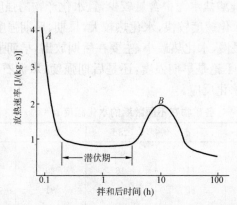

图 2-2 硅酸盐水泥在一定温度下水化时的放热速率曲线

①初始反应期　从水泥加水时起至拌和后大约 5～10min 的时间内,水泥颗粒分散于水中,水膜润湿水泥颗粒,放出润湿热。水泥颗粒表面的离子迅速溶解于水中,水化反应开始,在液相中生成相应的水化物。润湿热和初始水化反应放热形成水化放热曲线上的第一个峰(图 2-2)。由于水化物的溶解度很小,水化物的生成速度大于水化物向溶液中扩散的速度,一般在几秒至几分钟内,在水泥颗粒周围的液相中,水化硅酸钙(C−S−H)、氢氧化钙、水化铝酸钙、水化硫铝酸钙等水化物的浓度先后达到饱和或过饱和状态,并相继从液相中析出,包裹在水泥颗粒表面,形成水化产物微晶膜,阻碍水化反应继续进行,使水化速率迅速降低。

②诱导期　由于水化反应在水泥颗粒表面进行,产生的水化产物堆积在颗粒表面,水泥颗粒周围很快被一层水化物膜层所包裹,形成以水化硅酸钙凝胶体为主的渗透膜层。该膜层阻碍了水泥颗粒与水的直接接触,所以水化反应速度减慢,进入诱导期,这一阶段大约要持续 1h。但是这层水化硅酸钙凝胶构成的膜层并不是完全密实的,水能够通过该膜层向内渗透,在膜层内与水泥进行水化反应,使膜层向内增厚;而生成的水化产物则通过膜层向外渗透,使膜层向外增厚。然而,水通过膜层向内渗透的速度要比水化产物向外渗透的速度快,所以在膜层内外将产生由内向外的渗透压,当该渗透压增大到一定程度时,膜层破裂,使水泥颗粒未水化的表面重新暴露与水接触,水化反应重新加快,直至新的凝胶体重新修补破裂的膜层为止。

③水化反应加速期　随着水化反应重新加速进行,形成水化放热曲线上的第二个峰(图 2-2)。第二放热峰在约 12h 后达到峰值。在这一过程中,水泥浆体中水化

产物越来越多,各个水泥颗粒周围的水化产物层逐渐增厚,其中的氢氧化钙、钙矾石等晶体不断长大,相互搭接形成强的结晶接触点,水化硅酸钙凝胶体的数量不断增多,相成凝聚接触点,将各个水泥颗粒初步连接形成网络,使水泥浆失去流动性和可塑性,即发生凝结,水泥浆体开始获得强度。此后反应速率下降,放热速率降低,约24h后,进入衰退期。

④水化反应衰退期 水化反应缓慢持续进行,生成的凝胶体填充剩余毛细孔,浆体越来越致密,强度逐渐提高。

在水泥浆体中,上述物理化学变化(形成凝胶体,膜层增厚和破裂,凝胶体填充剩余毛细孔等)不能按时间截然划分,但在凝结硬化的不同阶段将由某种反应起主要作用。在加水拌和以后的一段时间里,各种水化产物的含量变化如图2-3所示。

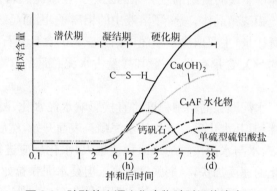

图2-3 硅酸盐水泥水化产物随时间的演变

(4)硬化后水泥石的结构

通过以上硅酸盐水泥水化过程的分析可以看出,硬化后的水泥石是由水泥凝胶体、未完全水化的水泥颗粒内核、毛细孔及毛细孔水等组成的非均质结构体。其中,水泥凝胶体的主要成分为水化硅酸钙凝胶,其中分布着氢氧化钙、水化铝酸钙、水化硫铝酸钙等晶体。

水泥凝胶体并不是绝对密实的,其中约有占凝胶总体积28%的孔隙,称为凝胶孔,其孔径为$1.5\sim2.0nm$,凝胶孔中的水分称为凝胶水(胶孔水)。水泥石中各组成部分的数量,取决于水泥的水化程度及水灰比。

(5)影响硅酸盐水泥凝结硬化的主要因素

①熟料的矿物组成 水泥熟料单矿物的水化速度按由快到慢的顺序排列为$C_3A>C_4AF>C_3S>C_2S$。熟料中水化速度快的组分含量越多,整体上水泥的水化速度也越快。由于C_3A和C_4AF的含量较小,且后期水化速度慢,所以水泥的水化速度主要取决于C_3S的含量多少。

②环境湿度和温度 与大多数化学反应类似,水泥的水化反应随着温度的升高

而加快。当温度低于 5℃时,水化反应大大减慢;当温度低于 0℃时,水化反应基本停止。如果温度过高,水化过快,短期内水化产物生成过多,难以密实堆积,同时将放出大量水化热,造成温度裂缝。

水分是水泥水化的必要条件。如果环境过于干燥,浆体中的水分蒸发,将影响水泥的正常水化。

③石膏掺量　如果不加入石膏,在硅酸盐水泥浆体中,熟料中的 C_3A 实际上是在 $Ca(OH)_2$ 的饱和溶液中进行水化反应,其水化反应可以用式(2-6)表述:

$$C_3A + CH + 12H_2O = C_4AH_{13} \qquad (2-6)$$

处于水泥浆的碱性介质中,C_4AH_{13} 在室温下能稳定存在,其数量增长也很快,据认为这是水泥浆体产生瞬时凝结的主要原因之一。在水泥熟料中加入石膏之后,将生成难溶的水化硫铝酸钙晶体,减少了溶液中的铝离子,因而延缓了水泥浆体的凝结速度。合理的石膏掺量,主要取决于水泥中铝酸三钙的含量和石膏的品质,同时与水泥细度和熟料中的 SO_3 含量有关,一般其掺量占水泥总量的 3%～5%,具体掺量则由试验确定。

④水泥细度　水泥颗粒的粗细程度将直接影响水泥水化、凝结及硬化速度。这是因为水泥加水拌和,其水化反应首先从水泥颗粒表面开始,然后逐渐向颗粒内部发展。水泥颗粒越细,水与水泥接触的总面积就越大,水化反应进行的就越充分,从而使得水泥凝结硬化的速度加快,早期强度越高。但是水泥颗粒如果过细,储存过程中易与空气中的水分和二氧化碳反应,致使水泥不易久存。此外,过细的水泥硬化时产生的收缩较大,而且粉磨时需要耗费较多的能量,成本高。通常水泥颗粒粒径在 3～$100\mu m$ 的范围内。

⑤龄期　水泥的水化是一个缓慢而持续进行的过程,随着龄期的增长,水泥颗粒内各熟料矿物水化程度的不断提高,凝胶体不断增加,毛细孔隙相应减少,使水泥石的强度逐渐提高。由于熟料矿物中对强度起决定性作用的 C_3S 在早期水化速度较快,所以水泥在 3～14d 内强度增长较快,28d 后强度增长逐渐趋于稳定。

⑥外加剂　为了控制水泥的凝结硬化时间,以满足施工及某些特殊要求,在实际工程中,经常要加入调节水泥凝结时间的外加剂,如促凝剂、缓凝剂等。促凝剂($CaCl_2$、Na_2SO_4 等)能促进水泥水化、硬化,提高早期强度。相反,缓凝剂(木钙、糖类)则延缓水泥的水化硬化,影响水泥早期强度的发展。

⑦保存时间与受潮　水泥如果受潮,会因其表面吸收空气中的水分,发生水化而变硬结块,丧失胶凝能力,强度大为降低。即使在良好的储存条件下,也不可储存过久。因为水泥会吸收空气中的水分和二氧化碳,缓慢地水化和碳化,影响其强度发展。

3. 硅酸盐水泥与普通硅酸盐水泥的技术性质

水泥是混凝土的重要原材料之一,对混凝土的性能具有决定性的影响。为了保证混凝土材料的性能满足工程要求,国家标准《通用硅酸盐水泥》(GB 175—2007)对水泥的各项性能指标有严格的规定,出厂的水泥经检验必须符合这些性能要求。同时在工程中使用水泥之前,还要按照规定对水泥的一些性能进行复试检验,以确保工程质量。硅酸盐水泥和普通硅酸盐水泥的技术性质如下。

(1)不溶物

不溶物指水泥中用盐酸或碳酸钠溶液处理后不溶的部分。I 型硅酸盐水泥中不溶物不得超过 0.75%,II 型硅酸盐水泥中不溶物不得超过 1.50%。

(2)烧失量

烧失量是指水泥在 950℃±50℃ 的温度下灼烧 15min 后的质量减少率。I 型硅酸盐水泥的烧失量不得大于 3.0%,II 型硅酸盐水泥的烧失量不得大于 3.5%;普通硅酸盐水泥的烧失量不得大于 5.0%。

(3)细度

细度是指水泥颗粒的粗细程度,是影响水泥的水化速度、水化放热速率及强度发展趋势的重要性质,同时还影响水泥的生产成本和保存性。按照国家标准《通用硅酸盐水泥》(GB 175—2007)的规定,硅酸盐水泥和普通硅酸盐水泥的细度以比表面积表示,不小于 300m²/kg;矿渣硅酸盐水泥、火山灰质硅酸盐水泥、粉煤灰硅酸盐水泥和复合硅酸盐水泥的细度以筛余表示,80μm 方孔筛筛余不大于 10% 或 45μm 方孔筛筛余不大于 30%。

(4)标准稠度用水量

标准稠度用水量指水泥浆体达到规定的稠度时的用水量占水泥质量的百分比。标准稠度用水量对水泥的性质没有直接的影响,只是水泥与水拌和达到某一规定的稀稠程度时需水量的客观反映。在测定水泥的凝结时间和安定性等性质时需要拌制标准稠度的水泥浆,所以标准稠度用水量是为了进行水泥技术性质检验的一个准备性指标。一般硅酸盐水泥的标准稠度用水量为 26%～30%。

(5)凝结时间

凝结时间是指水泥从加水拌和开始到失去流动性,即从可塑状态发展到固体状态所需要的时间,是影响混凝土施工难易程度和速度的重要性质。水泥的凝结时间分初凝时间和终凝时间,初凝时间是指自水泥加水时起至水泥浆开始失去可塑性和流动性所需的时间;终凝时间是指水泥自加水时起至水泥浆完全失去可塑性、开始产生强度所需的时间。为了完成混凝土的搅拌、浇筑、成型、振实等工序,需要混凝土拌合物保持塑性状态,有充足的时间进行操作,因此水泥的初凝时间不能太短;为了提高施工效率,在混凝土成型之后需要尽快增长强度,以便拆除模板,进行下一步施工,所以水泥的终凝时间不能太长。按照国家标准《通用硅酸盐水泥》(GB 175—2007)规定,硅酸盐水泥初凝不早于 45min,终凝不迟于 390min;普通硅酸盐水泥、矿渣硅酸盐水泥、火山灰质硅酸盐水泥、粉煤灰硅酸盐水泥和复合硅酸盐水泥初凝不早于 45min,终凝不迟于 600min。

(6)安定性

所谓安定性是指水泥浆体在凝结硬化过程中体积变化的均匀性,也叫做体积安定性。如果在由可塑性浆体变为坚硬固体的过程中混凝土的体积变化过于剧烈,将造成结构体内部组织破坏,产生缺陷,影响硬化混凝土的性能。所以对水泥的安定性有严格要求。

引起水泥安定性不良的原因是熟料中含有过量的游离氧化钙或游离氧化镁。游离氧化钙、游离氧化镁经过高温煅烧,水化极为缓慢。通常在水泥的其他成分正常水化硬化、产生强度之后它们才开始水化,并伴随着大量放热和体积膨胀,使周围已经硬化的水泥石受到膨胀压力而开裂破坏。

(7)强度

强度是水泥的重要力学性能指标,是划分水泥强度等级的依据。水泥的强度不仅反映硬化后水泥凝胶体自身的强度,而且还反映胶结能力。为了比较不同来源和品种的水泥的强度,强度测定必须按照标准试验方法进行。

表 2-4 列出了硅酸盐水泥和普通硅酸盐水泥的强度等级及其相应的 3d、28d 强度值,通过胶砂强度试验测得的水泥各龄期的强度值均不得低于表中相应强度等级所要求的数值。强度等级中带后缀 R 的水泥是早强水泥。

通用硅酸盐类水泥各龄期的强度值(MPa)　　　　表 2-4

品　种	强度等级	抗压强度		抗折强度	
		3d	28d	3d	28d
硅酸盐水泥	42.5	17.0	42.5	3.5	6.5
	42.5R	22.0		4.0	
	52.5	23.0	52.5	4.0	7.0
	52.5R	27.0		5.0	
	62.5	28.0	62.5	5.0	8.0
	62.5R	32.0		5.5	
普通硅酸盐水泥	42.5	17.0	42.5	3.5	6.5
	42.5R	22.0		4.0	
	52.5	23.0	52.5	4.0	7.0
	52.5R	27.0		5.0	

续上表

品　　种	强度等级	抗压强度		抗折强度	
		3d	28d	3d	28d
矿渣硅酸盐水泥、火山灰硅酸盐水泥、粉煤灰硅酸盐水泥、复合硅酸盐水泥	32.5	10.0	32.5	2.5	5.5
	32.5R	15.0		3.5	
	42.5	15.0	42.5	3.5	6.5
	42.5R	19.0		4.0	
	52.5	21.0	52.5	4.0	7.0
	52.5R	25.0		4.5	

（8）碱含量

碱含量是指水泥中碱性氧化物的含量，用（$Na_2O + 0.685K_2O$）的量占水泥质量的百分数表示。如果混凝土中的骨料含有能与碱性氧化物反应的碱活性物质，即活性氧化硅等，在水泥浆体硬化以后，在骨料与水泥凝胶体界面处与碱性氧化物反应，生成具有膨胀性的硅酸盐凝胶类物质，破坏骨料与水泥石之间的粘结，导致混凝土长期性能下降。因此，用户要求提供低碱水泥时，水泥中的碱含量应不大于 0.60% 或由买卖双方协商确定。

（9）氯离子含量

氯离子是导致钢筋混凝土中钢筋锈蚀的最主要原因。为了保证建筑物的安全使用寿命，需要限制水泥中的氯离子含量。国家标准《通用硅酸盐水泥》（GB 175—2007）规定，水泥中的氯离子含量应不大于 0.06%。

三、掺混合材料的硅酸盐水泥

1. 混合材料

在磨制水泥时除熟料和石膏外，掺入的其他矿物质材料均称作混合材料。混合材料含量等于或大于 21% 的水泥称为混合水泥。混合材料分活性和非活性两类。活性混合材料的主要组成是非晶态的硅铝酸盐化合物，单独与水拌和不具备水硬性，但是磨细后与石灰、石膏或硅酸盐水泥等一起加水拌和，具有化学活性，能生成胶凝性物质，且具有水硬性。非活性混合材料也叫做填充性混合材料，化学活性很低或无化学活性，基本只起物理填充作用。

（1）常用的活性混合材料

①粒化高炉矿渣　炼铁高炉排出的炉渣在高温熔融状态下水淬急冷，形成的颗粒状物料叫做粒化高炉矿渣。粒化高炉矿渣的主要化学成分是 CaO、MgO、SiO_2 和 Al_2O_3。由于在短时间内温度急剧下降，粒化高炉矿渣的内部结构主要为非晶态玻璃

体,含量在80%以上,储有大量的化学潜能。矿渣的品质可以用品质系数 K 来评定。

$$K = \frac{CaO+MgO+Al_2O_3}{SiO_2+MnO+TiO_2} \tag{2-7}$$

式中,CaO、MgO、Al_2O_3、SiO_2、MnO、TiO_2 为矿渣中所含相应氧化物的质量分数。按照国家标准,要求矿渣的 K 值不小于1.20。碱性粒化高炉矿渣是水泥工业及混凝土工业所用的活性混合材的主要品种。

②火山灰质混合材料　所谓火山灰质材料,是指材料含有玻璃态或者无定形的 Al_2O_3 和 SiO_2,本身没有胶凝性,但是以细粉末状态存在时,能够与氢氧化钙和水在常温下起化学反应,生成有胶凝性质的产物,例如火山灰(火山爆发时喷出的岩浆迅速冷却的产物)。火山灰质材料与水泥混合使用时,与水泥水化时放出的氢氧化钙反应,生成水化硅酸钙。具有火山灰性质的材料称为火山灰材料,按其来源,可分为天然的与人工的两类。常见的火山灰材料主要有天然的硅藻土、硅藻石、蛋白石、火山灰、凝灰岩,以及工业废渣中的煅烧煤矸石、烧黏土、粉煤灰、煤渣、沸腾炉渣和钢渣等。

③粉煤灰　燃煤火力发电厂经烟道排出的废渣叫做粉煤灰,属于火山灰质混合材料的一种。主要化学成分是 SiO_2 和 Al_2O_3,不仅具有化学活性,而且颗粒形状大多为球形,如图2-4所示,掺入水泥中具有改善和易性、提高水泥石密实度的作用。

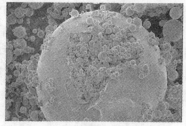

图2-4　粉煤灰的形状

(2)活性混合材料的作用机理

活性混合材料单独与水拌和,不具有水硬性或硬化极为缓慢,强度很低。但是在有碱性物质[如 $Ca(OH)_2$]存在的条件下,将产生如式(2-8)、式(2-9)的反应,生成具有水硬性的胶凝物质。

$$xCa(OH)_2 + SiO_2 + mH_2O \longrightarrow xCaO \cdot SiO_2 \cdot nH_2O \tag{2-8}$$

$$yCa(OH)_2 + Al_2O_3 + mH_2O \longrightarrow yCaO \cdot Al_2O_3 \cdot nH_2O \tag{2-9}$$

此外,当体系中有石膏存在时,生成的水化铝酸钙还会与石膏进一步反应,生成水化硫铝酸钙。这些水化产物与硅酸盐水泥的水化产物类似,具有一定的强度和较高的水硬性。$Ca(OH)_2$ 和石膏对具有潜在活性的混合材料起激发水化、促进凝结硬化的作用,所以称之为激发剂。硅酸盐水泥水化之后大约生成20%~25%的氢氧化钙,为活性混合材料提供了激发其活性的物质,所以硅酸盐水泥相当于活性混合材料的碱性激发剂。

活性混合材料一定要在水泥水化生成一定量的氢氧化钙之后才能发挥其活性,发生水化硬化反应。如果将水泥的水化作为一次水化,则活性混合材料的水化反应可以看作是二次水化,尽管活性混合材料的掺入使水泥熟料中的硅酸三钙、硅酸二钙等强度组分相对减少,但是二次水化可以在一定程度上弥补水化硅酸钙、水化铝酸钙的量,使水泥的强度不至于明显降低。同时,根据二次水化反应原理,活性混合材料消耗水泥凝胶体中的氢氧化钙,转变为硅酸盐凝胶物质,有利于提高水泥石的抗腐蚀性和结构密实性。

(3)混合材料的作用及用途

混合材料掺入水泥中具有以下作用。

①代替部分水泥熟料,增加水泥产量,降低成本　生产水泥熟料需要经过生料磨细、高温煅烧等工艺过程,消耗大量能量,并排放大致与水泥熟料量相等的二氧化碳气体。而混合材料大部分是工业废渣,不需要煅烧,只需要与熟料一起磨细即可,既可以减少熟料的生产量,又消费了工业废料,具有明显的经济效益和社会环保效益。

②调节水泥强度,避免不必要的强度浪费　水泥的强度等级以 28d 抗压强度为基准划分,且每相差 10MPa 划分一个强度等级。目前大型水泥厂生产的熟料品质较好,其熟料强度基本上可以达到 55~60MPa,而市场大量需要强度等级 42.5 的水泥,完全使用熟料将造成活性的浪费,合理掺入混合材料可达到既降低成本,又满足强度要求的目的。

③改善水泥性能　掺入适量的混合材料,相对减少水泥中熟料的比例,能明显降低水泥的水化放热量;由于二次水化作用,使水泥石中的氢氧化钙含量减少,增加了水化硅酸盐凝胶体的含量,因此能够提高水泥石的抗软水侵蚀和抗硫酸盐侵蚀能力。立窑生产的水泥熟料中游离氧化钙含量较高,容易导致安定性不良,需要掺加较多矿渣来改善其安定性。如果采用粉煤灰作混合材料,由于其球形颗粒的作用,能够改善水泥浆体的和易性,减少水泥的需水量,从而提高水泥硬化体的密度。

④降低早期强度　掺入混合材料之后,早期水泥的水化产物数量将相对减少,所以水泥石或混凝土的早期强度将有所降低。对于早期强度要求较高的工程不宜使用含有大量混合材料的水泥。由于混合材料的二次水化作用,混合水泥的后期强度与不掺混合材料的水泥相比不会相差太多。

2. 矿渣硅酸盐水泥

粒化高炉矿渣烘干后,与硅酸盐水泥熟料和石膏按一定比例送入磨内共同粉磨;或者将矿渣单独粉磨,然后与粉磨好的水泥熟料和石膏混合,制成矿渣硅酸盐水泥。根据水泥熟料和矿渣的质量,改变熟料和矿渣的比例及水泥的细度,可生产不同强度等级的矿渣硅酸盐水泥。

矿渣水泥的特点及应用如下。

(1)早期强度低,后期强度增长速率大

粒化高炉矿渣中虽然含有较多的 CaO、活性 SiO_2 和活性 Al_2O_3,但是自身的胶凝性仍很微弱,水化速度缓慢,需要水泥水化生成 $Ca(OH)_2$ 的激发才能进行二次水化反应,而且常温下二次水化反应速度较慢,所以矿渣水泥早期强度较低。但是由于矿渣中大量活性物质的存在,后期强度发展速率较快,28d 强度与硅酸盐水泥和普通硅酸盐水泥基本相同,如图 2-5 所示,28d 以后矿渣水泥的强度可能高于硅酸盐水泥。

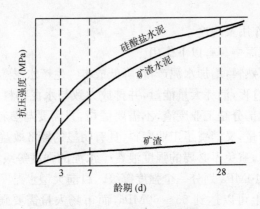

图 2-5 水泥强度发展曲线

(2)抗侵蚀能力强

采用硅酸盐水泥制作的混凝土抗溶出性侵蚀较差,环境水的硬度不能低于 6 度,否则将受到较严重的溶出性侵蚀;而矿渣水泥混凝土的使用环境的水硬度可低达 3 度(每升水中重盐酸盐含量以 CaO 计 10mg 为 1 度)。其原理就是矿渣中活性组分的二次水化作用使大部分 $Ca(OH)_2$ 转变为稳定的水化硅酸钙和水化铝酸钙,水泥石中游离 $Ca(OH)_2$ 的量降低,所以抗溶出性侵蚀能力提高。

矿渣水泥抗硫酸盐侵蚀的能力高于硅酸盐水泥,其主要原因是掺入大量矿渣后,水泥中熟料的成分大大减少,相应 C_3A 含量降低,因此水化产物中水化铝酸钙减少,抵抗硫酸盐腐蚀能力增强。矿渣可与氯离子反应,生成不溶于水的产物,从而将外界侵入的氯离子固化,降低混凝土内部钢筋锈蚀的危险性。基于上述特点,矿渣水泥适用于易受侵蚀的水工建筑、海港和近海工程及地下结构物。

(3)水化热低

由于熟料含量减少,水泥中水化放热量高、早期放热量大的组分 C_3S、C_3A 的含量相对减少。因此矿渣水泥的水化热较低,适用于大体积混凝土,如水库大坝、大型结构物基础等。

(4)环境温度、湿度对凝结硬化的影响较大

由于矿渣水泥早期水化速度慢、水化热低等特性,施工时尤其要注意早期养护时保持适宜的温度和湿度。低温下矿渣水泥的凝结硬化更加缓慢,高温高湿的养护条件有利于矿渣水泥的强度发展,所以矿渣水泥不适于冬季施工和早期强度要求较高的工程,但适用于制作蒸汽养护的混凝土构件。

（5）保水性差、泌水量大、干缩性较大

所谓保水性，即水泥浆体在施工及凝结硬化过程中能够将水分保存在浆体中的能力。水泥的保水能力与其细度和表面吸附水的能力有关。如果水泥的保水能力较低或拌和水量超出保水能力时，一部分水将从浆体中析出，在大颗粒骨料的下方聚集，蒸发后在骨料与水泥硬化体之间留下缝隙，降低界面强度；还会在表面形成较稀的水泥浆层，影响混凝土的表层质量。

粒化矿渣颗粒比较坚硬，和水泥熟料一起粉磨难以将其磨得很细，且矿渣本身亲水性差，吸收水分和涵养水分的能力较低，所以矿渣水泥的保水性差，不适用于抗渗性、耐磨性要求较高的工程。由于保水性差，内部水分容易蒸发，所以矿渣水泥干缩性大。如果采用分别粉磨工艺生产，或直接掺加磨细矿渣粉，则矿渣的细度可以提高到与熟料相当的程度，矿渣水泥的保水性可以大为提高。在采取适宜早期保湿养护措施后，矿渣水泥的干缩性能也可改善。

（6）抗碳化能力差

水泥水化产物中的 $Ca(OH)_2$ 与空气中 CO_2 在有水存在的条件下生成 $CaCO_3$ 的反应叫做碳化。由于矿渣水泥水化产物中 $Ca(OH)_2$ 含量较少，碱度低，同时由于矿渣水泥保水性差、干缩性大等原因，硬化后的水泥石毛细孔通道和微裂缝较多，密实性较差，空气中 CO_2 向内部的扩散更加容易，所以抵抗碳化作用的能力差。

（7）耐热性较强

高炉水淬矿渣本身耐火性、耐热性强，所以矿渣水泥硬化体耐火性能良好，处于 $300 \sim 400 ℃$ 高温环境中其强度降低不明显。因此，矿渣水泥适用于高温车间、高炉基础、热气通道等耐热结构物。

（8）抗冻性和耐磨性较差

水泥中的矿渣颗粒较粗，保水性差，所以水泥石中毛细孔隙量大，抗冻性差。不宜用于严寒地区及水位变化部位，也不适于受高速夹砂水流冲刷部位。例如混凝土重力坝体积庞大，考虑水化热低的要求适合采用矿渣水泥，但迎水面表层、溢洪面等经常经受冲刷、有冻融循环作用的部位则不适合使用矿渣水泥。

3. 火山灰质硅酸盐水泥

火山灰质混合材料也属于常用的活性混合材料，火山灰掺入水泥中所起的作用及其机理与粒化高炉矿渣基本相同。因此，火山灰水泥的特点大部分与矿渣水泥相同。但是与粒化高炉矿渣相比，火山灰质材料质地比较柔软易磨，颗粒较细，且内部多孔，与水的亲和性也比矿渣好。因此火山灰水泥保水性好，硬化后的水泥石结构比较密实，抗渗性能好，适用于抗渗性能要求较高的部位。

4. 粉煤灰硅酸盐水泥

粉煤灰水泥的特性与火山灰水泥基本相同。由于粉煤灰颗粒大多数呈球形，所以掺入水泥中后能够降低水泥的标准稠度需水量,即达到相同的稠度所需水量少于其他几种主要水泥。因此用粉煤灰水泥,或在拌制混凝土时直接掺入粉煤灰可改善混凝土的流动性、和易性,水泥石内部结构比较密实,抗渗性能良好。粉煤灰的颗粒较细,与水泥基本相同,I级灰甚至比水泥还细,且粒形好,可以不再磨细,直接用于水泥或混凝土,具有良好的经济和社会效益。

5. 复合硅酸盐水泥

复合水泥的强度发展趋势、水化热低等特点与矿渣水泥、粉煤灰水泥等掺混合材料的水泥大致相同。可根据当地混合材料的资源和水泥性能的要求掺入两种或更多种混合材料,可克服掺单一种类混合材料时水泥性能在某一方面明显的不足。例如,矿渣水泥保水性明显较差,与粉煤灰混合掺入可弥补这方面的不足,也可发挥矿渣耐磨、耐热等优势,获得性能更理想的水泥。

四、特种水泥

特种水泥是指具有某些特殊性能或特种用途的水泥,或者其组成不同于通用水泥。通用水泥占水泥总产量的 95％以上,但不可能完全满足特殊建设工程和某些行业的需求,特种工程必须采用相应特种水泥。到目前为止,我国已先后研制成功并投入生产的水泥品种有 60 余种,其中大量生产的有 20 多种,成为世界上水泥品种最多的国家之一。

对特种水泥的分类方法目前国内外尚未统一。我国将水泥分为通用水泥、专用水泥和特性水泥三大部分。前者为硅酸盐水泥和混合硅酸盐水泥。专用水泥和特性水泥是指具有某种专门用途和某种性能比较突出的水泥。由于这两类水泥之间难以确切界定,因此将它们合称为特种水泥。特种水泥的分类比较复杂。如果以水泥主要矿物所属体系进行分类,可分为硅酸盐、铝酸盐、硫铝酸盐(铁铝酸盐)和其他等 4 个体系。如果按水泥功能进行分类,可分为快硬早强水泥、耐高温水泥、低水化热水泥等。如果按水泥用途进行分类,可分为油井水泥、水工水泥、装饰水泥等。但是许多特种水泥,如快硬早强水泥、膨胀自应力水泥等,用途非常广泛,很难以单一的特殊用途命名。为此,我国通常将第二种和第三种方法结合在一起进行分类。这样,特种水泥按其功能和用途主要可分为快硬早强水泥、低水化热水泥、膨胀和自应力水泥、油井水泥、耐高温水泥、装饰水泥和其他水泥等 7 大类。

1. 硫铝酸盐水泥和铁铝酸盐水泥

以无水硫铝酸钙($3CaO \cdot 3Al_2O_3 \cdot CaSO_4$,简写为 $C_4A_3\bar{S}$)、铁铝酸四钙($4CaO \cdot Al_2O_3 \cdot Fe_2O_3$,简写为 C_4AF)和硅酸二钙($2CaO \cdot SiO_2$,简写为 C_2S)为主要矿物相的硫铝酸盐水泥熟料,掺加适量的石膏,混合粉磨得到的水硬性胶凝材料称为硫铝酸盐水泥。以无水硫铝酸钙($3CaO \cdot 3Al_2O_3 \cdot CaSO_4$)、铁铝酸六钙($6CaO \cdot Al_2O_3 \cdot$

$2Fe_2O_3$，简写为 C_6AF_2）和硅酸二钙（$2CaO \cdot SiO_2$）为主要矿物相的铁铝酸盐水泥熟料，掺加适量的石膏，混合粉磨得到的水硬性胶凝材料称为铁铝酸盐水泥。两种水泥熟料的矿物组成见表 2-5。

硫铝酸盐水泥熟料和铁铝酸盐水泥熟料的矿物组成　　　　表 2-5

熟料名称	矿物组成（%）		
	$C_4A_3\bar{S}$	C_2S	$C_4AF(C_6AF_2)$
硫铝酸盐水泥熟料	55～75	8～37	3～10
铁铝酸盐水泥熟料	33～63	14～37	15～35

铁铝酸盐水泥熟料与硫铝酸盐水泥熟料的区别主要在以下两个方面。

（1）铁铝酸盐水泥熟料中铁相含量较高，而无水硫铝酸钙含量较低。

（2）铁铝酸盐水泥熟料的铁相是含铁、钙较高的 C_6AF_2；硫铝酸盐水泥熟料的铁相则是含铁、钙较低的 C_4AF。

铁铝酸盐水泥与硫铝酸盐水泥水化浆体具有共同的基本组分，因此它们都有快硬、高强、膨胀、耐腐蚀、抗冻融及液相碱度低和水化热集中等共同的性能特征。硫铝酸盐水泥水化时，C_2S 水化生成 $Ca(OH)_2$ 的速度远低于 $C_4A_3\bar{S}$ 形成钙矾石所需的 $Ca(OH)_2$ 消耗速度，$Ca(OH)_2$ 在水化过程中被消耗殆尽，所以在硫铝酸盐水泥水化浆体中不存在 $Ca(OH)_2$，水化液相碱度较低，pH 值通常在 $11～12$ 之间。铁铝酸盐水泥水化过程产生的 $Ca(OH)_2$ 量较多，部分消耗于形成二次水化物，尚有少量存在于最终形成的水化体组成中，由于存在 $Ca(OH)_2$，水化浆体液相碱度较高，pH 值通常在 $12～13$。

国家标准规定硫铝酸盐水泥分为快硬硫铝酸盐水泥、低碱度硫铝酸盐水泥和自应力硫铝酸盐水泥 3 类。根据水泥中所含石膏含量的高低，所得水泥石的膨胀性能不同。石膏含量越高，水泥石膨胀性越大。因此可用一种熟料配制出上述 3 种水泥。

快硬硫铝酸盐水泥的强度等级以 3d 抗压强度评定，分为 42.5、52.5、62.5、72.5 四个强度等级。要求水泥熟料中不出现游离氧化钙，水泥的比表面积不低于 350m²/kg，初凝不得早于 25min，终凝不得迟于 3h。用这种水泥配制的砂浆或混凝土，即使拌和后立即受冻，然后再恢复正温养护，最终强度基本上不降低，因此可在负温（$-15℃～-25℃$）的条件下使用。

低碱度硫铝酸盐水泥的主要特征是水化产物的液相碱度低，pH 值不大于 10.5。水泥的比表面积不低于 400m²/kg，初凝不得早于 25min，终凝不得迟于 3h。低碱度硫铝酸盐水泥的强度等级以 7d 抗压强度评定，分为 32.5、42.5、52.5 三个强度等级。由于 pH 值低，低碱度硫铝酸盐水泥广泛用于制造玻璃纤维增强水泥制品，是目前硫铝酸盐水泥中市场销售量最多的水泥品种，占整个销量的 $60\%～70\%$。但用于配有钢纤维、钢筋、钢丝网与钢埋件等的混凝土制品和结构时,所用钢材容易发生锈蚀现象,但以后不继续发展,因此不构成潜在危险。

　　膨胀性能是硫铝酸盐水泥性能的重要特征之一。在配置钢筋的混凝土中,水泥石体积膨胀时带动钢筋被拉伸,在弹性变形范围内的被拉伸的钢筋压缩混凝土,使混凝土产生压应力,从而提高其抗拉和抗折强度。靠水泥石自身膨胀而在混凝土内部产生的压应力,称为自应力。当其自应力值大于或等于 2.0MPa 时,称为自应力水泥;当其自应力值小于 2.0MPa(通常为 0.5MPa 左右)时,则称为膨胀水泥。

　　自应力硫铝酸盐水泥的比表面积不低于 $370m^2/kg$,初凝不得早于 40min,终凝不得迟于 6h;自由膨胀率 7d≤1.30%,28d≤1.75%;水泥中的碱含量<0.50;28d 自应力增进率≤0.010MPa/d。自应力硫铝酸盐水泥以 28d 自应力值分为 3.0、3.5、4.0、5.5 四个等级。

　　硫铝酸盐水泥与铁铝酸盐水泥已成功应用于冬季施工、快速施工、各种修补、地下和海洋等特种工程,以及特种水泥混凝土构件和制品等。玻璃纤维增强水泥制品对水泥的基本要求是,水泥的水化浆体的液相碱度在整个水化过程中必须保持在一个较低的水平,即小于 11.0。为满足这个要求,采用水化浆体的液相 pH 值≤10.5 的低碱度硫铝酸盐水泥是最佳选择,目前尚没有任何品种水泥可以代替它。硫铝酸盐水泥用于冬季施工可省去通常使用的蒸气保温措施,具有很高的经济效益,目前尚无其他水泥可取代,应用前景极佳。在冬季施工中最好采用快硬铁铝酸盐水泥。该品种与快硬硫铝酸盐水泥相比,放热速度快,放热量较集中,更有利于冬季施工。海洋建筑物的建造和修补是硫铝酸盐水泥应用前景十分看好的领域之一。使用的水泥品种应首选快硬铁铝酸盐水泥。试验室研究和海洋工程实际应用效果都表明,快硬铁铝酸盐水泥的早强、抗海水腐蚀和抗冲刷性能均优于包括快硬硫铝酸盐水泥在内的任何一种水泥,是目前最理想的海洋工程用水泥品种。

　　2. 铝酸盐水泥

　　凡以铝酸钙为主的铝酸盐水泥熟料,经磨细制成的水硬性胶凝材料均称之为铝酸盐水泥。根据需要也可在磨制 Al_2O_3 含量大于 68% 的水泥时掺加适量的 α-Al_2O_3 粉。铝酸盐水泥熟料以矾土和石灰石为原料,经熔融或烧结制成,以铝酸一钙($CaO \cdot Al_2O_3$,简称为 CA)和二铝酸钙($CaO \cdot 2Al_2O_3$,简称为 CA_2)为主要组成物相。铝酸盐水泥具有早强高强、耐高温、耐化学侵蚀等特性。当与石膏共同水化时,能生成膨胀性水化产物——水化硫铝酸钙,因此,铝酸盐水泥除了用于配制不定形耐火材料外,还可用于抢修抢建、耐硫酸盐腐蚀和冬季施工工程,以及配制膨胀水泥和自应力水泥。但由于铝酸盐水泥存在后期强度下降的问题,而被禁止用于结构工程。目前,铝酸盐水泥主要用于配制耐热混凝土、混凝土膨胀剂和化学建材产品,包括自流平砂浆、快干快硬的地坪砂浆、瓷砖粘结剂及快硬高强的砂浆等。铝酸盐水泥还可以作为硅酸盐水泥的促凝剂使用,虽然凝结时间与硅酸盐水泥相似,但是它可以提供快速的强度发展。

铝酸盐水泥按 Al_2O_3 含量分为以下 4 类:

CA-50　　　$50\% \leqslant Al_2O_3 < 60\%$

CA-60　　　$60\% \leqslant Al_2O_3 < 68\%$

CA-70　　　$68\% \leqslant Al_2O_3 < 77\%$

CA-80　　　$77\% \leqslant Al_2O_3$

铝酸盐水泥的细度不小于 $300m^2/kg$ 或孔径 $0.045mm$ 筛筛余不大于 20%。对于 CA-50、CA-70 和 CA-80,其初凝时间不早于 30min,终凝时间不迟于 6h;对于 CA-60,其初凝时间不早于 60min,终凝时间不迟于 18h。各类型水泥的各龄期强度值不得低于表 2-6 规定的数值。

铝酸盐水泥胶砂强度(单位:MPa)　　　　　　表 2-6

水泥类型	抗压强度				抗折强度			
	6h	1d	3d	28d	6h	1d	3d	28d
CA-50	20	40	50		3.0	5.5	6.5	
CA-60		20	45	85		2.5	5.0	10.0
CA-70	30	40				5.0	6.0	
CA-80	25	30				4.0	5.0	

高铝水泥具有快硬早强性能,1d 强度可达 3d 的 80% 以上。由于 CA 和 CA_2 矿物的初始水化产物为亚稳相的 C_2AH_8(密度为 1.95)和 CAH_{10}(密度为 1.75)等六方晶型产物,在一定的温度和湿度条件下逐渐转化为稳定的 C_3AH_6(密度为 2.5)立方晶型产物。后者密度较高,体积分别减少 35% 和 50%。晶型转化后硬化体内孔隙率明显提高,导致长期强度下降。

水化铝酸钙的晶型转化的速度与环境温度和湿度有密切关系。一般来讲,温度越高,湿度越大,晶型转化越快。例如当温度低于 20℃时,10 年后强度才开始出现下降,在干燥高温下转化也很慢,只有在 30～50℃的水热条件下转化较快。但是这种转化引起的强度下降不是无止境的,而是存在所谓最低稳定强度,这个最低值的大小又与水泥成分、煅烧质量、水灰比等有关,尤其与水灰比关系较大。水灰比越大,强度下降越大。研究和应用证明,高铝水泥混凝土采用低水灰比和较大水泥用量可起到后期强度的补偿作用,使强度损失减小,回升强度增大。

铝酸盐水泥水化很快,水化 6～12h 就释放出大部分水化热,24h 水化热达 209kJ/kg,接近硅酸盐水泥 7d 的水化热。在低温下,铝酸盐水泥可依赖本身水化放热,使混凝土内部维持较高温度,从而较好地发挥强度。在 -2～-4℃负温养护 14d

后转标准养护条件下,早期强度可达到标准养护的 85%~90%,28d 强度基本与标准养护的相同。

铝酸盐水泥水化后不产生 $Ca(OH)_2$,且能形成 AH_3 凝胶保护层,使硬化后的水泥石质地致密,能耐 pH>4 的稀酸溶液、硫酸盐溶液及其矿物水的侵蚀。适用于存在低硫酸盐及其他矿物盐和有机酸等侵蚀性环境的工程,但不适于接触呈碱性的工程。

3. 油井水泥

油井水泥是石油、天然气勘探和开采时,油、气井固井处理过程中使用的专用胶凝材料,它是以适当矿物组成的硅酸盐水泥熟料和适量的二水石膏共同磨细而制成的产品。适用于胶结油、气井的井壁和套管,将油、气、水等各地层彼此封隔。因此,在固井作业中要求油井水泥浆具有较低的稠度、适宜的稠化时间和较高的抗压强度,以满足固井作业的要求。

我国现行的油井水泥国家标准 GB 10238—2005 中包括 A 级、B 级、C 级、D 级、E 级、F 级、G 级和 H 级共 8 个级别的油井水泥,分为普通型(O)、中抗硫酸盐型(MSR)和高抗硫酸盐型(HSR)。

(1)G 级和 II 级油井水泥

G 级和 H 级水泥是两种"基本油井水泥",所谓"基本油井水泥",就是在生产该水泥时除允许掺加适宜石膏外,不得掺入任何水泥添加剂。G 级和 H 级水泥与促凝剂或缓凝剂一起使用,能适用于较大的井深和温度范围。除了水灰比不同之外(G 级水泥水灰比为 0.44,而 H 级水泥水灰比为 0.38),G 级和 H 级油井水泥的技术要求基本上一致。G 级和 H 级油井水泥有中抗硫酸盐型(MSR)和高抗硫酸盐型(HSR)两种类型。对于中抗硫酸盐型(MSR)水泥,要求 C_3S 含量为 48%~58%,C_3A 含量≤8%;对于高抗硫酸盐型(HSR)水泥,要求 C_3S 含量为 48%~65%,C_3A 含量≤3%。

(2)D 级、E 级和 F 级油井水泥

D 级、E 级和 F 级油井水泥允许掺加适宜的调凝剂,适合于中温中压和高温高压的井下条件的注水泥作业时使用,这三种级别的水泥都有中抗硫酸盐型(MSR)和高抗硫酸盐型(HSR)之分,但对 C_3S 含量没有规定,仅限制 C_3A 含量分别小于等于 8%和 3%。

4. 砌筑水泥与装饰水泥

(1)砌筑水泥

凡由一种或一种以上的水泥混合材料,加入适量硅酸盐水泥熟料和石膏,经磨细制成的和易性较好的水硬性胶凝材料,均称为砌筑水泥。水泥中混合材料掺加量按质量百分数计应大于 50%,允许掺入适量的石灰石或窑灰。砌筑水泥主要用于拌制砌筑和抹面砂浆,作为砌筑墙体块体材料之间的胶结材料,不应用于结构混凝土。砌筑水泥分 12.5 和 22.5 两个强度等级。

砌筑水泥的技术性质如下:

①三氧化硫含量不得超过 4.0%。

②细度要求 0.080mm 方孔筛筛余不得超过 10%。

③凝结时间要求初凝不得早于 60min,终凝不得迟于 12h。

④安定性采用沸煮法检验必须合格。

⑤流动性。流动性用流动度表示,是衡量砌筑水泥拌制的砂浆流动性大小的指标。试验采用水泥胶砂流动度测定仪(简称跳桌),其跳动部分主要由圆盘桌面和推杆构成。圆盘形桌面直径 258mm±1mm,上面铺有同直径的玻璃板,在桌面与玻璃板之间垫有画着直径为 120mm、130mm、140mm 同心圆及十字线的薄塑料片。装砂浆的圆台形试模用金属材料制成,内表面光滑,高度为 60mm±0.5mm,上口内径为 70mm±0.5mm,下口内径为 100mm±0.5mm、下口外径为 120mm±0.5mm。一次称量水泥 540g、标准砂 1350g,按水灰比等于 0.46 计算并称量水,拌制水泥砂浆。将圆台形金属试模置于跳桌台面中央,将拌好的砂浆分两层装入流动试模,并按标准方法捣压、刮平后提起试模,立刻开动跳桌,约每秒钟一次,在 30s±1s 内完成 30 次跳动,则水泥砂浆在自重和振动力作用下向水平方向扩展,用卡尺测量胶砂底面最大扩散直径及与其垂直的直径,计算平均值,以"mm"为单位取整数,即为水泥胶砂流动度。砌筑水泥在 0.46 水灰比条件下的流动度要求大于 125mm。

⑥泌水率。砌筑水泥主要用于拌制砂浆,通常水灰比较大。由于水泥水化、水泥及砂子表面润湿所需的水量有限,因此多余的水分将泌出砂浆表面。泌出的水量与水泥砂浆所用拌和水量之比叫做泌水率。要求砌筑水泥的泌水率不得超过 12%。

⑦强度。砌筑水泥的强度以 7d、28d 抗压、抗折强度表示,并根据各强度值划分砌筑水泥的强度等级。各强度等级的水泥各龄期强度不得低于表 2-7 中所示数值。

砌筑水泥的强度值(单位:MPa)　　　　　　　　　　　　　表 2-7

强 度 等 级	抗 压 强 度		抗 折 强 度	
	7d	28d	7d	28d
12.5	7.0	12.5	1.5	3.0
22.5	10.0	22.5	2.0	4.0

(2)白色硅酸盐水泥

由白色硅酸盐水泥熟料加入适量石膏,磨细制成的水硬性胶凝材料称为白色硅酸盐水泥(简称白色水泥)。磨制水泥时,允许加入不超过水泥质量 5% 的石灰石或窑灰作为外加物。水泥粉磨时允许加入不损害水泥性能的助磨剂,加入量不得超过水泥质量的 0.5%。

白色硅酸盐水泥熟料,是以适当成分的生料烧至部分熔融,所得以硅酸钙为主要成分、氧化铁(Fe_2O_3)含量少的熟料。为了保证色彩要求,对原材料的成分及生产工艺要求很严格,例如石灰质原料多采用白垩,其中的氧化铁含量不超过 0.1%;黏土质原材料采用高岭土、磁石、白泥或石英砂等,其中的氧化铁含量不超过 0.7%。煅烧用燃料不能用煤,而是采用天然气、柴油、重油等,粉磨时磨机内衬及研磨体不能采用钢铁材料,而采用白花岗岩、高强陶瓷、刚玉或瓷球等,同时还要进行漂白处理。

白色硅酸盐水泥的强度等级划分与通用水泥相同,也分为 32.5、42.5 和 52.5 三个强度等级,各强度等级水泥的强度值见表 2-8。白色硅酸盐水泥的技术要求中与其他品种水泥最大的不同是要求水泥的白度值不低于 87。白色水泥主要用于建筑装饰,粉磨时加入碱性颜料,可制成彩色水泥。以白色水泥为胶凝材料拌制混凝土时加入有机或无机颜色可生产彩色混凝土,用于彩色路面、建筑物外饰面或装饰性混凝土构件。

白色硅酸盐水泥的强度值(单位:MPa)　　　　　　　　　表 2-8

水泥等级	抗压强度		抗折强度	
	3d	28d	3d	28d
32.5	12.0	32.5	3.0	6.0
42.5	17.0	42.5	3.5	6.5
52.5	22.0	52.5	4.0	7.0

第二节　辅助性胶凝材料(矿物掺合料)

以天然的矿物质材料或工业废渣为原材料,直接使用或经预先磨细,在拌制混凝土时作为一种组分直接加入拌合物中的细粉矿物质材料叫做混凝土的矿物掺合料。与水泥中的混合材料相比,混凝土的矿物掺合料可以根据需要磨得更细,其掺量也可根据工程要求灵活控制。活性矿物掺合料具有很好的化学反应活性,掺入混凝土中不仅可以取代部分水泥,降低混凝土的造价,而且可以改善混凝土的性能,例如降低水化热,改善拌合物的工作性,提高混凝土的抗腐蚀性,提高耐久性等。随着混凝土技术的发展,高强度、大流动性等高性能混凝土的应用越来越多,矿物掺合料已经成为高性能混凝土不可缺少的组分之一。

常用的矿物掺合料有粉煤灰、磨细矿渣、硅灰、沸石粉、磨细自燃煤矸石、磨细石灰石粉等。目前粉煤灰和磨细矿渣粉已经大量使用,硅灰主要用于配制高强混凝土;其余的品种使用量都很少。

一、粉煤灰

粉煤灰是用煤粉炉发电的火力发电厂排放出来的烟道灰,属于火山灰质活性混合材料,其主要成分是硅、铝和铁的氧化物,具有潜在的化学活性。由于煤粉微细,且在高温燃烧过程中形成玻璃微珠,因此粉煤灰颗粒多数呈球形。粉煤灰粒径多在 $45\mu m$ 以下,可以不用粉磨直接用作混凝土的掺合料。粉煤灰的化学成分及性能指标不仅受原煤成分的影响,也受到煤粉细度、燃烧状态等因素的影响,不同电厂、不同时间排出的粉煤灰其成分和性能差别很大,如表 2-9 所示分别为两个发电厂排出的粉煤灰的化学成分。粉煤灰 1 含有较多的 CaO,属于高钙粉煤灰;粉煤灰 2 的 CaO 含量较低,是普通的低钙粉煤灰。由褐煤或次烟煤燃烧所得的粉煤灰,CaO 含量高于 8%,就属于高钙粉煤灰,一般具有需水量低、活性高和可自硬等特点,但抗硫酸盐侵蚀和抑制碱—骨料反应的效果不如低钙粉煤灰,在使用时必须注意其体积稳定性是否良好。

粉煤灰的主要化学成分(单位:%)　　　　　　　　表 2-9

类　别	SiO_2	Al_2O_3	CaO	Fe_2O_3	MgO	K_2O	Na_2O	TiO_2	LOI
粉煤灰 1	31.33	13.98	28.09	15.62	1.62	0.75	2.51	0.63	4.15
粉煤灰 2	58.09	23.69	2.99	7.02	1.32	3.18	1.33	0.94	1.14

1. 粉煤灰技术性质

粉煤灰用作混凝土掺合料时要检测其细度、烧失量、需水量比等主要技术指标。国家标准根据这些技术指标将粉煤灰划分为 I、II、III 级,如表 2-10 所示。工程中使用粉煤灰时要取样进行性能检测,确定粉煤灰的等级。

粉煤灰的品质指标和分级　　　　　　　　表 2-10

品质指标	粉煤灰级别		
	I	II	III
细度(0.045mm 方孔筛筛余)(%)	≤12	≤20	≤45
需水量比(%)	≤95	≤105	≤115
烧失量(%)	≤5	≤8	≤15
三氧化硫(%)	≤3	≤3	≤3
含水量(%)	≤1	≤1	不规定

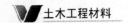

（1）细度

粉煤灰的细度用 0.045mm 方孔筛的筛余百分率表示。粉煤灰的颗粒越细,其活性作用和填充作用发挥得越好。因此,粉煤灰的细度越高越好。

（2）需水量比

所谓需水量比,是指砂浆流动性基本相同时,掺粉煤灰后的砂浆需水量与不掺粉煤灰的砂浆需水量之比。该值反映了粉煤灰的掺入对混凝土流动性的改善能力。试验砂浆按照硅酸盐水泥：粉煤灰：标准砂＝210g：90g：750g,对比砂浆按照硅酸盐水泥：标准砂＝300g：750g,分别拌制砂浆,按照水泥胶砂流动度试验方法测定砂浆流动度达到 125～135mm 时各自所加水量,试验砂浆需水量与对比砂浆需水量之比即为该粉煤灰的需水量比。

（3）烧失量

烧失量是指将干燥的粉煤灰试样在高温下（950～1000℃）灼烧至恒重,所损失的质量占试样原重的百分比。烧失量在一定程度上反映粉煤灰中所含残余碳的多少。

2. 粉煤灰掺入混凝土的作用

粉煤灰具有潜在的化学活性,颗粒微细,且含有大量玻璃体微珠,掺入混凝土中可以发挥以下 3 种效应,即活性效应、形态效应和微粒填充效应。

（1）活性效应

粉煤灰中非晶态 SiO_2、Al_2O_3、Fe_2O_3 等活性物质的含量超过 70％,尽管这些活性成分单独不具备水硬性,但在水泥水化析出的 $Ca(OH)_2$ 作用下,能够发生二次水化反应,生成水化硅酸钙、水化铁酸钙等凝胶体,具有胶结能力。

（2）形态效应

粉煤灰中含有大量的玻璃微珠体,呈球形,掺入混凝土中可减少混凝土拌合物的内摩擦阻力,提高流动性或减少用水量,改善拌合物的工作性。

（3）微粒填充效应

粉煤灰粒径大多数小于 0.045mm,尤其是一级灰,总体上比水泥颗粒还细,所以可以填充在水泥凝胶体的毛细孔和气孔之中,使水泥凝胶体更加密实。

因此,粉煤灰作为混凝土的矿物掺合料,既有一定的活性效应,不至于使混凝土的强度降低过多,同时微细、球形的颗粒还能够改善拌合物的和易性,降低混凝土的早期水化热,减少温度裂缝,并且能够使硬化后混凝土更加密实,提高混凝土的渗透性,改善其耐久性。

3. 粉煤灰在混凝土中的使用

粉煤灰作为混凝土的矿物掺合料使用时,要根据混凝土的强度、工作性及耐久性等性能要求和粉煤灰的等级进行合理的配合比设计,同时还要在试验室内通过试配试验最终确定混凝土的配比。粉煤灰掺量以粉煤灰量占胶凝材料总量（水泥和粉煤灰质量之和)的百分率表示。在配制高性能混凝土时,粉煤灰都是作为胶凝材料的一部分进行计算的。

二、粒化高炉矿渣粉

将炼铁高炉熔融物水淬后得到的粒化高炉矿渣,经干燥、粉磨(或添加少量石膏一起粉磨)达到相当细度且符合相应活性指数的粉体叫做粒化高炉矿渣粉,简称矿渣粉。

1. 矿渣粉作为掺合料使用的优点

粒化高炉矿渣是炼铁工业副产品,从高温熔融状态急剧水淬冷却形成玻璃体,含有较多的 SiO_2、Al_2O_3 等具有潜在活性的化学成分,具有很高的化学活性。近年来,随着高强、高性能混凝土的普遍应用,以粒化高炉矿渣为原料单独粉磨,制备混凝土矿物掺合料越来越多。与使用矿渣水泥相比,直接将磨细的矿渣粉掺入混凝土中具有以下优点。

(1)粒化高炉矿渣比较坚硬,与水泥熟料混在一起,不容易同步磨细,制成的矿渣水泥因保水性差,致使硬化后的混凝土抗渗性较差。同时,较粗的矿渣颗粒活性不能得到充分发挥,所以使用矿渣水泥的混凝土往往早期强度较低。而将粒化矿渣单独粉磨或加入少量石膏、助磨剂一起粉磨,可以根据需要控制粉磨工艺,得到所需细度的矿渣粉,有利于其中活性组分更快、更充分地水化,保证混凝土所需强度,并且微细粉体具有填充作用,可使混凝土内部结构更加密实。

(2)可以根据工程需要灵活调整矿渣粉的细度,确定合理的矿渣粉掺量,使矿渣粉的优势得到充分发挥。

(3)如果将矿渣粉磨得很细(例如比表面积超过 $600m^2/kg$),除了能降低混凝土的水化热、提高抗腐蚀性外,由于微细粉体的填充作用,可使混凝土的密实度得到很大提高,因此能够大幅度提高混凝土的强度。

2. 矿渣粉的技术性质

矿渣粉作为混凝土的掺合料使用必须符合国家标准规定的技术指标要求,矿渣粉按照活性高低分为 S105、S95、S75 三个级别,各级别产品的技术性能指标如表2-11所示。

磨细矿渣粉的技术指标　　　　　　　表 2-11

项　　目	级　　别		
	S105	S95	S75
密度(g/cm³)	≥2.8		
比表面积(m²/kg)	≥350		

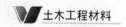

续上表

项　　目		级　　别		
		S105	S95	S75
活性指数（%）	7d	≥95	≥75	≥55
	28d	≥105	≥95	≥75
流动度比（%）		≥85	≥90	≥95
含水量（%）		≤1.0		
三氧化硫（%）		≤4.0		
氯离子（%）		≤0.02		
烧失量（%）		≤3.0		

（1）细度

磨细矿渣粉的细度用比表面积表示,细度越高,颗粒越细,其活性效应发挥得越充分,但过细需要消耗较多的生产能耗,根据工程需要以满足要求为宜。硅酸盐水泥的细度指标为不小于 $300m^2/kg$,可见磨细矿渣粉比水泥细。

（2）活性指数

它是衡量矿渣粉活性大小的指标。按照如表 2-12 所示的配比分别制作并养护砂浆试件,测定 7d、28d 龄期试验砂浆和对比砂浆试件的抗压强度,则矿渣粉的活性指数等于试验砂浆和对比砂浆同龄期抗压强度之比的百分数。活性指数越大,表明矿渣粉的活性越高,掺入混凝土中对强度贡献越大。

（3）流动度比

按水泥砂浆流动度试验方法分别测定如表 2-12 所示的试验砂浆和对比砂浆的流动度,两者比值即为流动度比。该指标反映了矿渣粉掺入混凝土中对拌合物和易性的影响程度。由于矿渣粉颗粒比水泥更细,比表面积大,掺入混凝土后将吸收更多的水分,使混凝土的流动性有所降低。矿渣粉细度越高,活性指数越大,通常流动度比值越小。

对比砂浆和试验砂浆的配合比　　　　　　　　　　表 2-12

砂浆种类	水泥用量(g)	矿渣粉量(g)	标准砂(g)	水量(mL)
对比砂浆	450		1350	225
试验砂浆	225	225	1350	225

三、硅灰

硅灰是用电弧炉冶炼硅金属或硅铁合金时的副产品。在 2000℃高温下,将石英（SiO_2）还原成 Si 时,将产生 SiO 气体,到低温区再氧化成 SiO_2,最后冷凝成极微细的球形颗粒。硅灰的主要成分是非晶态的无定形 SiO_2，含量在 80% 以上，具有很高的化学活性。硅灰颗粒十分微细，平均粒径为 $0.1\sim0.2\mu m$，比表面积为 $20000\sim25000m^2/kg$，密度为 $2.2g/cm^3$，堆积密度为 $250\sim300kg/m^3$。

硅灰作为混凝土的矿物掺合料，其最大的优势是微填充作用和很高的活性。由于硅灰的粒径只有 $0.1\sim0.2\mu m$，能充分填充在水泥凝胶体的毛细孔中，使混凝土的微观结构更加密实。同时由于硅灰颗粒微细，能充分发挥其化学活性，与水泥水化产物中的氢氧化钙反应，可生成水化硅酸钙凝胶体，提高混凝土的强度。由于硅灰的比表面积很大，掺量过多将使水泥浆体变得十分粘稠，同时硅灰的价格昂贵，所以只适用于高强混凝土，掺量一般控制在胶凝材料总量的 10% 以下。

四、钢渣

钢渣是炼钢过程中排出的炉渣。我国有关钢渣水泥的研究与应用已有多年历史，在钢渣做水泥掺合料的研究与应用领域积累了一些经验。钢铁厂的冶炼及钢渣预处理工艺不断改进，出厂的钢渣品质也在逐步提高，钢渣中的金属铁及对安定性影响大的成分都得到了一定的控制，这些都为钢渣做混凝土掺合料提供了广阔的空间。

钢渣分转炉钢渣、平炉钢渣和电炉钢渣，由于转炉钢渣所占的比重较大，应用也相对广泛。钢渣的化学成分主要为 CaO、SiO_2、Al_2O_3、FeO、Fe_2O_3、MgO、MnO 和 P_2O_5 等，有的钢渣中还含有 V_2O_5 和 TiO_2。与硅酸盐水泥及矿渣相比，钢渣的化学组成具有铁和磷高、硅和铝低的特点。由钢渣的化学组成计算得到的碱度系数可在一定程度上评价钢渣的活性。钢渣碱度系数＝$CaO/(SiO_2+P_2O_5)$。按碱度系数高低，一般将钢渣分为低碱度渣（碱度 <1.8）、中碱度渣（碱度为 $1.8\sim2.5$）和高碱度渣（碱度 >2.5）三种。用于制备混凝土时一般要求钢渣的碱度高于 1.8。碱度越高，CaO 含量越多，则其潜在的水硬活性越大。但是高碱度的钢渣中游离 CaO 也多，因此需要用预处理的方法减少游离 CaO 所可能引起的安定性不良问题。

钢渣中含有水硬性矿物硅酸三钙（C_3S）和硅酸二钙（C_2S），二者含量之和约占 50% 以上，并含有铁酸钙（或铁铝酸钙）；另外还有 MgO、FeO 和 MnO 的固溶体 RO 相。单质铁也是钢渣中的少量矿相之一，未经磁选的钢渣中一般含有 $5\%\sim15\%$ 的金属铁，在制备钢渣粉前，必须经多级破碎磁选，直至钢渣中的金属铁含量降低到一定范围。钢渣中存在的硅酸盐相决定了钢渣具有一定的胶凝性能。钢渣的水化过程和水化产物同硅酸盐水泥熟料相似，不同点在于钢渣的形成温度比硅酸盐水泥熟料高 $200\sim300℃$，致使钢渣中的 C_3S 和 C_2S 结晶致密，晶体粗大。因此，尽管钢渣具有胶凝性能，但其胶凝性能尤其是早期胶凝性能远远低于硅酸盐水泥熟料。

将钢渣粉磨至比表面积为 $400\ m^2/kg$ 以上，利用机械激发，改变其晶体结构，增加其活性,可作混凝土掺合料。掺有钢渣粉的混凝土具有水化热低、抗侵蚀、收缩小、与钢筋的结合力强、后期强度高等特点。高炉矿渣粉的液相 pH 值在 10 左右,当矿渣粉在混凝土中替代水泥的掺量超过 30% 时,混凝土液相 pH 值将下降,钢筋易锈蚀,而钢渣粉的液相 pH 值为 14 以上,对钢筋有保护作用。复合掺加钢渣粉和矿渣粉,可提高混凝土的致密性、抗渗性及耐磨性。

第三节　化学外加剂

一、概述

1. 外加剂的定义与分类

混凝土外加剂是在拌制混凝土时掺入的,掺量一般不大于胶凝材料质量的 5%(特殊情况除外),用以改善混凝土性能的化学物质。外加剂掺量虽少,但能显著地改善混凝土某方面的性能,在现代混凝土工程中的应用越来越普遍,已经成为混凝土的重要组成材料之一。按照外加剂的主要功能,可将混凝土外加剂分为以下 4 大类。

(1)改善混凝土拌合物工作性能的外加剂。主要有减水剂、高效减水剂、引气剂、泵送剂等。

(2)调节混凝土凝结时间和硬化速度的外加剂。主要有缓凝剂、早强剂、速凝剂等。

(3)改善混凝土耐久性的外加剂,主要有引气剂。防水剂、阻锈剂等。

(4)改善混凝土其他性能的外加剂,例如防冻剂。着色剂、防水剂等。

按照外加剂的化学成分,有无机外加剂、有机外加剂和复合外加剂 3 种类型。其中无机外加剂主要是电解质盐类,例如早强剂($CaCl_2$、Na_2SO_4)。有机外加剂多数属于表面活性物质,又叫做表面活性剂。目前使用最多的是阴离子型表面活性剂,常用的减水剂、高效减水剂、缓凝剂等多数属于这一类产品。膨胀剂是介于化学外加剂与辅助性胶凝材料之间的一类特殊的混凝土外加剂。膨胀剂掺量较大(胶凝材料质量的 6%～12%),与水泥共同使用时有胶凝作用。目前的国家标准将其列入混凝土外加剂中。

2. 外加剂发展概况

混凝土外加剂最早出现在美国,1935 年美国首先研制成以木质素磺酸盐为主要成分的塑化剂,将其掺入混凝土中能明显提高混凝土的流动性和可塑性。也即在保持混凝土的流动性不变的情况下,掺入这种塑化剂后与不掺塑化剂的混凝土相比可以显著减少拌和用水量。因此,该种外加剂又叫做减水剂。进入 20 世纪 40 年代以后,木质素系减水剂开始在混凝土中大量推广应用,极大地改善了混凝土的施工和易性,可以说是混凝土技术的一次革命。

1962 年,日本研制成以 β-萘磺酸甲醛缩合物钠盐为主要成分的高效减水剂,即萘系减水剂。这类减水剂减水率高,基本上不影响混凝土的凝结时间,引气量很小,适宜于制备高强度和大流动性混凝土。从 20 世纪 80 年代开始,以萘系减水剂为代表的高效减水剂开始普遍应用,混凝土拌合物由塑性进入到大流动性,混凝土强度由 20～30MPa 发展到 50～60MPa 以上,是混凝土技术的又一次飞跃。

1964 年,德国研制成磺化三聚氰胺甲醛树脂减水剂,即密胺树脂系减水剂。该类减水剂与萘系减水剂同样具有减水率高、早强效果好、引气量低等特点。同时对蒸养混凝土制品和铝酸盐含量高的水泥制品适应性较好,能制备高强或大流动性混凝土。

日本首先于 1980 年代初开发出聚羧酸系高效减水剂,逐渐应用于混凝土工程。聚羧酸系减水剂分子结构呈梳形,自由度大,可对其进行分子结构设计,并通过比较简单的合成工艺制造出所需要的减水剂。聚羧酸分子主链较短,可以接枝不同的活性基团;侧链较长,带有亲水性的活性基团,其吸附形态主要为梳形柔性吸附,可形成网状结构,具有较高的空间位阻效应。聚羧酸系减水剂掺量低、减水率高;混凝土拌合物的流动性和流动保持性好、坍落度损失低;对混凝土增强效果大;有一定的引气量。

混凝土中掺入适量外加剂,可以达到提高混凝土早期或各龄期强度,提高和易性,改善施工条件,降低施工能耗,延缓或降低水化热,调节凝结时间,改善泵送性,节约水泥用量等目的,具有明显的技术、经济效益。外加剂在混凝土中的普遍应用使混凝土材料性能获得很大提高。

3. 表面活性剂

表面活性剂在混凝土外加剂中占有极为重要的位置,无论是普通的表面活性剂还是高分子表面活性剂,都可以作为制造混凝土减水剂、引气剂、起泡剂、消泡剂和调凝剂等产品的主要组分。表面活性剂是一种能显著降低液体表面张力的物质。表面活性剂分子由两部分组成,如图 2-6 所示,一端为亲水基团(极性基团),另一端为憎水基团(亲油基团或非极性基团)。

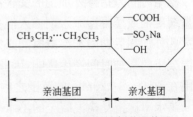

图 2-6　表面活性剂分子构成

二、减水剂

1. 减水剂的定义

在混凝土拌合物坍落度基本相同的条件下,能显著减少拌和用水量的外加剂,称为减水剂,又叫塑化剂。根据减水能力大小分为普通减水剂和高效减水剂。相对于普通减水剂,高效减水剂的减水能力更强,引气量低,也叫做超塑化剂或流化剂。

减水剂在减少拌和用水量的同时,往往还同时具有引气、缓凝或早强等效果,所以减水剂又有标准型、引气型、缓凝型和早强型等类型,在使用时应根据需要和混凝土的技术要求合理选择。

减水剂的主要技术性质包括:减水率、泌水率比、含气量、凝结时间差和各龄期的抗压强度比等。工程使用时要根据所用类型和品种,按照标准要求进行有关性能的试验。

减水率是衡量减水剂减水效果的性能指标,是指坍落度基本相同的基准混凝土和受检混凝土单位用水量之差与基准混凝土单位用水量之比,用公式(2-10)计算:

$$W_R = \frac{W_0 - W_1}{W_0} \times 100\%$$ (2-10)

式中:W_R——减水率,%;

W_0——基准混凝土单位用水量,kg/m³;

W_1——掺外加剂混凝土单位用水量,kg/m³。

减水率越大,表明减水剂的减水效果越好。通常普通减水剂的减水率为 5%～8%,高效减水剂的减水率大于 20%,聚羧酸减水剂的减水率超过 30%。

抗压强度比是反映掺加外加剂后对混凝土强度的影响程度。具有减水效果的外加剂通常会使混凝土的强度有所提高,缓凝剂、引气剂则使混凝土的强度有所降低。因此,在检验这些外加剂的减水率、缓凝效果之外,还要测定基准混凝土和受检混凝土的 1d、3d、28d 等龄期的抗压强度比值,必须满足某一规定的指标;而早强剂最主要的功能是提高混凝土的早期强度,同时后期强度不至于明显降低,因此,要求早强剂的 1d 抗压强度比要达到 125%～135%,28d 抗压强度比不低于 95%～100%。

凝结时间差指掺外加剂的受检混凝土与基准混凝土的初凝或终凝时间之差,是衡量缓凝剂或缓凝型减水剂掺入混凝土中后延缓凝结硬化效果的主要指标。要求使用这些外加剂后初凝和终凝时间必须延长 90min 以上。其他减水剂、引气剂等也会对混凝土的凝结时间产生影响,因此标准中规定掺外加剂后混凝土的凝结时间变化范围在 -90～+120min 的范围之内。

泌水率比指受检混凝土的泌水率与基准混凝土泌水率之比。所谓泌水率,是指一定量的混凝土拌合物试样,经振动后,在 60min 静停期间,泌水量占试样中总的水量的百分率。通常掺入减水剂、引气剂等,混凝土的泌水率比基本小于 100%,这有利于减少毛细孔数量,提高混凝土的密实性。但是掺入缓凝剂,由于延缓了凝结时间,可能会使泌水率略有增加,但是泌水率比不能超过 110%。

含气量是指混凝土中气泡的体积占混凝土拌合物总体积的百分比,是衡量引气剂效果的主要指标。掺引气剂或引气减水剂的混凝土,含气量最小要超过 3.0%。引气虽然有利于提高混凝土的和易性,但不利于混凝土的强度。

外加剂掺入混凝土中不应对其中的钢筋产生锈蚀危害,因此,对所有的外加剂品种均需进行钢筋锈蚀检验。即采用新拌砂浆或硬化的砂浆,按规定掺量掺入外加剂,将钢筋电极放入试模中并浇入砂浆,接通外加电流,测定阳极钢筋的极化电位随时间的变化,并根据电位—时间曲线趋势判断钢筋的活化状态,以及该掺入外加剂的砂浆对钢筋是否有锈蚀的危害。

2. 减水剂的作用机理

减水剂之所以能提高混凝土拌合物的流动性,具有减水效果,基于以下 4 个机理。

(1)吸附作用

在水泥—水体系中,溶液中的水泥颗粒在某些边角棱处互相碰撞,相互吸引,使水泥颗粒不能充分、完全地分散在水中,而是一些颗粒在尖角处连接,形成絮凝结构,如图 2-7a)所示。这些絮凝结构中包裹着一些拌和水,这部分游离水对于混凝土拌合物的流动性没有贡献。即絮凝结构减少了拌合物中的有效水分,降低了混凝土的流动性。因此,施工中为了获得所需的和易性,就必须加大用水量。如果能将这些被包裹的水释放出来,就可以大大减少拌和用水量。掺入减水剂就能起到这样的作用。

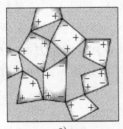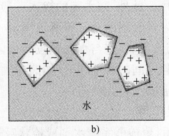

图 2-7 吸附作用打破絮凝结构

a)减水剂吸附以前;b)絮凝结构解体

减水剂属于表面活性物质,其分子由两个基团组成,一端为亲水基团(极性基团),另一端为憎水基团(非极性基团)。将减水剂掺入水泥浆中,减水剂分子的憎水基团将定向地吸附于水泥颗粒表面,而亲水基团指向溶液,在水泥颗粒表面构成单分子或多分子吸附膜。由于表面活性剂的定向吸附和亲水基的电离作用,使水泥颗粒表面上带有相同符号的电荷。在电性斥力的作用下,不但使水泥-水体系处于相对稳定的悬浮状态,而且促使水泥在加水初期形成的絮凝状结构分散解体,如图 2-7b)所示,从而将絮凝结构中的游离水释放出来,达到减水的目的。

(2)湿润作用

水泥加水拌和后,其颗粒表面被水湿润,湿润程度对混凝土拌合物的性质影响很大。当这种湿润作用自然进行时,可以由式(2-11)吉布斯方程计算出表面自由能的减少。

$$dG = \sigma_{cw}dS \qquad (2\text{-}11)$$

式中:dG——表面自由能的变量;

    σ_{cw}——水泥—水的界面张力(界面能);

    dS——扩散湿润的面积变化量。

将式(2-11)积分,得表面自由能 $G=\sigma_{cw}S+C$(式中 S 为水与水泥之间的界面面积,C 为常数)。如整个体系在某一时刻的自由能为定值时,则 σ_{cw} 与 S 成反比。即界面张力 σ_{cw} 越小,界面面积 S 越大。减水剂属于界面活性物质,掺入水泥浆中能降低体系的界面张力,因此能增加水泥颗粒与水的接触面积,使水泥颗粒更好地分散。

(3)润滑作用(水膜润滑、气泡润滑)

减水剂分子的亲水基团极性很强,定向地吸附于水泥颗粒表面后,亲水基团指向水,并且与水分子以氢键形式结合,这种氢键缔合力远远大于该分子与水泥颗粒之间的分子引力(即范德华力),当水泥颗粒表面吸附足够的减水剂分子后,借助于 R-SO^{-3} 与水分子中氢键的缔合作用,再加上水分子之间的氢键缔合,使水泥颗粒表面形成一层稳定的溶剂化水膜,这层"空间壁障"阻止了水泥颗粒之间的直接接触,并在颗粒间起润滑作用。此外,减水剂的掺入一般伴随着引入一定量的微气泡。这些气泡被减水剂分子定向吸附的分子膜所包围,与水泥颗粒上的吸附所带的电荷符号相同。因而,气泡与气泡、气泡与水泥颗粒间也因具有电性斥力而使水泥颗粒分散,从而增加了水泥颗粒之间的滑动能力(如滚珠轴承的作用),这种润滑作用对掺入引气型减水剂的新拌混凝土更为明显。

(4)空间位阻作用

如图 2-8 所示,聚羧酸系减水剂成梳状吸附在水泥层上,一方面由于其空间作用使得水泥颗粒分散,减少凝聚。另一方面,其长的 EO 侧链在水化产物形成时仍然可以伸展开,因此聚羧酸减水剂受到水泥的水化反应影响小,可以长时间地保持减水分散效果,使坍落度损失减小。立体效应斥力取决于表面活性剂的结构和吸附形态或者吸附层厚度等。聚羧酸系减水剂分子中含有多个醚键,由于与水分子形成氢键作用,从而形成亲水性立体保护膜。其侧链长度越长分散性越高,形成的立体保护膜厚度就越厚。

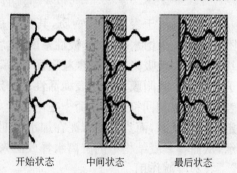

开始状态　　　中间状态　　　最后状态

图 2-8　空间位阻效应

综上所述,由于减水剂在水泥-水体系中所起的吸附分散、湿润、润滑和空间位阻作用,所以只要使用较少量的水就可以较容易地将混凝土拌和均匀,使新拌混凝土的和易性得到显著改善,这就是在混凝土中掺加适量减水剂后可以降低用水量、增加塑化效能的基本原理。

减水剂一般具有缓凝作用,其原理在于减水剂分子的亲水基团能解离出带电离子,并吸附在水泥胶粒表面使其 ζ 电位增加。同时,这层离子吸附膜及由于氢键缔合作用所产生的水膜,往往会阻碍水泥颗粒与水之间的接触,因而具有缓凝作用。这种缓凝作用在使用普通减水剂并且不减少拌和用水量的情况下尤为显著,例如使用木质素磺酸钙及糖蜜类减水剂,能抑制水泥矿物中 C_3A 等矿物的水化速度,缓凝作用比较明显。

3. 减水剂的技术经济效果

(1)提高混凝土拌合物的流动性。在拌和用水量不变的条件下,掺入减水剂可使混凝土的坍落度提高 $100 \sim 200$mm。

(2)减少用水量,降低水灰比,提高混凝土强度。在保持拌合物坍落度不变的条件下,能减少用水量 $10\% \sim 15\%$。如果水泥用量不变,减少用水量即降低水灰比(W/C),因此能提高混凝土强度 $15\% \sim 20\%$。

(3)节省水泥,降低成本。若保持混凝土强度不变,即保持 W/C 不变,可在减水的同时减少水泥用量,节约水泥 $10\% \sim 15\%$,降低混凝土的成本。

(4)减慢水化放热速度,推迟放热峰的出现。缓凝型减水剂具有延缓水泥水化的作用,其机理是减水剂分子定向吸附在水泥颗粒表面,起抑制和延缓水泥水化的作用。同时,在满足相同强度、相同耐久性要求的条件下,使用减水剂可减少水泥用量,降低总的水化热量。这两点有利于克服大体积混凝土由于温度应力所产生的裂缝。

(5)有利于提高耐久性。掺入减水剂后使拌合物流动性提高,易于浇筑密实,且减少混凝土用水量,可减少混凝土的泌水,使混凝土内部毛细孔孔隙减少,有利于提高混凝土的抗冻性和抗渗性。

三、早强剂

能加速混凝土早期强度发展、明显提高混凝土早期强度的外加剂称为早强剂。早强剂常用于道路抢修、冬季施工等要求早期强度较高的混凝土工程。主要有无机、有机和复合型 3 大类,并以无机早强剂应用最为普遍。无机早强剂的主要品种有氯化物系和硫酸盐类;有机早强剂主要有三乙醇胺、三异丙醇胺、甲醇、乙酸钠、甲酸钙、尿素等品种。

1. 氯盐类早强剂

氯盐类早强剂的主要品种有 $CaCl_2$、$NaCl$、$AlCl_3$、$FeCl_2$ 等,其中以 $CaCl_2$ 应用最

广,属于促凝型早强剂,适宜掺量为 0.5%~1.0%。其早强作用机理是 $CaCl_2$ 与水泥矿物成分中的 C_3A 作用生成不溶性水化氯铝酸钙($C_3A \cdot CaCl_2 \cdot 10H_2O$),与水泥水化产物的 $Ca(OH)_2$ 反应生成不溶于氯化钙溶液的氧氯化钙[$CaCl_2 \cdot 3Ca(OH)_2 \cdot 12H_2O$]。这些复盐的形成,增加了水泥浆中固相的比例,形成坚硬骨架,有利于早期水泥石结构的迅速形成。此外,$CaCl_2$ 与 $Ca(OH)_2$ 作用,降低了液相的碱度,使 C_3S 的水化反应加速,有利于水泥凝胶体早期强度的发展。同时氯盐的掺入能降低混凝土中水的冰点,有利于提高抗冻性。基于上述化学反应和物理作用,氯盐类早强剂能明显提高混凝土的早期强度。

但是,氯盐类早强剂的掺入将会给混凝土结构物带来一些负面的影响,最主要的是氯离子(Cl^-)浓度的增加将加剧混凝土中钢筋的锈蚀作用,所以应严格控制氯盐类早强剂的掺量,对于钢筋混凝土,其掺量不能大于 1.0%,无筋的素混凝土不大于 3.0%。而对于预应力钢筋混凝土结构、常年处于潮湿环境或水位变化部位的结构物,60℃以上高温环境中的结构物,以及与侵蚀性介质接触等特定环境下的混凝土不得使用氯盐类早强剂。

2. 硫酸盐类早强剂

硫酸盐类早强剂的主要品种有 Na_2SO_4、Na_2SO_3(硫代硫酸钠)、$CaSO_4$(石膏)、硫酸钾铝(明矾)等品种,其中以 Na_2SO_4 最为常用。在水泥浆体系中,由于水泥的水化作用,液相中存在着 $Ca(OH)_2$,Na_2SO_4 早强剂与之反应生成高分散性的微细硫酸钙颗粒,称为次生石膏。生成的次生石膏比水泥粉磨时加入的石膏更容易与 C_3A 反应生成钙矾石,形成早期骨架,大大加快了水泥浆体的硬化。同时,上述反应消耗了液相中的 $Ca(OH)_2$,促进 C_3S 的反应,也加快了水泥浆体的水化和硬化。Na_2SO_4 早强剂的适宜掺量为 0.5%~2.0%,预应力混凝土中不应大于 1.0%,常年处于潮湿环境中的混凝土其掺量不应大于 1.5%。同时还要注意 Na_2SO_4 早强剂对混凝土有以下不良影响。

(1)加剧混凝土的碱—骨料反应。掺入 Na_2SO_4 后,混凝土内部液相中的 pH 值增大,当骨料中含有活性 SiO_2 时,早强剂的加入将加剧碱—骨料反应,使混凝土的耐久性受到影响,因此使用碱活性物质含量较高的骨料时,应尽量避免使用 Na_2SO_4 作早强剂。

(2)易使混凝土表面析出"白霜",影响其外观效果及表面装修。混凝土表面"析白起霜"是水泥石内部可溶性成分 Na_2SO_4、K_2SO_4、$Ca(OH)_2$ 等被水溶解后,沿毛细通道向外扩散,在混凝土表面析出霜状白色结晶体的现象。这些白色结晶体非均匀地附着于混凝土表面,影响混凝土表面装饰层与底层的粘结,有损建筑物表面的美观。"析白起霜"现象在冬季温度、湿度较低时最易发生。当使用 Na_2SO_4 作外加剂时,由于增加了可能形成白霜的可溶性盐类,且 Na_2SO_4 在低温条件下溶解度较低,因此会增加混凝土表面泛霜的可能性。

（3）增加混凝土的导电性。掺入 Na_2SO_4 将增加混凝土内部液相的电解质浓度，提高混凝土的导电性，可使钢筋混凝土结构中钢筋受电化学腐蚀作用加剧。与镀锌钢材或铝材相接触部位的结构及有外露钢筋预埋铁件而无防护措施的结构，使用直流电源的工厂及使用电气化运输设施的钢筋混凝土结构，应避免使用 Na_2SO_4 早强剂。

3. 三乙醇胺类早强剂

三乙醇胺早强剂是一种无色或淡黄色的油状液体，呈碱性，易溶于水。三乙醇胺掺入混凝土中并不改变水泥的水化产物，却能加速水泥的水化速度，在水泥水化过程中起到"催化"作用，因此具有早强效果，可使早期强度提高 50% 左右。三乙醇胺在混凝土中的掺量很小，一般在 0.02%～0.05% 的范围内，当掺量超过 1% 时，反而会使混凝土强度显著下降。三乙醇胺很少单独使用，通常用来配制复合外加剂。例如，将三乙醇胺与 $NaNO_3$、$CaSO_4 \cdot 2H_2O$ 等配合可制成复合型早强外加剂。

四、引气剂

1. 定义

在搅拌混凝土的过程中引入大量均匀分布、稳定而封闭的微小气泡（直径 20～1000μm），从而改善混凝土和易性与耐久性的外加剂叫做引气剂。兼有引气和减水功能的外加剂叫做引气减水剂。

引气剂的主要种类有松香树脂类、烷基苯磺酸盐类、脂肪醇磺酸盐类、蛋白质盐及石油磺酸盐等几种，其中以松香树脂类应用最为广泛，其主要品种有松香热聚物和松香皂两种，属于憎水性表面活性剂，掺量极少，一般为水泥质量的 0.01%～0.02%。

2. 引气剂对混凝土性能的影响

（1）改善混凝土拌合物的和易性。由于在混凝土拌合物中引入了大量微小且独立的气泡，如同滚珠一样减小骨料之间的摩擦力，增强润滑作用，使拌合物的流动性得到提高。

随着含气量增加，混凝土的坍落度值增大，大致上含气量每增加 1%，坍落度值提高 10mm；如果保持坍落度不变，可减少拌和用水量约 6%～10%。同时由于气泡的存在，使整个拌合物体系的表面积增大，能提高拌合物的粘聚性，使泌水和沉降、分层和离析现象减少。因此，引气剂能明显改善混凝土的和易性。

（2）提高抗冻性和抗渗性。混凝土的抗冻融性能与本身的强度和变形性能密切相关。混凝土中封闭气泡的引入，可缓冲冻结时的膨胀压力，增加混凝土的变形能力，所以抗冻性得到提高。但是，含气量增加会明显降低混凝土的强度，所以引气量要控制在适当水平。试验表明，当混凝土的含气量超过 6% 时，抗冻融性不再提高，反而有下降的趋势。基于抗冻性,砂浆的最佳含气量为 9%,混凝土的最佳含气量为 3%~6%。

引气剂的掺入能减少混凝土泌水现象,提高和易性,使混凝土内部的毛细孔数量减少,微观结构更加完善密实,因此能够提高混凝土的抗渗性。

(3)使混凝土的强度和弹性模量降低。混凝土内部大量气泡的存在,减少了混凝土的有效受压面积,因此,掺入引气剂将使混凝土的强度和弹性模量有所下降。一般混凝土的含气量每增加 1%,其抗压强度将降低 4%~6%,抗折强度下降 2%~3%。为了使混凝土的强度不致明显降低,要严格控制引气剂的掺量;可根据需要减少拌和用水量 5% 左右,以补偿由于引气造成的强度损失。

引气剂主要应用于混凝土道路、大坝、港工、桥梁等工程中,可大大延长它们的使用寿命;但不宜用于蒸汽养护的混凝土及预应力混凝土。引气剂的主要性能指标是掺引气剂混凝土的含气量,要大于 3.0%,由于引气将造成强度下降,因此掺引气剂的混凝土 3d、7d、28d 的抗压强度比必须达到规定的指标。

五、泵送剂

能改善混凝土拌合物泵送性能的外加剂叫做泵送剂。泵送剂首先要求其匀质性,包括含固量、密度、含水量、细度、氯离子含量及总碱量等指标要求在控制值的一定范围之内,不能有太大变化。产品出厂时将对这些指标进行检验合格后才能出厂,工程中使用泵送剂时要重点对掺泵送剂的受检混凝土性能指标进行检验合格后才能使用。对混凝土泵送剂所要求的性能指标如表 2-13 所示。

掺泵送剂混凝土的性能指标要求　　　　　　　　　　　表 2-13

试 验 项 目		性 能 指 标	
		一等品	合格品
坍落度增加值(mm)		≥100	≥80
常压泌水率比(%)		≤90	≤100
压力泌水率比(%)		≤90	≤95
含气量(%)		≤4.5	≤5.5
坍落度保留值(mm)	30min	≥150	≥120
	60min	≥120	≥100
抗压强度比(%)	3d	≥90	≥85
	7d	≥90	≥85
	28d	≥90	≥85
收缩率比(%)	28d	≤135	≤135

（1）坍落度增加值

坍落度增加值以水灰比相同时受检混凝土与基准混凝土坍落度之差表示。即将基准混凝土初始坍落度值控制在 100mm±10mm 的范围内，按照产品规定的掺量将泵送剂掺入基准混凝土拌合物中，经搅拌后再测定该拌合物的坍落度值，与基准混凝土的初始坍落度值之差即为坍落度增加值。坍落度增加值反映了泵送剂提高拌合物流动性的能力。按照标准规定，合格品、一等品泵送剂的坍落度增加值应分别大于80mm、100mm。

（2）坍落度保留值

掺入泵送剂的混凝土拌合物经一定时间后的坍落度值为坍落度保留值，该值反映了掺泵送剂的混凝土随时间延长保持其流动性的能力。许多工程使用商品混凝土，混凝土从搅拌出机到浇筑地点需要一定的运输时间，所以要求拌合物经 30min 后坍落度值不小于 120～150mm；60min 后的坍落度值不小于 100～120mm。测定时将掺入泵送剂的受检混凝土初始坍落度值调整到 210mm±10mm。

（3）压力泌水率比

受检混凝土的压力泌水率与基准混凝土的压力泌水率之比叫做压力泌水率比。压力泌水率是衡量混凝土泵送性能的重要指标。其原理是拌合物在泵管中被压送的过程中，适当泌水有利于在拌合物与管壁之间形成一层水膜，可减小物料与管壁之间的摩擦阻力。但是如果泌水量过多，拌合物内部的水分过多脱出，容易造成离析，对泵送性能同样不利。掺入泵送剂可以大幅度提高拌合物的流动性，但往往使拌合物泌水性增大，容易产生离析倾向，因此掺泵送剂的受检混凝土的压力泌水率比不能超过 90％～95％，以保证良好的泵送性。

六、防冻剂

能使混凝土在负温下硬化，并在规定时间内达到足够强度的外加剂叫做防冻剂。防冻剂主要用于环境气温低于 0℃时施工的混凝土工程，主要性能指标是抗压强度比。标准中规定了 -5℃、-10℃、-15℃ 等 3 个试验温度，在实际使用时可根据当地气温适当地选择其中之一进行防冻剂性能的试验。试验时基准混凝土和受检混凝土按照规定方法设计配合比，坍落度值均控制在 30mm±10mm 范围内。基准混凝土采用标准养护条件养护至 28d 测定其抗压强度（R_c），作为基准强度；受检混凝土成型后按照不同负温度对应预养护时间在成型室内预养护后，送入低温箱，在规定的负温度下带模养护至 7d 龄期，以及脱模后转标准条件再养护 28d，测定负温度养护 7d 的混凝土抗压强度（R-7）及转标准养护 28d 的混凝土抗压强度（R-7+28），并求与基准混凝土抗压强度的比值，即为不同养护制度的抗压强度比。

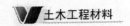

七、缓凝剂

1. 定义及种类

能延缓混凝土的凝结时间，使混凝土拌合物在较长时间内保持其塑性，以利于浇灌成型，提高施工质量或降低水化热的外加剂叫做缓凝剂。缓凝剂的主要种类有木质素磺酸盐类；有机酸类（羟基羧酸盐）类，包括酒石酸、酒石酸钾钠、柠檬酸、水杨酸等；糖类，如糖蜜、含氧有机酸等；无机化合物类，如 Na_2PO_4、$Na_2B_2O_7$ 等。

缓凝剂多数用于大体积混凝土、夏季施工的混凝土工程，可延缓凝结，推迟水化放热过程，减少温度应力所引起的裂缝。用于泵送或运输距离较长的大流动性混凝土，为了保证浇筑时必要的流动性也需要加缓凝剂。有时将缓凝剂与高效减水剂复合用于大流动性混凝土，以减少坍落度损失。

使用缓凝剂时主要考虑凝结时间差和抗压强度比。要求掺缓凝剂后混凝土的初凝和终凝时间至少延缓 90min，但 3d 以后的抗压强度比不低于 90%。

2. 缓凝剂作用机理

缓凝剂的作用十分复杂，到目前为止，关于缓凝剂在混凝土中的缓凝作用机理，研究者提出了以下几种解释。

（1）沉淀理论。缓凝剂与水泥中的某些组分反应，生成不溶性物质，并沉淀在水泥颗粒表面形成不溶性物质薄层，阻碍水泥颗粒与水的接触，使水泥的水化反应进程被延缓。

（2）吸附理论。通过离子键、氢键或偶极等作用，缓凝剂分子被吸附在未水化的水泥颗粒表面，产生屏蔽作用，阻碍水分子靠近，从而抑制、延缓水泥的水化、凝结。

（3）络盐理论。无机盐类缓凝剂分子与溶液中的 Ca^{2+} 生成络盐，生成厚实、无定形的配合物膜层，延缓水泥的水化及 $Ca(OH)_2$ 结晶的析出。

以上几种作用有可能同时存在，不同的缓凝剂品种其作用机理有可能不同。但普遍认为，有机质缓凝剂主要对 C_3A 起缓凝作用，对 C_3S、C_2S 的缓凝效果较小。

3. 缓凝剂对混凝土性质的影响

（1）延缓水泥的水化反应，推迟混凝土的初凝和终凝时间。延缓效果除了与缓凝剂品种、掺量有关之外，还与拌合物的组分、水泥品种等有关。由于缓凝作用主要对水化速度快的 C_3A 效果明显，所以，缓凝剂的掺入不应该对混凝土的后期强度和强度增长产生太大的影响。

（2）可降低早期水化放热量，有利于减少混凝土内部由于水化热引起的温度裂缝。同时缓凝剂分子多数具有分散、减水作用，使拌合物的和易性得到改善，因此能够提高混凝土的密实性和耐久性。

（3）混凝土的早期强度有所降低。由于抑制了水泥的早期水化，因此掺缓凝剂的混凝土早期强度较低,施工时应注意拆模时间。

八、速凝剂

能使混凝土迅速凝结硬化的外加剂叫做速凝剂,主要用于喷射混凝土、喷射砂浆,用于矿山井巷、隧道、引水涵洞及地下工程的岩壁衬砌、坡面支护等喷锚支护施工。速凝剂有粉状和液状两大类,其主要成分有铝酸钠、碳酸钠、氧化钙及无速凝作用的增强成分,例如硅酸二钙、硅酸钠、铁酸钠等。

速凝剂、水泥与水拌和后,速凝剂中的碳酸钠、氧化钙立即与水反应生成碳酸钙和氢氧化钠,碳酸钠与水泥中的石膏立即反应生成碳酸钙和硫酸钠,消除了石膏的缓凝作用;同时速凝剂中的铝酸钠水解并进行中和反应,生成水化铝酸钙,进而与剩余的石膏反应生成钙矾石等物质而使水泥浆体迅速凝结。由于掺入速凝剂后,水化初期形成了疏松的铝酸盐结构,水泥中主要矿物成分的进一步水化会受到一些阻碍,以及水泥凝胶体的内部结构不够密实,存在一些缺陷,因此会导致混凝土后期强度降低。

掺速凝剂的水泥浆体在 $3\sim5min$ 内达到初凝,10min 内达到终凝,1h 即能产生强度,但 28d 抗压强度比只有 $70\%\sim75\%$。同时,掺速凝剂的混凝土通常水泥用量较大,干缩比普通混凝土大,喷射施工均匀性较差,且以铝酸盐为主体形成的结构内部缺陷较多,所以形成的水泥石结构不够密实,抗渗性较差。

九、混凝土膨胀剂

1.膨胀剂的定义与分类

混凝土膨胀剂是指与水泥、水拌和后经水化反应生成钙矾石、氢氧化钙,能使混凝土产生一定体积膨胀的外加剂。混凝土膨胀剂一般分为 3 类,即硫铝酸钙类、硫铝酸钙—氧化钙类和氧化钙类膨胀剂。另外,还有一类氧化镁类膨胀剂,主要在水工结构中使用。

混凝土中的水泥浆体在凝结硬化过程中,由于水化反应、水分蒸发及温度变化等原因,必然要产生一定量的收缩变形,可能使混凝土内部产生微裂缝。如果在混凝土中掺入适量的膨胀剂,在水化硬化过程中生成膨胀性物质,则可以补偿胶凝材料水化过程中的收缩,使混凝土内部组织更加密实完好。

2.膨胀剂的技术性质

膨胀剂中氧化镁含量不超过 5.0%,总碱含量不超过 0.75%,氯离子含量不超过 0.05%,含水率不超过 3.0%。规定这些指标主要是为了避免造成混凝土的体积安定性不良、加剧碱—骨料反应和导致钢筋锈蚀等。

膨胀剂掺量一般可达到胶凝材料总量的 $6\%\sim12\%$。在计算膨胀剂掺量时,通常是将膨胀剂计入胶凝材料总量,以膨胀剂用量占胶凝材料总量的百分率作为膨胀剂掺量。检验膨胀剂技术性质时最大掺量为12%,但允许小于12%。如果生产厂家规定产品的掺量小于12%,则可以按照产品说明中规定的掺量进行试验。

(1)细度。膨胀剂为粉体材料,其细度用比表面积和1.25mm筛筛余百分率,或0.08mm和1.25mm筛筛余百分率来表示,任何一种表示方法必须同时满足两项指标的要求,当两种表示方法的结论出现矛盾时以前者为准。比表面积及筛余百分率均采用与水泥细度相同的试验方法测定。膨胀剂的细度影响膨胀剂的反应速度,进而影响所配制的混凝土的补偿收缩性能。

(2)限制膨胀率。所谓限制膨胀率,是指掺入膨胀剂的水泥胶砂试件在有纵向限制的条件下,到一定龄期时长度方向的膨胀量占初始长度的百分率。膨胀剂只有在充分水养护的条件下才能发挥作用,但又不能无限膨胀。因此要求水中养护的胶砂试件的限制膨胀率 7d≥0.025,28d≤0.10。水中养护7d,然后在20℃±2℃、湿度为60%±5%的空气中养护21d的试件的限制膨胀率≥-0.020。

(3)强度。按照水泥胶砂强度试验方法,采用基准水泥,以膨胀剂最多取代12%的水泥拌制砂浆并养护至7d、28d龄期,分别测定胶砂试件的抗弯拉、抗压强度,检验掺膨胀剂后砂浆强度是否满足要求。

第四节 骨 料

一、骨料的种类及物理性质

骨料在混凝土整体中大约占70%～80%的比例,骨料的坚硬性、颗粒大小及形状,粗细骨料之间的比例,泥土、有机质等杂质的含量均对混凝土的性能产生较大的影响。按照粒径的大小,骨料分为细骨料和粗骨料。粒径0.15～4.75mm的骨料称为细骨料(砂);粒径4.75mm以上直至使用的最大粒径的骨料称为粗骨料。常用的细骨料有河砂、山砂,粗骨料有碎石和卵石。建筑工程中使用的混凝土粗骨料粒径一般不超过40mm,而在道路、水工等大体积工程中混凝土粗骨料的粒径可达到150mm。

1.表观密度、堆积密度、空隙率

骨料的表观密度是指骨料颗粒单位体积(包括颗粒内部的孔隙在内)的质量,单位为 kg/m³;骨料的堆积密度是指骨料在堆积状态下单位体积(包括颗粒之间的空隙在内)的质量,单位为 kg/m³。表观密度反映骨料颗粒的密实和坚硬程度,堆积密度则反映颗粒大小不一的颗粒堆积在一起时填充效果、颗粒级配的好坏。根据堆积的紧密程度,堆积密度分松散体积密度和紧密体积密度。不经过人工振实、自然堆积状态下的堆积密度称为松散体积密度。通常混凝土用骨料:表观密度大于 2500kg/m³,松散堆积密度大于 1350kg/m³,而在振实状态下的紧密堆积密度可达到 1600～1700kg/m³。天然的或人工制造的,堆积密度小于 1200kg/m³ 的骨料称为轻骨料。骨料在堆积状态下颗粒之间的空隙体积占总堆积体积的百分比叫做空隙率。为了形成良好的骨架和最大限度地填充混凝土内部的空间,要求粒径不同的骨料颗粒要合理搭配,级配良好,使其空隙率越小越好,通常用于混凝土骨料的空隙率要小于 47%。

骨料的表观密度、堆积密度及空隙率是进行混凝土配合比计算所必需的原始数据,同时影响混凝土内部骨架的坚硬程度和颗粒级配,从而影响混凝土的性质。在准备原材料和组织施工过程中,骨料的表观密度和堆积密度是计算材料数量、设计堆放场地及安排运输工具的依据。

2.骨料的含水状态

骨料有 4 种不同的含水状态,即干燥状态、气干状态、饱和面干状态和湿润状态,如图 2-9 所示。所谓干燥状态,是指骨料内部不含水或接近于完全不含水状态;气干状态,是指骨料内部含有的水分与所处环境的大气湿度达到相对平衡,骨料在所处的大气环境中吸收水分与放出水分的行为达到相对动态平衡,此时骨料中所含水分占骨料干重的百分率,即含水率叫做平衡含水率;饱和面干状态,是指骨料内部孔隙达到吸水饱和,而表面没有多余水分的状态,处于饱和面干状态时骨料的含水率称为饱和面干吸水率,饱和面干吸水率反映了骨料内部的密实程度,饱和面干吸水率越小,表明骨料内部孔隙越少,骨料质地越坚实;湿润状态,是指骨料的内部吸水饱和,且表面还附有一层自由水的状态。

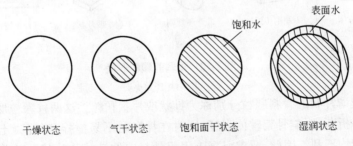

图 2-9　骨料颗粒的含水状态

骨料的含水状态影响拌和混凝土时的用水量及混凝土的工作性。如果使用干燥或气干状态的骨料,在混凝土拌合物中,骨料将吸收水泥浆中的水分,使混凝土的有效拌和水量减少。而湿润状态下的骨料,在混凝土中将放出水分,使水泥浆稠度变稀,同样影响加水量的准确性。从理论上讲,使用饱和面干状态的骨料,在混凝土中既不会吸收水分,也不会放出水分,能准确地控制用水量,但是在实际施工中难以将骨料全部处理成饱和面干状态。

对于较坚固密实的骨料,气干状态的含水率和饱和面干吸水率相差不大,多在1%左右。所以在试验室试配混凝土时,一般以干燥状态的骨料为基准进行计算;在工业与民用建筑工程中,多以气干状态的骨料为基准进行混凝土配合比设计;而在大型水利工程中,多按饱和面干状态的骨料来设计混凝土的配合比。在实际工程中,按某种含水状态的骨料计算配合比后,在使用骨料之前必须测定骨料的实际含水率,并进行换算,求出施工配合比。

3. 骨料的颗粒形状和表面特征

骨料的颗粒形状是不规则的,如图 2-10 所示,根据产地和加工方法,有的颗粒三维尺寸比较接近,也有薄片状的或细长针状的,有的带棱角,有的呈圆滑形状,表面的粗糙程度也不相同。从有利于混凝土的施工来考虑,希望骨料尽量接近球形,棱角少,表面光滑,使混凝土拌合物的和易性好;而从有利于强度来考虑,带棱角的、接近立方体的颗粒骨架搭接性能好,强度高,表面比较粗糙的骨料对提高骨料与水泥凝胶体的界面强度有利。因此,在实际工程中应根据所要求的混凝土强度和施工方法,合理地选择骨料的品种。

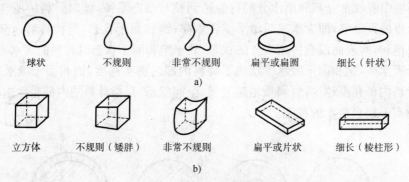

图 2-10 骨料的颗粒形状
a) 圆滑的;b) 多角形的

细长或薄片状的骨料颗粒分别称为针状或片状颗粒。这两种颗粒形状的骨料在受力时容易折断,影响骨架整体强度;同时在拌和时不易搅拌,对混凝土的力学性能和施工性能均不利。因此,要求混凝土用粗骨料中的针状和片状颗粒总含量不能超过一定的限值。骨料的表面特征指颗粒表面的粗糙或光滑程度。天然卵石、河砂等骨料由于长期受水流冲刷和磨砺,粒形圆滑,缺少棱角,且表面光滑,对拌合物的和易性有利;但是与水泥凝胶体的粘结性差,相互搭接形成骨架的性能也差,因此对强度不利。机械破碎的碎石和山砂棱角分明,表面粗糙,相互之间搭接能形成坚固的骨架,与水泥浆体的粘结性强,有利于提高强度;但表面需要用较多的水泥浆包裹,颗粒之间需要较厚的水泥浆层来润滑。在实际工程中要根据工程所要求的强度和工作性指标综合考虑选取骨料。

二、细骨料

1. 分类与规格

细骨料按照产源分为天然砂和人工砂。由自然风化、水流搬运和分选、堆积形成的粒径小于 4.75mm 的岩石颗粒叫做天然砂,包括河砂、湖砂、海砂和山砂。由机械破碎、筛分制成的、粒径小于 4.75mm 的岩石颗粒叫做机制砂;由机制砂和天然砂混合制成的砂叫做混合砂。机制砂、混合砂统称为人工砂。

河砂、湖砂在天然水域中长期受水流的冲刷,颗粒表面圆滑、清洁,含泥量较少,分布面积广,是我国混凝土用砂的最主要来源。海砂中由于含有较多的盐分,对钢筋混凝土中的钢筋有严重的腐蚀作用,使用前需进行去盐处理,工艺复杂,成本较高,目前基本没有使用。山砂是岩体风化后在山间适当地形中堆积下来的岩石碎屑,颗粒棱角多,表面粗糙,含泥量较多。机制砂用天然碎石破碎而成,可人为控制颗粒的粗细,富有棱角,表面粗糙,且含泥量少,适宜作为混凝土用砂,但是破碎加工需要消耗能量,成本较高。目前我国混凝土用砂以河砂的使用量最大,但随着自然资源的逐渐枯竭,机制砂的使用量将越来越大。

砂子按照细度模数分为粗砂、中砂和细砂 3 种规格,按照技术要求分为 I 类、II 类、III 类,其性能和质量依次降低。I 类砂质量最高,适用于强度等级大于等于 C60 的混凝土;II 类砂宜用于强度等级为 C30~C60 及有抗冻、抗渗或有其他要求的混凝土;III 类砂宜用于强度等级小于 C30 的混凝土和建筑砂浆。在应用时应根据混凝土的强度等级和性能要求选用合适类别的细骨料。

2. 技术性质与要求

(1)含泥量、泥块含量、石粉含量

砂中粒径小于 $75\mu m$ 的尘屑、淤泥等颗粒的质量占砂子质量的百分率称为含泥量。砂中原粒径大于 1.18mm,经水浸洗、手捏后小于 $600\mu m$ 的颗粒含量称为泥块含量。人工砂中粒径小于 $75\mu m$ 的颗粒含量称为石粉含量。

砂中的泥土或石粉包裹在颗粒表面,将阻碍水泥凝胶体与砂粒之间的粘结,降低界面强度,降低混凝土的强度及耐久性,增加混凝土的干缩性。泥块本身强度很低,浸水后溃散,干燥后收缩,如混入混凝土中增加薄弱点,同时增大混凝土的收缩量。所以国家标准对各类天然砂及人工砂的含泥量、泥块含量及石粉含量均有一定要求,不符合要求的砂子要进行冲洗等处理。如表 2-14 所示为天然砂的含泥量和泥块含量要求。

天然砂的含泥量和泥块含量要求 表 2-14

项 目	指 标		
	I 类	II 类	III 类
含泥量(按质量计)(%)	<1.0	<3.0	<5.0
泥块含量(按质量计)(%)	0	<1.0	<2.0

(2)有害物质

砂中的有害物质包括云母、轻物质、有机物、硫化物(如 FeS_2)及硫酸盐(如 $CaSO_4 \cdot 2H_2O$)、氯盐,以及草根、树叶、煤块、炉渣等杂物。这些物质对混凝土或砂浆的性能均有不良影响。例如云母是一种具有层状结构的硅酸盐类矿物,呈薄片状,表面光滑,容易沿着解理面裂开,并且与水泥石的粘结性差,影响界面强度。轻物质是指表观密度小于 $2000kg/m^3$ 的物质,质地软弱,容易使混凝土内部出现空洞,影响混凝土内部组成的均匀性。硫化物与硫酸盐将对硬化的水泥凝胶体产生硫酸盐侵蚀作用。有机质通常是植物的腐烂产物(主要是鞣酸和它的衍生物),并以腐殖土或有机土壤的形式出现,它的危害作用主要是妨碍、延缓水泥的正常水化,降低混凝土的强度。氯盐的危害主要是引起混凝土中的钢筋锈蚀,从而破坏钢筋与混凝土的黏结,使混凝土保护层开裂甚至导致结构破坏。为了获得性能优良、满足结构设计要求的混凝土,对混凝土用细骨料中的各种有害物质的含量要有数量上的限制,如表 2-15 所示。

砂中有害杂质含量的限值 表 2-15

项 目	指 标		
	I 类	II 类	III 类
云母(按质量计)(%)	1.0	2.0	2.0
轻物质(按质量计)(%)	1.0	1.0	1.0
有机物(用比色法试验)	合格	合格	合格
硫化物与硫酸盐(按 SO_3 质量计)(%)	0.5	0.5	0.5
氯化物(以氯离子质量计)(%)	0.01	0.02	0.06

(3)粗细程度及颗粒级配

砂子由大小不一的颗粒组合而成,其粒径范围在 $150\mu m \sim 9.5mm$。砂的粗细程度指不同粒径的砂粒混合在一起后的平均粗细程度,按照粗细程度分为粗砂、中砂和细砂 3 种。砂子的颗粒级配指粒径大小不一的颗粒相互组合搭配情况,级配好坏直接影响砂子的堆积密度及形成的骨架的密实程度。

砂子的粗细程度根据细度模数划分,通过筛分析试验和计算得到。

　　试验所用设备为一套标准筛,筛孔孔径依次为 9.50mm、4.75mm、2.36mm、1.18mm、600μm、300μm、150μm。筛分前将砂样烘干至恒重,筛除大于 9.50mm 的颗粒,并计算其筛余百分率。称取烘干砂试样 $G=500g$ 放入标准筛中,经筛分后称取各筛上的筛余质量(g_i),其占试样总量的百分率叫做该号筛上的分计筛余百分率(a_i);各筛上分计筛余百分率与大于该号筛的所有筛的分计筛余百分率之和叫做该号筛的累计筛余百分率(A_i)。分计筛余百分率和累计筛余百分率的计算分别如式(2-12)和式(2-13)所示,砂子的细度模数按照公式(2-14)计算。

分计筛余百分率(%):

$$a_i = \frac{g_i}{G} \times 100\%$$　　　　　　　　(2-12)

累计筛余百分率(%):

$$A_i = \sum_1^i a_i$$　　　　　　　　(2-13)

细度模数:

$$M_x = \frac{(A_2 + A_3 + A_4 + A_5 + A_6) - 5A_1}{100 - A_1}$$　　　　　　(2-14)

式中:　　　　　　　M_x——细度模数;

A_1、A_2、A_3、A_4、A_5、A_6——分别为孔径 4.75mm、2.36mm、1.18mm、600μm、300μm、150μm 筛的累计筛余百分率。

　　按照细度模数,将砂子分为粗砂、中砂和细砂,其细度模数范围分别为:粗砂 $M_x=3.7\sim3.1$,中砂 $M_x=3.0\sim2.3$,细砂 $M_x=2.2\sim1.6$。

　　砂的细度模数只反映砂子总体上的粗细程度,并不能反映级配的优劣。细度模数相同的砂子其级配可能有很大差别。砂子的颗粒级配好坏直接影响堆积密度,各种粒径的砂子在量上合理搭配,可使堆积起来的砂子空隙达到最小,因此,级配是否合格是砂子的一个重要技术指标。根据各筛上的累计筛余百分率范围将细骨料划分为 3 个级配区,国家标准对各个级配区、各筛上的累计筛余百分率范围进行了规定,如表 2-16 所示。将如表 2-16 所示的各级配区、各筛所对应的累计筛余百分率范围画出图线称为砂的标准级配区曲线,如图 2-11 所示。将试验测得的各筛上的累计筛余百分率在标准级配区曲线图上画出,称为砂样的筛分析曲线,如果砂样的筛分析曲线落在某一标准级配区内则该砂样级配合格。由表 2-16 和图 2-11 可见,3 个级配区在 600μm 筛上所对应的累计筛余范围是不相交的,因此,首先可通过砂样在 600μm 筛上的累计筛余百分率值判断该砂样属于哪个级配区,其他筛上的累计筛余百分率数值允许少量超过所在的标准级配区,但超出总量不超过 5%,否则为级配不合格。

筛孔尺寸	累计筛余（%）		
	Ⅰ区	Ⅱ区	Ⅲ区
9.5mm	0	0	0
4.75mm	10～0	10～0	10～0
2.36mm	35～5	25～0	15～0
1.18mm	65～35	50～10	25～0
600μm	85～71	70～41	40～16
300μm	95～80	92～70	85～55
150μm	100～90	100～90	100～90

砂的标准级配区范围　　　　　　表 2-16

注：1. 砂的实际级配与表中所列数字相比，除 4.75mm 和 600μm 筛档外，可以略有超出，但超出总量应小于 5%。

　　2. Ⅰ区人工砂中 150μm 筛孔的累计筛余可以放宽到 100%～85%，Ⅱ区人工砂中 150μm 筛孔的累计筛余可以放宽到 100%～80%，Ⅲ区人工砂中 150μm 筛孔的累计筛余可以放宽到 100%～75%。

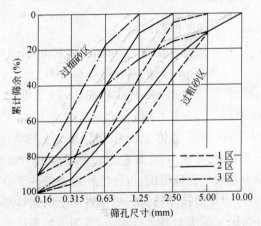

图 2-11　砂的标准级配区曲线

　　级配反映了砂中不同粒径颗粒的组合搭配情况，级配合格的砂子堆积起来空隙率低，用于混凝土中可形成良好的骨架，既可节约水泥，又能获得和易性好、较密实的混凝土。而级配不合格的砂子，堆积起来空隙率大，不能形成密实的骨架。级配不合格的砂，不能直接用于混凝土中，要进行适当的掺配，调整使其达到级配合格。

　　砂子的粗细程度和颗粒级配反映混凝土中的细骨料所具有的总的表面积和空隙率的大小。在混凝土中，砂子的空隙是由水泥浆来填充的。级配好的砂子，空隙率小，则所需填充的水泥浆量少，达到同样和易性的混凝土拌合物所需的水泥浆量就少,可以节约水泥。而砂子的粗细程度影响砂子总体的表面积。砂子越粗,比表面积越小,则细骨料总的表面积小,需要包裹的水泥浆量减少,可以节省水泥,经济性能好;但是砂子过粗,总的表面积过小,细骨料涵养水分的能力降低,容易产生离析和泌水现象,同时砂与水泥浆体之间的界面面积减小,对混凝土强度也不利。因此,普通混凝土用细骨料宜采用中砂,且级配一定要合格。

(4)颗粒形状及表面特征

山砂或人工砂的颗粒多具有棱角,表面粗糙,与水泥粘结较好,而河砂、海砂的颗粒多呈球形,表面光滑,与水泥的粘结性较差。因而在胶凝材料和水的用量相同的情况下,采用山砂或人工砂拌制的混凝土流动性较差,但强度较高,而采用河砂拌制的混凝土和易性好,节省水泥,但强度较低。

(5)坚固性

坚固性反映骨料的坚固程度和耐久性。天然砂采用硫酸钠溶液法检验,即按标准规定的方法筛分试样,各粒级取相应的试样量,烘干后将试样在饱和硫酸钠溶液中浸泡、烘干,共经 5 次循环后,测量试样的质量损失,作为衡量骨料坚固性的指标。该方法的原理是 Na_2SO_4 饱和溶液渗入砂子颗粒内部孔隙中,形成结晶膨胀力,对砂粒具有破坏作用,其原理与冻融循环试验相似。人工砂采用压碎指标法检验其坚固性,该方法直接对骨料施加压力,软弱的颗粒将被压碎,粒径减小,在一定的压力下被压碎的颗粒越多,则压碎指标值越大,骨料的坚固性越差。

(6)碱活性物质

碱活性物质是指骨料中含有的能与水泥凝胶体或环境中的碱性物质(如 Na_2O、K_2O 等)发生化学反应,生成膨胀性凝胶体的物质,通常是活性氧化硅(SiO_2)、活性硅酸盐及碳酸盐类物质。碱—骨料反应一般在骨料与水泥凝胶体的界面进行,反应物堆积在骨料表面,膨胀作用对骨料周围的水泥凝胶体施加压力,破坏骨料与水泥凝胶体之间的界面强度,最终导致混凝土表面开裂。

骨料的碱活性是否在允许的范围之内,或者是否存在潜在的碱—骨料反应的危害可通过碱—骨料反应试验方法来检验。

将骨料试样筛分,按规定各粒级取一定的量掺配,采用碱含量大于 1.2% 的高碱水泥,按水泥:砂=1:2.25 的比例,加水拌制成胶砂流动度为 105~120mm 的砂浆,制成尺寸为 25mm×25mm×280mm、端部带有不锈钢质测头的试件,在 20℃±2℃的温度下养护 24h 脱模,并测量试件的长度作为基准长度。然后将试件在 40℃±2℃的温度下养护,分别测定 14d、1 个月、2 个月、3 个月、6 个月龄期的试件长度,求出各龄期的膨胀率。如果试件表面无裂缝、酥裂、胶体外溢等现象,且 6 个月龄期的膨胀率小于 0.10%,则判定为该骨料无潜在的碱—硅酸反应危害,反之则判定为有潜在的碱—硅酸反应危害。根据需要也可测定更长龄期的膨胀率。

三、粗骨料

1. 分类与规格

普通混凝土用粗骨料是粒径大于 4.75mm 的岩石颗粒,有卵石和碎石两大类。卵石是天然岩石经自然条件长期作用形成的粒径大于 4.75mm 的颗粒,表面光滑,无棱角,拌制混凝土时节省水泥,且容易获得和易性较好的混凝土。但卵石的有机杂质含量较多,且因其表面光滑,缺少棱角,与水泥凝胶体之间的胶结能力较差,界面强度较低,所以难以配制高强度的混凝土。碎石是由天然岩石经破碎、筛分而成,粒径可以人为控制,表面粗糙,多棱角,含泥量较少,与水泥凝胶体的粘结能力较强,适合配制较高强度的混凝土。

粗骨料按照技术性能要求分为 I 类、II 类、III 类:I 类石子的性能和质量要求最高,宜用于强度等级大于 C60 的混凝土;II 类石子宜用于强度等级为 C30~C60 及抗冻、抗渗或有其他要求的混凝土;III 类石子宜用于强度等级小于 C30 的混凝土。

2. 技术性质与要求

(1)含泥量、泥块含量

卵石、碎石中粒径小于 $75\mu m$ 的颗粒含量称为含泥量;原粒径大于 4.75mm,经水浸洗、手捏后颗粒溃散、粒径小于 2.36mm 的颗粒含量称为泥块含量。与细骨料同样,如果在石子表面含有过多的泥土,将影响石子与水泥凝胶体之间的粘结力,从而降低界面强度,使混凝土整体强度降低。如果泥块含量过多,将削弱混凝土中的骨架强度,增加混凝土中的薄弱点,导致混凝土性能下降。因此,对于石子中的含泥量和泥块含量均有数量上的限制,如表 2-17 所示。在工程中如果所用的粗骨料不能满足所要求指标,要进行冲洗等处理。

碎石或卵石的含泥量和泥块含量要求 表 2-17

项　　目	指　标		
	I 类	II 类	III 类
含泥量(按质量计)(%)	<0.5	<1.0	<1.5
泥块含量(按质量计)(%)	0	<0.5	<0.7

(2)最大粒径与颗粒级配

粗骨料公称粒级的上限值称为骨料的最大粒径(D_m)。大小不一的骨料颗粒相互组合搭配的情况叫做颗粒级配。按照国家标准,用来确定粗骨料粒级的方孔筛筛孔尺寸分别为 4.75mm、9.50mm、16.0mm、19.0mm、26.5mm、31.5mm、37.5mm、53.0mm、63.0mm、75.0mm、90.0mm 等,粒径介于相邻两个筛孔尺寸之间的颗粒叫做一个粒级。在实际生产和使用中,通常规定骨料产品的粒径在某一范围内,且各标准筛上的累计筛余符合所规定的数值,则该产品的粒径范围叫做公称粒级。例如5～20mm、5～40mm,这两个公称粒级的骨料最大粒径分别为20mm、40mm。公称粒级有连续粒级和单粒级两种,按照国家标准,各公称粒级粗骨料的颗粒级配必须满足表2-18中所规定的数值。

粗骨料的颗粒级配　　　　　　　表2-18

累计筛余(%)／方孔筛(mm)／公称粒径(mm)	2.36	4.75	9.50	16.0	19.0	26.5	31.5	37.5	53.0	63.0	75.0	90
连续粒级 5～10	95～100	80～100	0～15	0								
连续粒级 5～16	95～100	85～100	30～60	0～10	0							
连续粒级 5～20	95～100	90～100	40～80		0～10	0						
连续粒级 5～25	95～100	90～100		30～70		0～5	0					
连续粒级 5～31.5	95～100	90～100	70～90		15～45		0～5	0				
连续粒级 5～40		95～100	70～90		30～65			0～5	0			
单粒粒级 10～20			95～100	85～100		0～15		0				
单粒粒级 16～31.5			95～100		85～100		0～10	0				
单粒粒级 20～40				95～100		80～100		0～10	0			
单粒粒级 31.5～63				95～100			75～100	45～75		0～10	0	
单粒粒级 40～80					95～100			70～100		30～60	0～10	0

骨料的最大粒径反映骨料总体上的粗细程度,影响骨料的比表面积,最大粒径越大,骨料越粗,比表面积越小。在混凝土中,粗骨料的表面是用水泥砂浆包裹的,比表面积越小,需要包裹的砂浆量越少,拌和混凝土时可节省水泥,经济性能好,且在使用同样水泥砂浆量的情况下,混凝土拌合物流动性较好,所以在满足其他条件要求的前提下,尽量采用最大粒径较大的粗骨料。但是,最大粒径受一些条件制约,例如要考虑构件截面的最小尺寸、钢筋的间距及板材的厚度等。通常骨料的最大粒径不能超过结构截面最小尺寸的1/4,不超过钢筋间净距的3/4;浇筑实心混凝土板时,骨料的最大粒径不超过板厚的1/2且不超过50mm。对于泵送施工的混凝土,还要考虑泵送过程中的管道堵塞问题,通常骨料的最大粒径要小于管道内径的1/3,以避免发生堵泵现象。

颗粒级配影响骨料堆积后的空隙率及能否形成密实的骨架。级配符合要求的骨料空隙率小,可以节省水泥砂浆,并且对混凝土的体积稳定性、受力性能等有利。按照国家标准的要求,无论采用哪一种公称粒级的骨料,其颗粒级配必须满足要求。

连续粒级的骨料粒径由小到大连续变化,有利于大、中、小各粒级颗粒相互搭配,形成比较稳定的骨架。但是相邻粒级的颗粒不能正好填充骨料之间的空隙,反而会使空隙增大,即产生"干涉"现象。从理论上讲,采用不相邻的单粒级骨料相互配合,小颗粒直接填充大颗粒之间的空隙,能使堆积后骨料总体上的空隙更小,这种粒级不连续变化的骨料级配叫做间断级配。例如,用 10~20mm 粒级的石子与 40~80mm 粒级的石子配合组成间断级配的骨料,可使空隙率小,骨架更加密实,可节约水泥。但由于骨料颗粒之间粒径相差较大,小粒径的石子很容易从大空隙中分离出来,所以间断级配的石子容易使混凝土产生离析现象,从而导致施工困难。

(3)针片状颗粒含量

骨料颗粒的长度大于该颗粒所属相应粒级的平均粒径的 2.4 倍者为针状颗粒;厚度小于平均粒径的 0.4 倍者称为片状颗粒。为了形成坚固、稳定的骨架,粗骨料颗粒的三维尺寸宜尽量接近。而针状和片状颗粒在外力作用下容易被折断,搅拌时增大混凝土拌合物内部的孔隙,对混凝土的和易性和强度均不利,对粗骨料中针片状颗粒的含量规定为:Ⅰ类<5%;Ⅱ类<15%;Ⅲ类<25%。

(4)有害物质

碎石和卵石中的有害物质包括草根、树叶、煤块、炉渣等杂物,以及硫化物及硫酸盐、有机物化学有害物等。有害物质的含量应符合表 2-19 的规定。

碎石或卵石中有害物质含量的限值   表 2-19

项　　目	指　　标		
	Ⅰ类	Ⅱ类	Ⅲ类
有机物	合格	合格	合格
硫化物及硫酸盐(按 SO_3 质量计)(%)	<0.5	<1.0	<1.0

(5)碱活性物质

粗骨料中碱活性物质含量及其检验方法与细骨料相同,只是试验时需将粗骨料试样破碎,按照与砂子各粒级取样量完全相同的方法,拌制水泥砂浆,进行碱-骨料反应试验,其合格性判定也与细骨料试验时完全相同。

(6)强度

粗骨料在混凝土中起到整体骨架的作用,粗骨料本身的强度直接影响混凝土的整体强度,因此,对粗骨料的强度有一定的要求。粗骨料的强度测量方法有两种,即母体岩石的抗压强度和压碎指标值。

所谓岩石抗压强度,是将生产碎石的母体岩石加工成 50mm×50mm×50mm 的立方体试件或者 ϕ50mm×H50mm 的圆柱体试件,将试件浸没在水中48h,使试件吸水饱和后进行抗压强度试验。要求在水饱和状态下,母体岩石的抗压强度:火成岩不小于 80MPa,变质岩不小于 60MPa,水成岩不小于 50MPa。

压碎指标值是直接测定堆积后的卵石或碎石承受压力而不破碎的能力,更直接地反映了骨料在混凝土中的受力状态,因此是衡量骨料坚硬程度的重要力学性能指标。试验时采用 9.50～19.0mm 粒级、气干状态的石子,并去除针片状颗粒;按标准规定方法将 3 000g 试样装入受压试模内,通过压头对试样施加 200kN 的压力,并持荷 5s,然后卸载;倒出试样,用孔径为 2.36mm 的标准筛筛除被压碎的细粒,称出留在筛上的试样质量。按式(2-15)计算压碎指标值:

$$Q_e = \frac{G_1 - G_2}{G_1} \times 100\% \qquad (2\text{-}15)$$

式中:Q_e——压碎指标值,%;

G_1——试样总质量,g;

G_2——压碎试验后孔径 2.36mm 筛上筛余的试样质量,g。

压碎指标值越小,表明石子越坚硬,抗压能力越强,各类别石子其压碎指标值必须满足表 2-20 所规定的数值。

碎石或卵石的压碎指标值 表 2-20

项　　目	指　标		
	I 类	II 类	III 类
碎石压碎指标值(%)	<10	<20	<30
卵石压碎指标值(%)	<12	<16	<16

(7)坚固性

粗骨料的坚固性检验方法与细骨料中的天然砂相同,采用 Na_2SO_4 饱和溶液浸渍—烘干,经 5 次循环后,测定骨料的质量损失,作为衡量粗骨料坚固性的指标。

第五节　新拌混凝土的性质

一、工作性的概念与含义

工作性是反映新拌混凝土施工难易程度的性能,是指混凝土拌合物能保持其组分均匀,易于运输、浇注、捣实、成型等施工作业,并能获得质量均匀、密实的混凝土的性能。工作性包括三方面的含义,即流动性(稠度)、黏聚性和保水性。

流动性是指混凝土拌合物在自重或外力作用下,能产生流动并均匀、密实地充满模型的能力。

黏聚性也叫抗离析性,是指混凝土拌合物在运输、浇注和振捣过程中,能保持组分均匀,不发生分层离析现象的性能。

保水性是指混凝土拌合物具有一定的涵养内部水分的能力,在施工过程中不致产生严重泌水的性能。

这三方面的性能从不同的侧面反映了拌合物的施工难易程度,同时又是互相联系、互相影响的。混凝土拌合物是粗细骨料颗粒分散在连续的水泥浆体中所构成的均匀分散体系。拌合物的流动性取决于固体颗粒和水泥浆体的相对比例及水泥浆体的稀稠程度。增加水泥浆量,骨料颗粒之间的距离增大,则拌合物的流动性提高;加大水泥浆体的流动性也会提高混凝土拌合物的整体流动性。但水泥浆体过稀,将减小骨料颗粒与浆体之间的摩擦阻力,使得密度较大的骨料颗粒下沉,水泥浆体上浮,造成组分分布不均匀,这种现象叫做分层离析或粘聚性不良。在水泥浆量和骨料量不变的条件下,采用较粗颗粒的骨料可以减小骨料的表面积,使得骨料之间水泥浆层较厚,可提高流动性;但是骨料过粗,比表面积过小,涵养水分的能力降低,在浇注、振捣过程中将有水分从拌合物中析出,这种现象叫做泌水。

混凝土工作性的好坏不仅直接影响施工的难易程度,而且对硬化后混凝土的性能也有重要的影响。例如,流动性不好,混凝土拌合物不容易填满模型,内部也不容易密实,在模型的某些部位容易空缺,使硬化后的混凝土构件产生外观尺寸缺陷和空洞。如果粘聚性不好,则拌合物内部各个组分就不能保持均匀分布,产生分层离析现象,从而导致性能和质量不均匀,下部由于骨料较多、胶结材料不足而降低强度;上部由于浮浆和泌水造成毛细孔通道增多,抗渗性能下降及表面起粉等。如果保水性不好,混凝土在振捣过程中及振捣后静置过程中产生泌水,在混凝土内部留下许多水分渗流的通道,使硬化后的混凝土内部存在许多连通孔隙,降低混凝土的抗渗性;由于泌水,混凝土表层的水泥浆体多,含水量过大,形成表层多孔、疏松结构,耐磨性差;分层浇注时还将影响两层混凝土之间的粘结强度。在水分向上迁移的过程中,如果碰到粗骨料或水平钢筋,水分将在骨料颗粒或钢筋的下表面聚集而形成水隙,混凝土硬化后,水隙中的水分蒸发形成水泥石与粗骨料或钢筋界面之间的微裂缝,降低骨料与水泥凝胶体或钢筋与混凝土的粘结强度。

由上述可知,混凝土拌合物的工作性是3个方面性能的综合,任何一方面性能不良,均不能顺利施工,同时对硬化后混凝土的强度、耐久性、外观完好性及内部结构都具有重要的影响,是混凝土的重要性能之一。

二、工作性试验方法

到目前为止,混凝土拌合物的工作性还没有一个综合的定量指标来衡量。通常采用坍落度或维勃稠度来定量地测量其流动性,粘聚性和保水性则主要通过目测观察来判定。

坍落度方法是定量地测量塑性混凝土流动性大小的试验方法,目前为世界各国所普遍采用。

所用的设备是一个截头圆锥筒,叫做坍落度筒,如图 2-12 所示,上口直径、下口直径和高度分别为 100mm、200mm 和 300mm,测定时将坍落度筒放在水平的、不吸水的刚性底板上并固定,将刚刚拌和的混凝土混合料分三层装入筒内,每装完一层之后,用钢捣棒均匀地插捣 25 次,最后将上口抹平,垂直提起坍落度筒,筒内的混合料因失去了水平方向的约束,而在自重作用下向下坍落,高度降低,将重力所引起的应力分散,直到所作用的应力小于拌合物的屈服强度,坍落变形停止。测量坍落后试样的最高点与坍落度筒之间的高度之差,即坍落的高度为坍落度值(mm)。

混凝土拌合物的坍落度值越大,表明混凝土拌合物的流动性越大。坍落度试验设备简单、操作容易,且能达到实用上所要求的精度,所以在试验室和施工现场被广泛应用。

严格地说,只有当混凝土塌下后仍然保持其原先的截锥体形状时才有可量测的价值,因此通常认为存在一个可以用它测定混凝土拌合物工作性的范围——坍落度为 10~175mm。混凝土拌合物可能产生三种截然不同的坍落度(图 2-13)。真实的坍落度是混凝土拌合物全体坍落而没有任何离析;剪切坍落通常意味着拌合物缺乏粘聚力,容易离析;崩溃坍落显示拌合物质量不好、过于稀薄。后两种拌合物都不适于浇筑。一般来说,坍落度大于 120mm 时,就可以用泵将运到施工现场的混凝土输送到位;但在泵送距离很长或垂直高度很大、钢筋密集或操作面狭小等情况下,通常需要添加高效减水剂,并使坍落度达到 200mm 甚至更大时,才能保证浇筑和成型密实的要求。此时这种大流动性混凝土常表现为如图 2-13c)所示的坍落度类型。

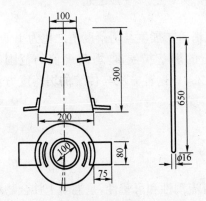

图 2-12　坍落度筒及捣棒(尺寸单位:mm)

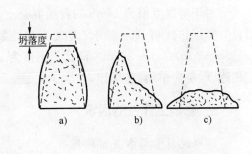

图 2-13　混凝土坍落度的类型
a)真实坍落度;b)剪切坍落度;c)崩溃坍落度

坍落度值小于 10mm 的混凝土叫做干硬性混凝土。干硬性混凝土难以用坍落度值来反映其流动性的大小,而采用维勃稠度(VB 稠度值)来反映其干硬程度。

该方法所用仪器如图 2-14 所示,叫做维勃稠度仪。在振动台上安装圆筒形容器,在筒内按坍落度试验方法装料,提起坍落度筒后在混凝土试料上面放置透明的压板,然后启动振动台,测量从开始振动至混凝土试样与压板全面接触时的时间为维勃稠度值(单位:s),用来定量地评价干硬性混凝土的稠度。

维勃绸度值越大,表明混凝土拌合物越干硬,流动性越差。

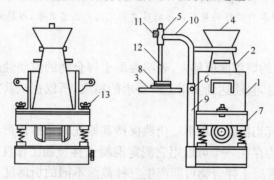

图 2-14　维勃稠度仪

1-容器;2-坍落度筒;3-透明圆盘;4-喂料斗;5-套筒;6-定位螺钉;7-振动台;8-荷重;9-支柱;10-螺旋架;11-测杆螺钉;12-测杆;13-固定螺钉

为了评价大流动性混凝土拌合物的工作性,可采用坍落扩展度试验。

坍落扩展度试验在传统的坍落度试验基础上,同时测定拌合物的水平扩展度和扩展到某一直径(一般定为 50cm)时所用的时间,以此反映拌合物的变形能力和变形速度。

对于坍落度值为 18cm 的普通混凝土,如果坍落扩展度与坍落度值之比为 1.5～1.8,则工作性可满足要求;而大流动性混凝土的坍落扩展度/坍落度值的范围在(55～65cm)/(24～26cm),即比值范围为 2.1～2.7。这种方法与传统的坍落度方法相近,设备简单,容易操作,可用于试验室及施工现场。

三、影响工作性的因素

1. 水泥浆量与水泥浆稠度

水泥浆是由水泥和水拌和而成的浆体,具有流动性和可塑性,是混凝土拌合物和易性的决定性组分。在混凝土中,水泥浆填充砂子的空隙,并包裹砂粒表面组成砂浆;砂浆填充于石子空隙之间,并包裹在石子表面,使混凝土拌合物整体上具有流动性和可塑性。如果骨料颗粒之间直接接触,相互之间摩擦力较大,不易流动。所以,除必须有足够的水泥浆填充骨料的空隙外,还需要有一些富余的浆体包裹在骨料周围,使骨料颗粒之间有一定厚度的水泥浆润滑层,以减小骨料颗粒之间的摩阻力。在水泥浆稀稠程度不变的前提下,水泥浆量越多,拌合物的流动性越大。但是水泥浆量过多,骨料的含量相对减少,容易出现流浆和泌水现象,使拌合物的粘聚性和保水性变差。且由于水泥用量多,不仅经济成本高,还会对混凝土的强度及耐久性产生不利的影响。所以,水泥浆量以使拌合物达到要求的流动度为宜。

水泥浆的稀稠程度决定水泥浆的粘聚力,水泥浆越稠,混凝土拌合物的流动性就越小。在水泥用量不变的情况下,水泥浆的稀稠程度是由水灰比所决定的。水灰比即混凝土用水量与水泥用量之比。水灰比越小,水泥浆越干稠,则拌合物的流动性越低,但水灰比过大,又会造成拌合物的黏聚性下降和保水性不良,产生流浆、泌水或离析现象,严重影响硬化后混凝土的性能。只增大用水量时,坍落度加大,而稳定性降低(即易于离析和泌水),也影响拌合物硬化后的性能。现在通常采用改变减水剂掺量的方法来调整混凝土拌合物的工作性。

2. 砂率

砂率是指混凝土中砂的质量占砂、石总质量的百分率,即:

$$S_p = \frac{S}{S+G} \times 100\% \tag{2-16}$$

式中：S_p——砂率,%;

S——单方混凝土中砂的质量,kg;

G——单方混凝土中石子的质量,kg。

砂率影响混凝土拌合物中的砂浆含量、粗细骨料的相对含量及骨料总的表面积,从而影响拌合物的工作性。在混凝土中,砂浆应填满石子的空隙,并把石子颗粒包裹起来。为了减小粗骨料之间的摩阻力,砂浆应在粗骨料颗粒周围形成有一定厚度的砂浆层,起润滑作用。砂率过小,混凝土中砂浆的含量不足,不能保证粗骨料之间有足够的砂浆润滑层,会降低拌合物的流动性。同时砂率过小,骨料的总表面积小,拌合物涵养水分的能力和黏聚力变差,容易出现离析、泌水、水泥浆流失,甚至溃散等现象,严重降低拌合物的和易性。但是,砂率过大,细骨料含量相对增多,骨料的总表面积明显增大,包裹砂子颗粒表面的水泥浆层显得不足,砂粒之间的摩阻力增大进而降低混凝土拌合物的流动性。所以,在用水量及水泥用量一定的条件下,存在着一个最佳砂率(或合理砂率值),使混凝土拌合物既获得最大的流动性,又保持其黏聚性及保水性。

在保持流动性一定的条件下,砂率还影响混凝土中水泥的用量。当砂率过小时,必须增大水泥用量,以保证有足够的砂浆量来包裹和润滑粗骨料;当砂率过大时,也要加大水泥用量，以保证有足够的水泥浆包裹和润滑细骨料。在最佳砂率时，水泥用量最少。

当混凝土中的粗骨料在最大粒径较大、表面较光滑（如卵石）以及级配良好的条件下，粗骨料的总表面积和空隙率较小，可以采用较小的砂率。当采用的砂子细度模数较小，即砂子颗粒较细时，混凝土的粘聚性容易得到保证，且砂子本身的总表面积较大，应采用较小的砂率，以保证砂率本身的流动性。当所配制的混凝土水灰比小时，拌合物比较粘稠，可采用较小的砂率。当施工要求拌合物的流动性较大时，粗骨料易产生离析，为保证拌合物的黏聚性和保水性，需采用较大的砂率。

3. 水泥品种与骨料性质

与普通硅酸盐水泥相比，采用矿渣水泥、火山灰水泥的混凝土拌合物流动性较小。矿渣水泥泌水性大，所以采用矿渣水泥的混凝土容易产生离析与泌水现象。在水灰比、用水量条件不变的情况下，采用碎石、山砂等表面粗糙、富有棱角的骨料，混凝土的流动性差；而采用卵石、河砂等颗粒表面光滑、没有棱角的骨料，则混凝土的流动性较好。

4. 外加剂与矿物掺合料的影响

引气剂可以增大拌合物的含气量，因此在用水量一定的条件下掺加引气剂可增加浆体体积，改善混凝土的工作度并减轻泌水、离析现象，提高拌合物的黏聚性。这种作用在贫混凝土（胶凝材料用量少）或细砂混凝土中特别明显。

掺有需水量较小的粉煤灰或磨细矿渣时，拌合物需水量降低，在用水量、水灰比相同时流动性明显改善。以粉煤灰代替部分砂子，通常在保持用水量一定条件下使拌合物变稀。

高效减水剂对拌合物工作性影响显著，但是许多产品维持拌合物工作性的时间有限，例如只有 60~90min，过后拌合物的流动性就明显减小，这种现象称为坍落度损失。近年来开发出的新型高效减水剂，可以使混凝土坍落度损失明显减小，从搅拌到浇筑的数小时里几乎不出现任何坍落度损失，因此新型高效减水剂在混凝土生产中获得了日益广泛的应用。

四、新拌混凝土浇筑后的性能

混凝土浇筑完成至初凝的间隔约几个小时，拌合物呈塑性和半流动状态，各组分间由于密度不同，在重力作用下产生相对运动，骨料与水泥下沉、水上浮，出现以下 3 种现象，如图 2-15。

1. 泌水

泌水发生在稀拌合物中，这种拌合物在浇筑与捣实以后、凝结之前（不再发生沉降）表面会出现一层水分或浮浆，大约为混凝土浇筑高度的 2% 或更大，这些水或者

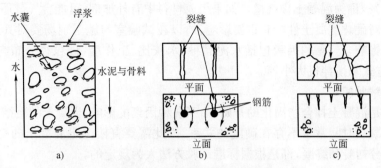

图 2-15　新浇筑混凝土的行为
a)泌水;b)塑性沉降裂缝;c)塑性收缩裂缝

向外蒸发,或者由于继续水化被吸回,伴随发生混凝土体积减小,这个现象对混凝土性能有两方面影响:首先,顶部或靠近顶部的混凝土因含水多,形成疏松的水化物结构,对路面的耐磨性等十分有害;其次,部分上升的水积存在骨料下方形成水囊,进一步削弱水泥浆与骨料间的过渡区,明显影响硬化混凝土的强度和耐久性,见图2-15a)。

2.塑性沉降

拌合物由于泌水产生整体沉降,浇筑深度大时靠近顶部的拌合物运动距离更长;沉降受到阻碍(例如钢筋)则产生塑性沉降裂缝,从表面向下直至钢筋的上方,见图 2-15b)。

3.塑性收缩

在干燥环境中混凝土浇筑后,向上运动到达顶部的泌出水要逐渐蒸发。如果泌出水速度低于蒸发速度,表面混凝土含水将减小,由于干缩在塑性状态下开裂。这是由于混凝土表面区域受约束产生拉应变,而这时它的抗拉强度几乎为0,所以形成塑性收缩裂缝。这种裂缝与塑性沉降裂缝明显不同,与环境条件有密切关系:当混凝土体或环境温度高、相对湿度小、风大、太阳辐射强烈,以及以上几种因素的组合,更容易出现开裂,见图2-15c)。

4.减少泌水的措施

泌水多的主要原因是骨料的级配不良,缺少 300μm 以下的颗粒,可以通过增大细骨料的用量来弥补;当砂子过细或过粗,细骨料的用量不宜增大时,可以通过掺加引气剂、高效减水剂或硅粉来降低泌水量,都会有不同程度的效果。采用二次振捣也是减少泌水、避免塑性沉降和收缩裂缝的有效措施。尤其对各种大面积的平板构件,浇筑后必须尽快开始养护,包括在混凝土表面喷雾或待其硬化后洒水、蓄水,用风障或遮阳棚保护,或喷养护剂、用塑料膜覆盖以避免水分散失。

5.含气量

搅拌好的混凝土都含一定量空气,是在搅拌过程中带进去的,约占总体积的

0.5%～2%,称为混凝土含气量。如果组成材料中有外加剂,可能含气量还要大。因为含气量对硬化混凝土性能有重要影响,所以在试验室与施工现场要对其进行测定与控制。影响含气量的因素包括水泥品种、水灰比、工作度、砂粒径分布与砂率、气温、搅拌方式和搅拌机大小等。

6. 凝结时间

凝结是混凝土拌合物固化的开始,由于各种因素的影响,混凝土的凝结时间与所用水泥的凝结时间常常不存在确定的关系,因此需要直接测定混凝土的凝结时间。凝结时间分初凝和终凝,都是根据标准试验方法人为规定的。

初凝:大致表示此时混凝土拌合物不能再正常地浇筑和捣实;

终凝:大致表示此时混凝土强度开始以相当的速度增长。

了解凝结时间表征的混凝土特性变化,对于制订施工进度计划和比较不同种类混凝土外加剂的效果很有必要。

第六节 硬化混凝土的力学性质

一、硬化混凝土的结构

如图 2-16 所示,硬化混凝土是颗粒状的粗细骨料均匀地分散在水泥凝胶体中形成的分散体系。混凝土由三相构成,即骨料相、水泥凝胶体相和过渡区相。

骨料属于弹性固体,强度及弹性模量较高,体积稳定性好;硬化的水泥凝胶体由水泥的水化产物构成,其中含有结晶体、凝胶体、未完全水化的水泥颗粒、大小不一的孔隙及其中的孔隙水或气体,因此水泥凝胶体是多孔、多相、非均质的复合体,具有一定的强度和粘结性,是混凝土整体强度的来源;具有化学不稳定性,容易被腐蚀而破坏;具有体积不稳定性,随湿度与温度变化而变化,在受力条件下也会变形。

如图 2-17 所示,过渡区是在骨料周围存在的一层水泥凝胶体薄层,厚度大约为 $20～50\mu m$。虽然过渡区只是骨料颗粒外周的一薄层,但是骨料颗粒数量繁多,如果将粗细骨料合起来计算,过渡区的体积可达到硬化水泥浆体的 $1/3～1/2$,其量是相当可观的。混凝土在凝固硬化之前,骨料颗粒受重力作用向下沉降,含有大量水分的稀水泥浆则由于密度小而向上迁移,它们之间的相对运动使骨料颗粒的周壁形成一层稀浆膜,待混凝土硬化后,这里就形成了过渡区。与水泥凝胶体本体相相比,过渡区内氢氧化钙、钙矾石等晶体尺寸较大,含量较多,且大多垂直于骨料表面定向生长。过渡区内水化硅酸钙凝胶体的数量较少,密实度差,孔隙率大,尤其是大孔较多,严重降低过渡区的强度。并且由于骨料和水泥凝胶体的变形模量、收缩性能等存在着差别,或者由于泌水在骨料下方形成的水隙中的水蒸发等原因,过渡区内存在着大量原生微裂缝,是混凝土中的薄弱环节,对混凝土的性能影响非常大。

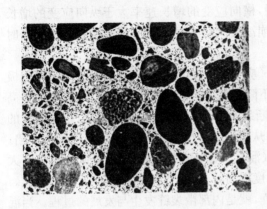

图 2-16　硬化混凝土的结构

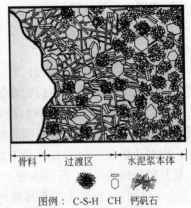

骨料　过渡区　水泥浆本体

图例：C-S-H　CH　钙矾石

图 2-17　过渡区示意图

二、混凝土的受压破坏机理与破坏过程

混凝土构件大多数承受压力作用。由于水泥在水化过程中的泌水、沉降及化学收缩、干湿变形、温度变形等原因,水泥凝胶体及过渡区内存在着一些微裂缝,这是混凝土的先天不足。当荷载达到一定水平时,微裂缝就会扩展、延长并会合连通,形成可见裂缝,从而导致结构破坏。

混凝土在压力作用下的破坏过程大致分为 4 个阶段(图 2-18)。

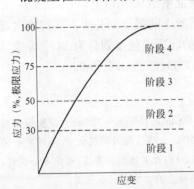

图 2-18　混凝土受压时的应力—应变曲线

在第一阶段,当荷载小于混凝土极限荷载的 30%,由于裂缝尖端的塑性变形与微观结构的不匀质性吸收了能量,裂缝传播过程缓慢,过渡区的裂缝处于稳定阶段,宏观上显示出应力—应变关系为直线,是弹性变形阶段。在这个阶段,混凝土与金属材料近似,即应变和应力成比例地增大,并且在卸载时能够恢复。

在第二阶段,荷载进一步加大,过渡区裂缝的长度、宽度和数量开始增长,变形增大的速率与应力的增长不再成直线关系,并且卸载时不可恢复。但是一直到最大荷载的 50% 左右时,过渡区的微裂缝尚处在稳定阶段,硬化水泥浆体的开裂程度仍然很小。

在第三阶段,荷载增加到最大荷载的 50%～75% 左右时,过渡区的裂缝变得不稳定,硬化水泥浆体的裂缝增长,应力—应变曲线趋向水平。

在第四阶段,应力水平超过最大荷载的 75% 后,混凝土中的裂缝会自发地扩展,速率加快。由于裂缝逐渐连通,系统趋于不稳定而破坏;或者当应力再增大时,由于应变迅速增大而导致破坏。在这一阶段,横向应变的增长速率大于纵向应变的增长速率,混凝土的体积在增大。但是完全崩溃要到应变显著大于最大荷载时的应变时才会发生。

当混凝土强度明显提高时,其应力—应变曲线发生明显变化:弹性变形阶段随极限应力提高而延长,但到达应力峰值后下降迅速。当混凝土抗压强度从 35MPa 提高到 105MPa,即强度提高 2 倍时,混凝土断裂所需要的能量(简称断裂能,是其韧性的表征,即应力—应变曲线下包围的面积)从 17 J/m² 增大到 36 J/m²,仅提高约 1 倍。同时,混凝土的塑性应变几乎没有增大(混凝土破坏前可能产生的非弹性应变的大小,是其延性的表征)。所以混凝土的强度提高时,韧性下降,而延性几乎没有变化。

由上述可见,混凝土的受压破坏过程,就是内部微裂缝发生与发展的过程。当混凝土内部细观破坏达到一定程度时,整体将发生破坏。

三、混凝土的强度与强度等级

混凝土在结构中主要做承重构件,并且主要承受压力作用,所以抗压强度是衡量混凝土力学性能的重要指标。我国现行标准规定以混凝土的立方体抗压强度标准值作为混凝土强度等级的依据。所谓立方体抗压强度标准值,系指按标准方法制作和养护的边长为 150mm 的立方体试件,在 28d 龄期用标准试验方法测得的抗压强度总体分布中的一个值。当混凝土确定为某一强度等级时,该混凝土的立方体抗压强度标准值应大于等于所对应的强度等级,并且强度保证率达 95% 以上。

根据立方体抗压强度标准值,按一定间隔将混凝土的强度划分为不同的档次,称为混凝土的强度等级。目前我国建筑工程中所用的混凝土强度划分为 14 个等级,即 C15、C20、C25、C30、C35、C40、C45、C50、C55、C60、C65、C70、C75、C80。

1. 立方体抗压强度

混凝土的立方体抗压强度试验的标准试件尺寸为 150mm×150mm×150mm,按照标准规定的方法成型、拆模后,将试件在标准养护条件下,即在 20℃±2℃、相对湿度大于 95% 的条件下养护至 28d 龄期,测定试件的压缩破坏荷载 F,按照式(2-17)计算抗压强度值,每组 3 个试件,取其抗压强度平均值作为该组试件的强度代表值,叫做混凝土的立方体抗压强度。

混凝土立方体试件抗压强度计算公式为:

$$f_{cu} = \frac{F}{A}$$
(2-17)

式中:f_{cu}——混凝土立方体试件抗压强度,MPa;

F——破坏荷载,N;

A——试件承压面积,mm²。

通过试验测得的混凝土抗压强度是在某种约定条件下测得的，它是混凝土承受外力、抵抗破坏能力大小的反映。强度值的大小受试验方法、条件的影响。对于同一混凝土材料，采用不同的试验方法，例如不同的养护温度、湿度，以及不同形状、尺寸的试件等，其强度值将有所不同。

（1）试件形状、尺寸的影响

混凝土的受压破坏机理是混凝土内部的微裂缝发生、发展，最后连通，导致整体破坏的过程。在压力作用下，裂缝朝横向扩展，所以试件的形状对强度值将产生影响。在加压试验时，试验机上下压板与混凝土试件之间存在着摩擦力，对试件横向扩展起到限制作用，称为"环箍效应"，如图 2-19 所示。这种环箍作用在一定的范围内起作用，离开承压面越远，环箍效应越弱。所以试件高度越大，试件中心部位的环箍作用越弱，试件可以比较自由地横向扩展，故所测得的强度值也就越小。因此，采用立方体试件，其强度值将高于棱柱体或圆柱体试件的强度值，这种强度的差异，并非来自于混凝土材料本身，而是由于试件的形状不同所造成的。

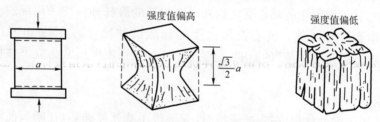

图 2-19　混凝土试件受压力作用时的"环箍效应"

即使同是立方体试件，如果尺寸不同，所测得的强度值也会有所不同。因为混凝土属于非均质材料，内部存在着许多缺陷，例如孔洞、微裂缝等，而这些缺陷并非均匀地存在于混凝土内部。混凝土的强度取决于试件中的薄弱环节，试件尺寸越大，存在缺陷的概率越大，所以强度值越低。国家标准规定，对于普通强度等级的混凝土，以边长 150mm 的立方体为标准试件。如果采用边长为 100mm 或 200mm 立方体的非标准试件，则要乘以换算系数换算成标准试件的强度值。尺寸换算系数如表 2-21 所示。对于高强度等级的混凝土，其尺寸换算系数由试验确定。

混凝土立方体抗压强度尺寸换算系数　　　　　　　　　　表 2-21

试件边长（mm）	尺寸换算系数	试件边长（mm）	尺寸换算系数
100	0.95	200	1.05
150	1.00		

（2）承压面约束条件的影响

试件端面与压板之间的约束条件决定了在受压过程中，试件能否获得"环箍效应"，从而影响强度值的大小。如果混凝土受压面与压板之间是摩擦接触，则压板对试件的横向扩展产生"环箍效应",所测得的强度值高,试件破坏后的形状呈对角锥形;反之,如果承压面光滑接触,压板对试件的横向扩展无任何"环箍效应",混凝土在压力作用下,很容易地向横向扩展,裂缝发展速度快,容易破坏,所测得的强度值偏低,破坏后的试件表面有许多平行的、竖向的裂缝。如图 2-19 所示。

(3)加载速度的影响

混凝土在外力作用下,原生裂缝逐步扩展或在薄弱部位产生裂缝,继而裂缝逐步扩展并连通导致破坏。这个过程伴随着外力逐步向混凝土内部的传递。如果加载速度快,外力还未来得及传递到混凝土内部,即在加载仪器上显示出较大的数值,但混凝土的内部还没有达到如此大的应力。为此,这时的荷载不能真实地反映混凝土内部的受力情况,所以要按照规定的加载速度进行试验。

2. 轴心抗压强度

轴心抗压强度也叫棱柱体抗压强度。在实际结构物中,混凝土受压构件大多数为棱柱体或圆柱体,所以轴心抗压更接近结构构件的实际受力状态。在钢筋混凝土结构设计中,计算混凝土的轴心受压构件(柱、桁架的腹杆)时,均采用混凝土的轴心抗压强度作为设计依据。轴心抗压强度的标准试件尺寸为 150mm × 150mm × 300mm。由于受"环箍效应"的影响,混凝土轴心抗压强度值通常为立方体抗压强度值的 0.7~0.8 倍。

3. 劈裂抗拉强度

混凝土属于脆性材料,在直接受拉时,变形很小就开裂破坏,在断裂前没有明显的变形,抗拉强度很低,大约只有抗压强度的 1/10~1/20。且随着强度等级的提高,抗拉强度并没有显著提高,有些反而降低,即抗压强度越高,混凝土的脆性越大、抗拉强度越低。

为了反映混凝土的开裂性能、韧性大小,通常用劈裂法测定混凝土的劈裂抗拉强度。如图 2-20 所示,采用边长为 150mm 的立方体或圆柱体试件,在上下两相对表面的素线上施加均匀分布的压力, 在其外力作用下的竖向平面内大部分区域内产生均

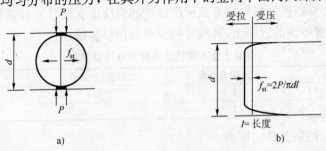

a)   b)

图 2-20 混凝土劈拉强度的测定

匀分布的拉应力。此方法大大简化了抗拉试件的制作,而且能准确反映试件的抗拉强度。此拉应力可以根据弹性理论计算得出,劈裂抗拉强度的计算公式为:

$$f_{st} = \frac{2P}{\pi A}$$

(2-18)

式中:f_{st}——劈拉强度,MPa;

  P——破坏荷载,N;

  A——试件劈裂面积,mm^2。

四、影响混凝土强度的因素

根据混凝土内部组织结构的特点和相组成,混凝土的破坏形式通常有 3 种。最常见的是骨料与水泥石的界面破坏;其次是水泥凝胶体本身的破坏;第三种是骨料破坏,这种形式不常见。混凝土的强度主要取决于水泥凝胶体的强度及其与骨料之间的界面粘结强度,所以胶凝材料的胶凝性能、水胶比及骨料的性质是影响混凝土强度的主要因素。此外,混凝土强度还受到施工质量、养护条件及龄期的影响。

1.胶凝材料的胶凝性能及水胶比

胶凝材料的胶凝性能及水胶比是影响混凝土强度最主要的因素。胶凝材料中,水泥是活性组分,其水化活性大小直接影响胶凝材料凝胶体本身的强度及其与骨料之间的界面强度,因此是控制混凝土总体强度的决定性因素。在水灰比不变的前提下,水泥强度等级越高,硬化后的水泥凝胶体强度和胶结能力越强,混凝土的强度也就越高。

当采用组成相同的胶凝材料时,混凝土的强度取决于水胶比。所谓水胶比,是指单方混凝土的用水量与总胶凝材料质量之比。胶凝材料凝胶体的强度来源于胶凝材料的水化反应,所以在拌制混凝土时,需要加入水。理论上,水泥充分水化所需的水为水泥质量的 23% 左右,但考虑到水泥颗粒与水的有效接触,硅酸钙凝胶内部微孔吸附水分及在施工过程中水分蒸发等因素,使混凝土中的水泥充分水化所需的实际水灰比为 0.38。此外,在拌制混凝土时,为了获得必要的施工和易性,常需要加入较多的水,水灰比通常在 0.4~0.7 的范围。所以,混凝土硬化后将有一部分多余的水分残留在混凝土中形成水泡或蒸发后形成气孔,大大减少了混凝土抵抗荷载的有效截面。水灰比较大使水泥颗粒之间的距离增大,水化产物难以密实地填充孔隙,而留下一些毛细孔。同时,多余的水分在蒸发或泌水过程中,也将形成毛细管通道及在大颗粒骨料下部形成水隙,降低水泥石与骨料的黏结强度。

由上述分析可见,采用同一强度等级的水泥,水胶比越小,水泥凝胶体的强度及界面粘结力越大,混凝土的强度也就越高。但是如果水胶比过小,混凝土拌合物流动性很小,很难保证浇注、振实的质量,混凝土中将出现较多的蜂窝和孔洞,强度也将下降。大量试验证明,混凝土的强度随水胶比的增大而降低,如图 2-21 所示,近似于双曲线形状。在完全振捣密实的条件下,水胶比越小,强度越高;但是如果不能保证完全振实,当水胶比降低到一定值时,由于施工原因,反而会使混凝土的强度降低。根据大量试验结果,鲍罗米发现混凝土强度与水灰比的倒数(灰水比 C/W)呈线形关系,即鲍罗米公式,如式(2-19)所示:

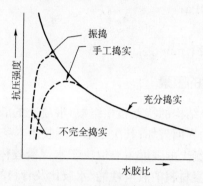

图 2-21 混凝土强度与水胶比的关系

$$f_{\mathrm{cu},0} = \alpha_{\mathrm{a}} f_{\mathrm{ce}} \left(\frac{C}{W} - \alpha_{\mathrm{b}} \right) \tag{2-19}$$

式中:$f_{\mathrm{cu},0}$——混凝土 28d 龄期抗压强度,MPa;

$\quad\quad C/W$——灰水比,单方混凝土中水泥用量与用水量之比;

$\quad\quad \alpha_{\mathrm{a}}、\alpha_{\mathrm{b}}$——回归系数,与骨料品种有关,应根据工程所使用的水泥、骨料,通过试验建立灰水比与混凝土强度的关系式,进行回归确定,当不具备条件进行试验或工程规模不大时,可采用表 2-22 给出的经验值;

$\quad\quad f_{\mathrm{ce}}$——水泥 28d 抗压强度实测值。

表 2-22

回归系数 $\alpha_{\mathrm{a}}、\alpha_{\mathrm{b}}$ 选用表

石 子 品 种	碎　石	卵　石
α_{a}	0.46	0.48
α_{b}	0.07	0.33

鲍罗米公式反映了混凝土强度与水泥强度等级、水灰比的关系;同时回归系数 $\alpha_{\mathrm{a}}、\alpha_{\mathrm{b}}$ 中又包含了骨料的影响,但没有考虑矿物掺合料的作用。利用鲍罗米公式,在一定的水灰比范围内,可根据所使用的水泥、水灰比来估算混凝土的强度。此外,当确定了混凝土所要求的强度及工程所采用的水泥、骨料之后,还可根据鲍罗米公式初步计算 W/C,进行配合比计算。

2.骨料的影响

骨料的有害杂质、含泥量、泥块含量、骨料的形状及表面特征、颗粒级配等均影响

混凝土的强度。例如含泥量较大将使界面强度大大降低;骨料中的有机质将影响到水泥的水化,从而影响水泥凝胶体的强度;颗粒级配影响骨架的强度和颗粒之间的空隙;有棱角、三维尺寸相近的颗粒有利于骨架的受力性能,表面粗糙的骨料有利于界面强度等。

3. 养护条件和龄期的影响

(1)温度的影响

养护温度是决定水泥水化速度的重要条件。混凝土的强度来源于水泥的水化反应,所以养护温度越高,水泥的水化速度越快,同一龄期混凝土的强度越高(图 2-22)。但是,初期温度过高将对混凝土的后期强度发展不利,当温度高于 40℃时,水泥的水化速率加快,在水泥颗粒周围将聚集高浓度的水化产物层,使得内部的水泥继续水化受到阻碍,后期强度增长不快;同时,如果初期水化产物生成速度过快,与扩散速度不匹配,则难以形成密实、有序堆积的凝胶体,也会影响最终强度。当温度低于 0℃时,水泥的水化反应将停止,混凝土的强度也不再增长。

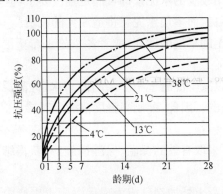

图 2-22　养护温度对混凝土强度的影响

(2)湿度的影响

在混凝土水化早期如果缺乏水分,水泥水化反应将停止,混凝土就不能正常地增长强度。如果环境干燥,拌和水将很快蒸发,不仅不能保证足够的水化反应用水,而且由于失水收缩,容易使早期水泥凝胶体产生裂缝。所以养护时保持较高的湿度是水泥正常水化、混凝土强度增长的必要条件。

水泥的水化是一个逐步进行的过程,在合适的温湿度条件下,一般在 28d 水化能达到 90% 以上。保持足够湿度养护的时间越长,水泥水化进行的越完全,混凝土的强度也就越高。不同品种的水泥,其水化速度有所不同,所要求的保湿时间也有所不同,通常使用硅酸盐水泥、普通硅酸盐水泥和矿渣水泥的混凝土至少要保湿养护 7d,而使用火山灰水泥、粉煤灰水泥的混凝土至少要保湿养护 14d。

(3)龄期的影响

在正常养护条件下,混凝土的强度随龄期的延长呈对数曲线趋势增长,开始增长速度快,以后逐渐减慢,28d 以后强度基本趋于稳定。所以通常以 28d 强度作为确定混凝土强度等级的依据。虽然 28d 以后强度增长很少,但只要温度、湿度条件合适,混凝土的强度在几年甚至十几年期间都会有增长的趋势。

4. 施工方法的影响

相同原材料、相同配比的混凝土采用不同的施工方法,最终混凝土的强度也将有所不同。例如机械搅拌均匀性好,混凝土强度大约比人工搅拌高 10%。根据搅拌地点分为在混凝土搅拌站进行搅拌的商品混凝土和施工现场搅拌混凝土,前者对原材料及配比容易控制,性能比较稳定,后者质量波动性较大。

综合上述影响混凝土强度的因素,可以从以下几个方面提高或调整混凝土的强度,获得所需强度的混凝土材料。

(1)避免低强度混凝土使用高强度水泥。因为混凝土的性能不仅仅考虑强度,采用高强度的水泥,往往用较少的水泥量即可满足强度要求,但是胶凝材料用量太少会造成混凝土的和易性不良,而多用水泥又将造成大的浪费。

(2)如果要求混凝土的早期强度高,或者冬季施工希望混凝土强度较快增长,可采用早强型水泥。

(3)降低水灰比可以减少混凝土中多余的游离水,提高混凝土的密实度,从而达到提高混凝土强度的目的。因此,配制高强度混凝土时掺入高效减水剂,尽量降低水灰比。

(4)改善施工条件,采取有效的保温、保湿措施,对获得结构完好、性能优良的混凝土至关重要。

具有各种功能的混凝土外加剂已成为现代混凝土生产中必不可少的组分,可根据工程需要掺入减水剂、早强剂等,达到减少用水量、提高强度或提高早期强度的效果。各种矿物细掺料也已成为混凝土的组分材料之一,尤其在配制高强、高性能混凝土时,经常掺入比水泥还细的矿物掺合料,达到提高强度、改善混凝土性能的目的。

第七节　混凝土的变形性能

混凝土由于化学反应、温湿度变化及承受荷载等原因,发生体积和形状的变化,即混凝土具有变形性能。当变形受到一定的约束时,如来自地基的摩擦、其他构件、配筋或混凝土体内外变形的差异等,就产生拉应力。当这种内部应力达到混凝土的极限抗拉强度时,将出现开裂。所以变形性能是混凝土材料的重要性质之一。

一、化学收缩与自收缩

水泥水化过程中固相物质的绝对体积增大，但是固相与液相的总体积减小约8％～10％，这部分体积减小值称为化学收缩。化学收缩伴随着整个水化过程。初凝前，混凝土处于塑性状态，化学收缩表现为混凝土拌合物宏观体积减小的塑性收缩。初凝后，由于水泥石内部刚性结构的形成，化学收缩受到限制，其结果是在水泥浆体中产生大量细小的毛细孔。如果水泥水化过程中没有外界水分的供应或即使有外界水分供应，但其通过毛细孔渗透到体系内部的速度小于内部水分因水化而消耗的速度时，毛细孔内的湿度即从饱和向不饱和状态转变，毛细孔内的弯月面产生负压，从而引起混凝土的宏观体积收缩，称为混凝土的自收缩。自收缩可定义为，与外界没有水分交换的条件下，混凝土内部自干燥作用引起的收缩。混凝土的化学收缩与自收缩的示意关系见图 2-23。

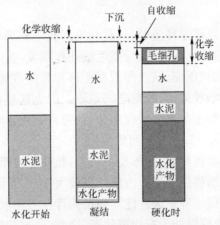

图 2-23　混凝土的化学收缩与自收缩的关系

高水灰比的普通混凝土由于内部毛细孔隙中包含了大量水分，自干燥引起的收缩应力较小，所以自收缩值较小，一般只有$(20～100)\times10^{-6}$，在混凝土的总收缩量中所占比例很小，因而长期以来不被重视。但是，低水胶比的高强高性能混凝土则不同，在水化早期其自由水消耗较快，致使内部相对湿度迅速降低；同时因其结构致密，外界水分很难渗入补充，在这种条件下开始产生较大的自收缩。研究表明，水胶比降低到0.3时，混凝土的自收缩与干燥收缩的数值相当；水胶比更低时，自收缩将占据主导地位。

二、干燥收缩

由混凝土吸水或失水而引起的体积变化叫做干湿变形。干湿变形的危害主要是失水收缩，是引起混凝土开裂的主要原因之一。

1. 干燥收缩机理及其对混凝土性能的影响

混凝土内部存在着许多孔径大小不一、形状不同的孔隙,孔隙中通常有水存在,当环境湿度下降时孔隙中的水会逐步失去。失水的难易程度取决于孔径的大小和水的存在形式。

(1)毛细孔水。存在于毛细孔中,当环境的相对湿度为40%～50%时即可蒸发,毛细孔水失去时,凝胶体受到毛细孔负压力的作用而紧缩,将使混凝土产生体积收缩。

(2)吸附水。在分子引力作用下,吸附于水泥凝胶粒子表面,当相对湿度下降至30%时,大部分吸附水失去,是水泥凝胶体产生体积收缩的主要原因。

(3)凝胶水。在水泥凝胶体粒子之间通过氢键牢固地与凝胶粒子键合,又叫做层间水。只有在环境非常干燥时(相对湿度小于11%)才会失去,可使结构明显地产生收缩。

(4)自由水。存在于较大的气孔中或凝胶体及晶体表面,极易蒸发,但对体积变化没有影响。

当混凝土处于水中或潮湿环境时,气孔和毛细孔中充满水。当外部环境比较干燥时,首先是气孔中的自由水蒸发,然后是毛细孔水蒸发,这时将使毛细孔负压增大而产生收缩力,使毛细孔被压缩,从而使混凝土体积发生收缩。如果再继续失水,将使凝胶粒子表面的吸附水膜减薄,胶粒之间紧缩。以上这些作用将导致混凝土产生干缩变形。干缩后的混凝土如果再吸收水分,孔隙内充水,体积膨胀,可恢复大部分干缩变形,但其中有30%～50%是不可恢复的。

硬化后的混凝土属脆性材料,变形能力极差,抗拉强度低。在凝结硬化过程中,如果产生过大的体积收缩将使混凝土内部产生较大拉应力而引起裂缝,降低混凝土的强度及抗冻、抗渗、抗侵蚀等耐久性能。如果构件在自由状态下收缩,开裂程度会小一些,但工程中大多数构件处于有约束状态,因此,收缩变形量就将分散为许多微小的裂缝遍布于整个构件。

混凝土的干燥收缩主要发生在水泥凝胶体相,水泥浆体的干缩值通常可达到400～1000微应变(10^{-6}mm/mm)。但由于混凝土中的骨料比较坚硬,分散在水泥浆体中具有抵抗收缩的作用,所以一般在结构设计中取混凝土的干缩值为150～200微应变。

2. 影响干缩变形的因素

(1)水泥浆量。混凝土中骨料的体积比较稳定,干缩变形主要发生在水泥凝胶体相中,混凝土中水泥浆量越多,干缩变形越大。因此在保证强度、耐久性要求的条件下,应尽量减少混凝土中胶凝材料的用量,特别是水泥用量。

(2)水灰比。混凝土的水灰比越大,水泥颗粒之间的空隙越大,硬化后的水泥凝胶体中毛细孔孔隙率越大,使干燥收缩率增加。通常用水量每增加1%,干缩率大约增大 2%～3%。

（3）骨料质量和颗粒级配。混凝土中骨料坚硬，不易变形，在混凝土整体中起骨架作用，能够抑制收缩变形。因此，使用质地坚硬、含泥量小、吸水率低、级配良好的骨料，可以大大减小混凝土的干缩率。

（4）施工质量与保湿养护。均匀、密实地浇筑成型，可以获得内部组织完好的混凝土，减少混凝土内部的毛细孔数量，减小干燥收缩。混凝土浇筑成型后，宜尽量延长潮湿养护时间，使早期混凝土内部水分不蒸发，使水化反应顺利进行，对减少干燥收缩、减少原生裂缝至关重要。因此，要特别重视混凝土的潮湿养护。

三、温度变形

混凝土在凝结硬化过程中伴随着温度变化而产生的体积变化叫做温度变形。水泥的水化反应是放热反应。混凝土是热的不良导体，导热系数为 $1.8W/(m \cdot K)$。当混凝土构件的截面尺寸较小时，水化反应所产生的热量能够较快地散发；而当构件尺寸较大时，水化热难以及时排出，构件内部的温度最高可达到 $50～70℃$，而构件边缘部位的热量容易散发，温度较内部低很多。因此，大体积混凝土结构物的中心部位和边缘部位形成温度差，内部膨胀大、边缘膨胀小，由此而产生由内向外的膨胀压力。当膨胀压力达到混凝土的抗拉强度时，则构件表面开裂。

为了减少温度变形对结构物的影响，在混凝土配合比方面应尽量少用水泥，采用低热水泥或掺入磨细矿渣、粉煤灰等矿物质掺合料，从而有效地降低混凝土的水化热。夏季施工时气温很高，应对原材料进行降温处理。大体积混凝土应实行分层浇筑，待浇筑的混凝土热量大致放出后，再浇筑下一层。对于较长的混凝土路面、面积较大的地面等，为防止由于温度变形引起的龟裂，还可以采取每隔一段距离设置一道伸缩缝，或者在结构中设置钢筋，增加抗拉能力。此外，还可以采用分层浇筑、人工降温等施工方法，抑制温度裂缝的产生。

四、荷载作用下的变形

1. 静力弹性模量

混凝土应力—应变曲线上任意一点的应力与应变之比值，称为该点的变形模量。如图 2-24 所示，混凝土的应力—应变曲线为非线性，在不同的应力值下，混凝土的变形模量也不相同。所以对于混凝土来说，不像钢材那样存在着严格定义上的弹性模量。但是，弹性模量是反映材料在力的作用下抵抗变形的能力，即刚度的大小，在结构设计中是一个重要参数。对于混凝土材料，定义当应力为轴心抗压强度的 40% 时的加荷割线模量为混凝土的弹性模量，叫做静力受压弹性模量。轴心抗压强度大约是立方体抗压强度的 0.7～0.8 倍，所以上述定义的混凝土的静力受压弹性模量相当于立方体抗压强度的 30％时的加荷割线模量。从混凝土受压应力—应变图中可以看出，在应力为极限抗压强度的 30％以下的范围内，曲线非常接近于直线，这一阶段的变形绝大部分属于弹性变形。

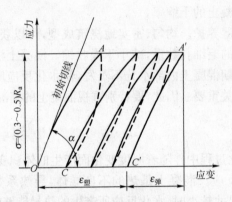

图 2-24　混凝土的静力弹性模量加荷曲线

混凝土的静力弹性模量测量采用 150mm×150mm×300mm 的棱柱体试件，以轴心抗压强度值的 40％作为试验的控制荷载值，以该控制荷载值为上限，对试件进行 3 次加荷与卸荷预压，如图 2-24 所示。经过 3 次低应力预压后，混凝土内部的一些微裂缝得到闭合，内部组织趋于更加均匀，所以第三次预压时的应力—应变曲线近乎于直线，且几乎与初始切线相平行。在此基础上进行第四次加荷，最大荷载仍然控制在 40％的轴心抗压强度，测定试件在标距内的变形量，则混凝土的弹性变形模量等于应力除以试件的应变值。

混凝土的静力弹性模量随其强度的提高而增大。通常 C40 以下普通混凝土的静力弹性模量大约为 17.5～23.0 GPa，C40 以上混凝土的静力弹性模量大约在 23.0～36.0 GPa 的范围内。

2. 长期荷载作用下的变形——徐变

混凝土在长期的、持续荷载作用下，其变形随时间的延长不断增加的现象称为徐变。混凝土的徐变通常要持续几年甚至十几年才逐渐趋于稳定。

混凝土在持续荷载作用下产生徐变的原因主要有孔隙水的迁移、水泥凝胶体的黏性流动。混凝土是弹性骨料分布在具有一定黏性的水泥凝胶体连续介质中的复合材料，其应变符合公式（2-20）的规律。在外荷载作用的瞬间，应变 $\varepsilon_0 = \sigma_0/E$，叫做瞬时应变；以后随着荷载作用时间的延长，应变值仍逐渐增加，即式（2-20）中的第二项，这部分随时间延长而增加的变形叫做徐变。在某一时刻 t_1 卸载，则 σ_0/E 部分应变立即恢复，称为瞬时恢复；而 $\int_0^{t_1} \dfrac{\sigma}{\eta} dt$ 随时间的延长逐渐恢复，称为徐变恢复；最终还

将残存一部分不可恢复的塑性变形(图 2-25)。混凝土的应变为:

$$\varepsilon = \frac{\sigma}{E} + \int_0^t \frac{\sigma}{\eta} \mathrm{d}t \qquad\qquad (2\text{-}20)$$

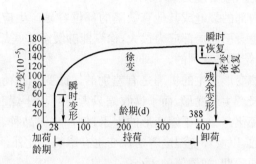

图 2-25 混凝土的徐变曲线

徐变变形与受力方向一致,受持续荷载作用下的构件的徐变变形通常比瞬时弹性变形大 1～3 倍,因此在结构设计中徐变是一个不可忽略的因素。徐变对结构物的影响如下。

(1)增加结构物的变形量

设计桥梁、建筑物的梁等受弯构件时,不仅要考虑承载能力,而且对跨中最大挠度有一定要求。徐变使挠度随荷载作用时间延长而增大,总徐变量最大可达到加载时产生的瞬时变形的 1～3 倍,对结构安全和正常使用极为不利,因此在设计时要充分考虑到徐变对结构物变形的影响。

(2)引起预应力钢筋混凝土结构的预应力损失

预应力钢筋混凝土构件利用钢筋抗拉强度高的特性,针对混凝土抗压强度高而抗拉强度低的特点,先对其中的钢筋施加预拉应力,并使之与混凝土粘结或锚固为一体后,再卸掉荷载,利用钢筋试图恢复弹性变形的作用,对混凝土施加预压应力,使混凝土在未受外力作用时,内部已经产生预加的压应力。当受拉力作用时,混凝土内部的预压应力可以抵消一部分拉力,从而提高混凝土的抗拉、抗裂性能。预加压应力越大,混凝土抗拉、抗裂性能提高得越多。而预加应力的大小与钢筋的弹性变形量成正比。由于混凝土具有徐变的性质,所以随时间延长,将在受压方向上增大变形,使钢筋的拉伸变形量得以部分恢复,因此预应力减小。据工程经验,由于混凝土徐变引起的预应力损失可达到初始值的 30％～50％,所以在进行预应力钢筋混凝土构件的结构设计时,一定要将预应力损失考虑进去,以设计钢筋的拉伸量,确定徐变后混凝土内部的预加压应力值。

(3)降低温度应力,减少微裂缝

由于混凝土的水化热,大体积混凝土内部往往存在较大的温度应力,导致温度裂缝。徐变能够使混凝土在应力方向上缓慢地产生变形,从而缓解、降低温度应力,减轻温度应力对混凝土结构的危害。

(4)产生应力松弛,缓解应力集中

在混凝土构件内部的裂缝或其他有缺陷的部位容易产生应力集中,结构物由于基础的不均匀沉陷也会引起局部应力过大,徐变能够缓解这些部位的应力峰值,使应力集中现象减弱,对结构是有利的。

徐变变形与干缩变形产生的机理是有差别的。徐变是在荷载、环境湿度变化同时作用下随时间延长产生的变形,而干燥收缩只考虑环境干燥时混凝土内部水分的损失所带来的体积变化。影响干缩变形的因素,例如水泥品种、骨料品质、水灰比等原材料和配合比参数,以及环境湿度等对徐变也有影响。此外,影响徐变的因素还有开始加载时混凝土的龄期、加载值的大小等。

第八节 混凝土的耐久性能

一、耐久性的概念及意义

混凝土的耐久性是指混凝土结构物在环境因素作用下,能长期保持原有性能、抵抗劣化变质和破坏的性能。环境因素包括物理作用、化学作用和生物作用等方面。例如温度变化与冻融循环、湿度变化与干湿循环等属于物理作用;化学作用包括酸、碱、盐类物质的水溶液或其他有害物质的侵蚀作用,日光、紫外线等对材料的作用;生物作用包括菌类、昆虫等的侵害,导致材料发生腐朽、蛀蚀等破坏。

混凝土不存在生锈、腐朽等问题,人们原本认为混凝土是耐久性优秀的材料,但随着混凝土使用年限的延长,人们发现混凝土也有性能劣化的问题。目前重要建筑物日益增多,它们的使用状态对于社会的正常运转影响很大。同时,随着社会的进步,人们对于自然环境的开发和利用越来越深入,除了常规的地表环境之外,人们已经向大深度地下空间、海洋空间、高寒地带等进军,结构物所处的环境条件越来越苛刻。混凝土材料的耐久性关系到结构物在所设计的使用期限内能否保证安全、正常使用,影响结构物的使用寿命、运行、维修保养费用,从而影响结构物的总体成本。所以人们对于结构物耐久性的期待日益提高,希望混凝土的耐久性能达到 100 年以上,甚至 500 年。所以混凝土的耐久性问题越来越被重视。

谈到结构物的安全性,人们往往首先想到承载能力,即强度。但工程实践表明,仅仅由承载力不够导致结构物破坏的事例并不多,而许多结构物是由于水的侵蚀、冻融循环、化学物质的腐蚀等造成破坏,减短了使用寿命。尤其是水工、海洋工程结构物,往往其耐久性比强度更重要。例如北京的三元桥、西直门桥等结构物,建成只有十几年的历史,就出现了许多裂缝,其中碱—骨料反应是损坏原因之一。日本在沿日本海一侧修建了大量高速道路,建成只有十几年的时间,其高架桥的桥墩就出现了大量的裂缝,据分析有氯离子侵蚀、碱—骨料反应等多方面原因。美国和欧洲在 20 世纪中期建造了大量基础设施,目前大部分已进入了老龄期,存在许多病害,需要投入大量资金进行维修。造成这些破坏事故的多数原因是:混凝土受冻破坏,钢筋锈蚀,以及一些其他综合因素。我国北方寒冷地区的路面经常在使用几年后就由于冻融作用而产生严重的剥落现象;有许多大型水电站结构物也遭受严重的冻融破坏;有些防波堤的混凝土块受海水侵蚀,不到几年就严重破坏。这些结构物都远远没有达到设计的使用寿命,它们破坏原因并非是因为承载力不够,而多数是因为在环境因素的作用下,材料的耐久性不足所造成的。结构物的耐久性问题会影响其使用功能,严重的只能提前退役,造成重大浪费。因此,结构设计不仅要考虑强度,还要考虑耐久性。提高材料的耐久性,对于结构物的安全性和经济性能均具有重要意义。

混凝土材料的耐久性能包括抗渗性、抗冻性、抗碳化作用、碱—骨料反应、氯离子渗透、钢筋混凝土中的钢筋锈蚀等方面。要直接考察材料的这些性能需要长期观察和测试,在实际工程中通常根据这些侵蚀性因素的基本原理,模拟实际使用条件或强化试验条件,进行加速试验,以评定材料的相关耐久性能。

二、抗渗性

1. 抗渗性的定义及衡量指标

混凝土是多孔性物质,在压力差的作用下,流体将逐渐渗过混凝土。在压力作用下,混凝土材料抵抗流体渗透的性质称为抗渗性,是衡量混凝土耐久性的重要性质之一。混凝土中的水泥凝胶体在压力水作用下将造成某些成分的溶解和流失;许多侵蚀性物质也往往以水为传输介质进入混凝土内部,使混凝土受到腐蚀;各种侵蚀性反应都需要水的参与;也有许多混凝土结构物本身要求具有挡水性。因此对于地下结构、建筑物的基础、桥墩、水坝、压力管道、容器等处于压力水环境中的结构物,以及处于侵蚀性环境中,对于耐久性有要求的结构物,均需要其抗渗性能达到所要求的指标。

材料的抗渗透性用渗透系数 K_p 来表示,为在单位压力梯度的流体压力下,单位时间内通过单位截面积的流体量。渗透系数越大,表示材料的抗渗性能越差。比较密实的普通混凝土的渗透系数通常在 $10^{-6} \sim 10^{-9}$ mm/s 的范围内。

在实际工程中,为了更加直观地表示混凝土抵抗压力水作用的能力,常用抗渗等级来表示混凝土的抗渗透性,用符号"Pn"表示,其中 n 是一个整数数字,表示按规定方法进行抗渗性试验时混凝土所能承受的最大水压力,例如 P6、P8、P10 等分别表示混凝土试件在 0.6MPa、0.8MPa、1.0MPa 的水压力作用下不渗水。

现代混凝土由于水胶比低,胶凝材料用量大,结构很致密,所以抗渗性大大提高。采用传统的水压法测量混凝土的抗渗性比较困难,因此人们发展了混凝土抗渗性的电测方法。

最先建立的,也是使用最广泛的电测方法是美国 ASTM C1202"混凝土抗氯离子渗透性的快速电量测定法"。该方法是将 $\phi100\text{mm}\times50\text{mm}$ 混凝土试件在真空下浸水饱和,侧面密封安装到测量池中,两端安置铜网电极,一端浸入 0.3mol 的 NaOH 溶液(正极),另一端浸入 3% 的 NaCl 溶液(负极),量测 60V 电压下 6h 通过混凝土试件的库仑电量(图 2-26),利用 6h 内通过混凝土的库仑电量来评价混凝土抗氯离子渗透性的高低。每组试验用两个试件,结果取平均值。

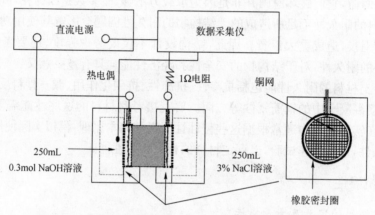

图 2-26   混凝土抗氯离子渗透性的直流电量法的试验装置

根据表 2-23 可以评价混凝土抗渗性能。许多设计安全使用寿命为 100 年的重要工程,要求所用的混凝土的电量值小于 1000C。

混凝土的渗透性能与测定的电量间的关系   表 2-23

通过混凝土的电量(C)	混凝土的渗透性	典型混凝土种类
>4000	高	高水灰比(>0.6)的普通混凝土
2000~4000	中	中等水灰比(0.5~0.6)的普通混凝土
1000~2000	低	低水灰比(≤0.4)的混凝土
100~1000	极低	低水灰比,掺硅灰 5%~7% 的混凝土
<100	可忽略	聚合物混凝土、掺入硅灰 10%~15% 的混凝土

2.影响抗渗性的因素

影响混凝土抗渗性的最主要因素是孔隙率和孔隙特征。如前所述,混凝土中不可避免地存在着孔隙和微裂缝。一般来说,混凝土的密实度越高,即孔隙率越小,则抗渗性能越好。但是抗渗性能的好坏更主要地取决于孔隙结构特征,连通的毛细孔越多,混凝土的抗渗性能越差;而封闭的微孔水分不易进入,对抗渗性能没有不良影响。

　　混凝土中的水泥凝胶体相和过渡区内均存在着各种形状、尺寸的孔隙。对抗渗性影响较大的主要是毛细孔的数量和连通性,混凝土的水灰比和水化程度(或龄期)直接影响毛细孔数量和特征。水化初期水化产物数量很少,不能密实地填充水泥颗粒之间的孔隙,因此渗透系数高;龄期至 30d 时,已接近完全水化,凝胶体和过渡区中的孔隙大部分被填充,渗透系数下降大约两个数量级。

　　水灰比对混凝土的密实性影响也很大,如图 2-27 所示为水泥浆体的渗透系数随水灰比的变化规律。由图可见,当 $W/C>0.55$ 时,浆体中由水占据的空间较大,水化产物难以密实地填充,同时由于用水量较大,也容易产生泌水,因此硬化体中容易形成较多的连通毛细孔,所以混凝土的渗透性很大;当 $W/C<0.50$ 时,则渗透性很小。

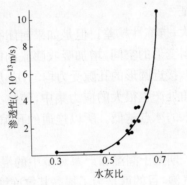

图 2-27　硬化水泥浆体渗透性与水灰比的关系(93％水化度)

三、抗冻性

1. 抗冻性的定义及衡量指标

　　混凝土在水饱和状态下,能经受多次冻融循环作用而不破坏,也不明显降低强度的性质称为抗冻性。

　　混凝土的抗冻性用抗冻等级表示。将混凝土试件按规定的温度变化制度进行冻融循环试验,测得其强度或其他性能降低不超过规定值,并无明显损坏和剥落所能经受的冻融循环次数,作为抗冻等级。用符号"Fn"表示,其中 n 表示性能的降低不超过规定值的最大冻融循环次数,如 F50、F100、F300 等。混凝土的抗冻性也可用耐久性指数 DF 表示。DF 值为经过 300 次快速冻融循环后,混凝土的动弹性模量与初始值的比值。如果在 300 次冻融循环以前,试件的动弹性模量已降到初始值的 60％以下或质量损失已超过 5％,则以此时的冻融循环次数 n 计算 DF 值,取 $DF=0.6\times n/300\times100\%$。

2. 冻融循环破坏机理及其影响因素

混凝土中存在着许多孔隙,当这些孔隙被水饱和,同时温度降低达到水的冰点以下时,孔隙中的部分水就会结冰,伴随着大约 9% 的体积膨胀,迫使未结冰的溶液从结冰区向外迁移,此时溶液需要克服粘滞阻力,因而产生静水压,由此对孔隙壁施加膨胀压力,这就是 Powers 的静水压理论。静水压力随溶液流程增加而增加。相应于临界饱和度,存在极限流程。超过极限流程,则产生的静水压力超过混凝土的抗拉强度而造成结构破坏。此时孔隙壁产生局部开裂,出现新的裂缝。孔隙中的水融化后将进入这些新的缝隙,再次冻结将使裂缝扩大、连通。随着冻融循环次数的增多,混凝土内部裂缝不断增多,相互连通,导致结构破坏。

影响混凝土抗冻性的因素有以下几个方面。

(1)孔隙率与孔隙特征

一般来说,孔隙率越大,抗冻性越差。但是如果封闭孔隙较多,水分不能进入内部,同时孔隙还可提供材料变形的空间,增加吸收膨胀的能力,对抗冻性有利。孔隙的形状对抗冻性也有影响,接近圆形的孔隙受力均匀,应力集中值小,而狭长、有尖角形状的孔隙,受力时在尖角处产生很大的应力集中,使抗冻性降低。孔径越小,由于毛细孔负压作用,孔隙中水的冰点越低。所以连通的孔隙对抗冻性不利,封闭的、圆形微孔对抗冻性有利。

对于北方寒冷地区,长期处于潮湿和严寒环境中的混凝土,常掺入引气剂,人为地增加一些微小、封闭的气泡,目的就是为了提高其抗冻性。处于冻融环境中的引气混凝土,其含气量应符合表 2-24 的规定。高度饱水状态指冰冻前长期或频繁接触水或湿润土体,混凝土体内高度水饱和;中度饱水状态指冰冻前偶受雨水或潮湿,混凝土体内饱水程度不高。

混凝土含气量(平均值,单位:%)　　　　　　　　　　表 2-24

环境条件 骨料 最大粒径(mm)	混凝土高度饱水	混凝土中度饱水	盐或化学腐蚀下冻融
10	7.0	5.5	7.0
15	6.5	5.0	6.5
25	6.0	4.5	6.0
40	5.5	4.0	5.5

(2)吸水饱和程度

当孔隙中充满水时,因没有富余空间,结冰膨胀将直接对孔隙壁施加力的作用。如果孔隙中没有完全充满水,还有一定的空间,则当水结冰时,能提供一定的膨胀空间,可缓解结冰膨胀对孔隙壁的压力。因此,孔隙吸水越接近饱和,混凝土的抗冻性越差,完全干燥的孔隙不存在冻融破坏的问题。

（3）混凝土的强度

如果混凝土本身的强度很高，抵抗破坏的能力强，则抗冻性好。如前所述，混凝土的强度随孔隙率的增加而下降，所以适量微小、封闭的孔隙对提高抗冻性能有利，但如果孔隙率过大，混凝土的强度降低较多，反而对抗冻性不利。因此，以提高抗冻性为目的掺入引气剂，一定要控制掺量，使混凝土的含气量不致过大，一般以含气量为 4%～7%比较合适。

四、钢筋锈蚀

在正常情况下，混凝土中的钢筋不会锈蚀，这是由于钢筋表面的混凝土孔溶液呈高度碱性（pH 值大于 13），可维持钢筋表面形成致密的氧化膜，这一成分复杂的以 Fe_3O_4 为主的黑色氧化物膜是钢筋的钝化保护膜，可阻止钢筋表面生成不稳定锈蚀产物 $Fe_2O_3 \cdot nH_2O$ 而产生体积膨胀。通常有以下两种情况可导致钝化膜失效：

（1）混凝土的中性化，主要是碳化。即空气中的 CO_2 从混凝土表面扩散到混凝土内部，与混凝土内部碱性的水泥水化产物 $Ca(OH)_2$ 起反应，生成中性的 $CaCO_3$，降低混凝土的碱度，使钝化膜不能继续维持而破坏；同样，如有酸的侵入也会使混凝土中性化。

（2）氯盐的侵入。即氯离子从混凝土表面扩散到钢筋位置并积累到一定浓度（临界浓度）后，也能使钝化膜破坏。

钝化膜破坏后，钢筋在水分和氧的参与下发生锈蚀。

钢筋锈蚀后体积膨胀，根据腐蚀物种类不同，体积膨胀可达到 2～6 倍，如图2-28所示。当锈蚀产物在混凝土孔隙中沉积到一定程度时就会造成过大的内应力，致使混凝土保护层顺钢筋走向开裂。这种膨胀作用，第一破坏了混凝土与钢筋之间的粘结，削弱钢筋的截面积并使钢筋变脆，第二使钢筋保护层混凝土开裂、剥落，使介质更容易进入混凝土内部，导致腐蚀加剧，最后导致整个结构物破坏。

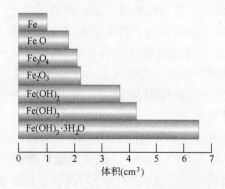

图 2-28　不同腐蚀物的体积膨胀量

如果在环境中存在较多的氯离子,则会加剧混凝土中钢筋的锈蚀。其原因是氯离子在混凝土中的渗透能力很强,同时对钢筋表面的钝化保护膜具有破坏作用。当一定浓度的氯离子达到钢筋表面时,氯离子作为阳极去极化剂,使混凝土中钢筋表面的钝化保护膜破坏,从而导致钢筋电化学腐蚀。同时,氯离子的存在增加了混凝土的导电率,微电池电流相应增加,加剧钢筋的锈蚀速度。一般认为,混凝土中氯离子浓度应限制在水泥质量的 0.4%,超过这一数值,就可能使钢筋表面的钝化膜破坏。为保证安全,国家标准规定水泥中的氯离子含量不能超过 0.06%。

五、碳化(中性化)

1. 碳化的定义

水泥凝胶体中的水化产物 $Ca(OH)_2$ 与空气中的 CO_2 在湿度合适的条件下发生反应,生成碳酸钙的过程,叫做混凝土的碳化。近年来,由于工业化程度提高,空气中其他酸性成分增多,这些成分同样可以与混凝土中的 $Ca(OH)_2$ 反应,使其碱度下降,称为中性化。碳化反应化学方程式为:

$$Ca(OH)_2 + CO_2 \xrightarrow{H_2O} CaCO_3 + H_2O \tag{2-21}$$

未受碳化作用的混凝土,由于水泥凝胶体中含有大约 25% 的 $Ca(OH)_2$,所以混凝土内部的 pH 值为 12~13,呈强碱性。碳化反应的结果使 $Ca(OH)_2$ 转变为 $CaCO_3$,混凝土内部 pH 值下降到 8.5~10,接近中性。所以碳化的结果是使碱性的混凝土中性化。造成混凝土中性化的原因还有酸雨、酸性土壤的作用等,但碳化是混凝土中性化的一个主要原因。

2. 碳化与钢筋混凝土的耐久性

碳化反应生成的 $CaCO_3$ 通常会使混凝土更加密实和坚硬,强度有所提高,对素混凝土的性能没有危害。但是,碳化作用降低了混凝土的碱性,破坏了保护钢筋的碱性环境,使钢筋容易被腐蚀。密实度和强度足够高的混凝土,经 20~30 年后,碳化深度一般不超过 10mm,钢筋没有锈蚀的迹象。密实度和强度较低的混凝土,仅 5~6 年时间,混凝土碳化深度就可能达到 30mm,20~30 年后碳化深度可达 50~70mm。一般的钢筋混凝土构件中钢筋保护层厚度在 35~50mm 的范围内,当碳化深度达到钢筋表面时,钢筋被腐蚀的可能性很大。

3. 影响碳化速度的因素

碳化速度通常用经过一定暴露时间的碳化深度来表示,即混凝土表面向内至碳化反应前沿位置之间的距离(单位:mm)。碳化反应从混凝土试件表面开始,随龄期延长逐步向纵深方向发展。由于生成的 $CaCO_3$ 沉积于孔隙壁上,使混凝土孔隙率减小,随着碳化反应进行,CO_2 气体向内扩散的速度将逐渐减慢,所以碳化进行速度也将逐渐减慢。许多学者研究了碳化深度与暴露时间的关系,发现它们之间存在着如式(2-22)所示的平方根关系。

$$D = \alpha\sqrt{t} \tag{2-22}$$

式中:D——碳化深度,mm;

t——暴露期间,d;

α——系数,与水泥品种、骨料种类和混凝土所处的环境等因素有关。

已有的研究成果表明,影响混凝土碳化速度的主要因素有以下几个方面。

(1)CO_2浓度。室内高于室外,城市高于乡村。随着人类工业化活动日趋活跃,机动车数量增多,二氧化碳排放量逐年增加,混凝土的碳化反应速度将加快。

(2)环境湿度。水分是碳化反应必不可少的反应物之一,完全没有水分的干燥条件下,碳化反应将停止。100%湿度条件下,混凝土的孔隙内充满水,CO_2气体无法向混凝土内部扩散,碳化反应也将停止。相对湿度在50%～75%时,碳化速度最快。

(3)胶凝材料组成。混凝土中$Ca(OH)_2$含量越多,达到同一碳化深度所需时间越长。因此,采用硅酸盐水泥或普通硅酸盐水泥的混凝土,其抗碳化能力大于矿渣水泥、火山灰水泥、粉煤灰水泥等掺混合材料的水泥。含有较多矿物掺合料的混凝土,其抗碳化能力较差,特别是在早龄期,由于水化产物较少,更容易被碳化。

(4)混凝土的密实度。如前所述,碳化反应伴随着CO_2气体、水分向混凝土内部的扩散,混凝土越密实,CO_2气体和水分的扩散速度越慢,碳化速度也就越慢。

六、碱—骨料反应

1.碱—骨料反应的定义及危害

混凝土内部水泥凝胶体中的碱性氧化物(Na_2O、K_2O)与骨料中的活性SiO_2、活性碳酸盐在有水存在的条件下发生化学反应,生成碱—硅酸盐凝胶(或碱—碳酸盐凝胶),堆积在骨料与水泥凝胶体的界面,吸水后体积膨胀(大约3倍以上),导致混凝土开裂破坏,称为碱—骨料反应(图2-29)。

世界上最早发现碱—骨料反应是在美国,1938年美国建成派克混凝土大坝,两年后发现大量裂缝。经查明,该大坝工程采用了含碱量分别为0.55%、1.13%、1.25%及1.42%的4种水泥,其中采用

图2-29 遭受碱—骨料反应破坏的混凝土结构

含碱量 1.42％的水泥混凝土部位裂缝最为明显。从混凝土结构上钻芯取样发现,安山岩骨料颗粒与高碱水泥浆体接触面发生了化学反应,出现了白色硅酸钠物质,这就是最早发现的碱—骨料反应。为此,美国从 1941 年开始限制水泥含碱量,当混凝土所用的骨料具有活性时,规定水泥含碱量不得超过 0.6％。

2.抑制碱—骨料反应的措施

混凝土发生碱—骨料反应需要 3 个必要条件,即水泥石中碱含量较高(通常需要 $Na_2O+0.658K_2O>0.6\%$),骨料中含有活性 SiO_2 或活性碳酸盐,有水存在。碱—骨料反应严重降低混凝土结构物的耐久性,而在有些国家和地区,受自然资源的限制,又不得不使用含碱活性物质的骨料。例如我国青藏高原上的骨料都具有碱活性,但又不可能将非碱活性的骨料长途运输到高原。所以青藏铁路工程所用的骨料均是碱活性骨料。因此,可以考虑从以下几个方面采取措施抑制碱—骨料反应。

(1)开发低碱水泥,尽量降低混凝土中碱性物质的含量。目前我国标准规定,在存在碱—骨料反应的危险时,工程所用水泥中($Na_2O+0.658K_2O$)含量须小于 0.6％;同时混凝土中的碱含量低于 $3kg/m^3$。

(2)在水泥或混凝土中掺入火山灰质混合材料。火山灰质混合材料中活性 SiO_2 成分较多,相当于骨料中的碱活性物质,在水泥水化反应早期,这些活性成分就与水泥中的碱性物质反应,避免了硬化后的碱—骨料反应。此外,在混凝土拌合物还处于塑性阶段时生成膨胀性物质,不会对混凝土结构造成危害,反而会使混凝土更加密实。已有的研究成果表明,使用掺混合材料的水泥,或在拌制混凝土时掺入粉煤灰、矿渣粉等活性掺合料对抑制碱—骨料反应具有良好的效果。

(3)降低混凝土的水胶比。低水胶比的混凝土致密性好,内部湿度低,外界水分难于渗入,可以降低碱—骨料反应发生的危险性。

(4)掺入引气剂或引气减水剂。引气剂或引气减水剂可使混凝土中产生许多分散的微小气泡,可吸收膨胀作用,对减轻碱—骨料反应造成的膨胀裂缝起到缓解作用。

七、混凝土结构耐久性设计

所谓混凝土的耐久性设计,即根据结构物的使用环境、寿命要求等条件来确定控制耐久性的指标,并根据耐久性指标进行混凝土的配合比设计。混凝土结构及其构件的耐久性,应根据不同的设计使用年限及其相应的极限状态和不同的使用环境类别及其作用等级进行设计。同一结构中的不同部件由于所处的局部环境有异,应予区别对待。结构的耐久性设计必须考虑使用过程中的维修与检测要求。结构或其构件的设计使用年限必须是具有一定安全度或可靠指标的使用年限。

结构的设计使用年限可按表 2-25 的分级选取。

对于特殊重要的结构物,其设计使用年限可大于 100 年。一般工业厂房结构的设计使用年限,因现代生产工艺的快速发展或根据实际需要可定为30年。当结构的使用年限预期会因服务功能的快速变化(如桥梁通行能力的增长)而较早终结时,则结构的设计使用年限可低于表中的规定,如取为30年。当环境作用特别严酷,要求较长的使用年限受到技术上的制约或不再经济时,则在有关主管部门和业主的同意下,可按较低的设计使用年限进行设计,但一般不应低于30年。

结构的设计使用年限分级　　　　　　　　　　　表 2-25

级　别	设计使用年限	名　　称	举　　例
一	约 100 年	重要建筑物	标志性、纪念性建筑物,大型公共建筑物(如大型的博物馆、会议大厦和文体卫生建筑),政府的重要办公楼,大型宾馆,大型电视塔等
		重要土木基础设施工程	大型桥梁,隧道,高速和一级公路上的桥涵,城市交通干线上的大型桥梁、大型立交桥,城市地铁轻轨系统等
二	约 50 年	一般建筑物和构筑物	一般民用建筑(如公寓、住宅及中小型商业和文体卫生建筑),大型工业建筑
		次要的土木设施工程	二级公路和城市一般道路上的桥涵
三	约 30 年	不需较长寿命的结构物、可替换的易损构件	某些工业厂房

注:表中年限指最低设计使用年限。

1. 环境分类与环境作用等级

根据对钢筋和混凝土材料的腐蚀作用机理,将结构所处环境分为5类(表2-26)。对每一种环境作用,按其对配筋(钢筋和预应力筋)混凝土结构侵蚀的严重程度分为6级(表2-27)。

环 境 分 类　　　　　　　　　　　表 2-26

类别	名　　称	类别	名　　称
I	碳化引起钢筋锈蚀的一般环境	V	其他化学物质引起混凝土腐蚀的环境
II	反复冻融引起混凝土冻蚀的环境	V_1	土中和水中的化学腐蚀环境
III	海水氯化物引起钢筋锈蚀的近海或海洋环境	V_2	大气污染环境
IV	除冰盐等其他氯化物引起钢筋锈蚀的环境	V_3	盐结晶环境

环 境 作 用 等 级　　　　　　　　　　　表 2-27

作 用 级 别	作用程度的定性描述	作 用 级 别	作用程度的定性描述
A	可忽略	D	严重
B	轻度	E	非常严重
C	中度	F	极端严重

2.配制耐久混凝土的一般途径

(1)选用低水化热和含碱量偏低的水泥,尽量避免使用早强水泥和高 C_3A 含量的水泥。

(2)选用坚固耐久、级配合格、粒形良好的洁净骨料。

(3)使用优质粉煤灰、矿渣等矿物掺合料或复合矿物掺合料;除特殊情况外,矿物掺合料应作为耐久混凝土的必需组分。

(4)尽可能使用优质的引气剂,将适量引气作为配制耐久混凝土的常规手段。

(5)尽量降低拌和水用量,为此应使用高效减水剂。

(6)限制单方混凝土中胶凝材料的最低和最高用量,为此应特别重视混凝土骨料的级配及粗骨料的粒形要求。

(7)尽可能减少混凝土胶凝材料中的硅酸盐水泥用量。

3.配制耐久混凝土时对所用材料的要求

配筋混凝土的最低强度等级、最大水胶比和胶凝材料的最低用量宜满足表 2-28 的规定。混凝土的胶凝材料总量不宜高于 $500kg/m^3$。大掺量矿物掺合料的混凝土的水胶比宜控制在 0.45 以下,并不应大于 0.5。

冻融环境下的混凝土应采用引气混凝土,引气量应符合表 2-24 的要求;处于 C 级和 C 级以上环境作用下的混凝土必须外加引气剂,并应满足表 2-24 的要求;B 级环境作用下的混凝土如不引气,此时的混凝土最低强度等级和最大水胶比应按提高一个作用等级从表 2-28 中选用。

最低强度等级、最大水胶比和胶凝材料最小用量(单位:kg/m^3)　表 2-28

使用期限级别 环境作用等级	一			二			三		
	最低强度等级	最大水胶比	胶凝材料最小用量	最低强度等级	最大水胶比	胶凝材料最小用量	最低强度等级	最大水胶比	胶凝材料最小用量
A	C30	0.55	290	C25	0.60	260	C25	0.65	260
B	C30	0.55	290	C30	0.55	290	C25	0.60	260
C	C40	0.50	320	C35	0.50	320	C30	0.55	320
D	C40	0.40	350	C40	0.45	350	C35	0.50	350
E	C45	0.36	410	C40	0.40	350	C40	0.45	360
F	C45	0.36	410	C45	0.36	410	C40	0.40	380

对于处于室外环境特别是严重腐蚀环境下的混凝土虽无抗冻要求,也可通过引气提高其耐久性。对于不同使用年限和不同环境条件的混凝土抗冻性,也可提出如表 2-29 所示的耐久性指数要求。

混凝土抗冻性的耐久性指数 DF（单位:%）　　表 2-29

使用年限级别	一			二			三		
环境条件	高度饱水	中度饱水	盐与化学腐蚀下冻融	高度饱水	中度饱水	盐与化学腐蚀下冻融	高度饱水	中度饱水	盐与化学腐蚀下冻融
严寒地区	80	70	90	70	60	80	60	50	70
寒冷地区	70	60	90	60	50	80	50	40	70
微冻地区	60	60	70	50	40	60	40	30	50

氯盐锈蚀环境下的配筋混凝土应采用大掺量矿物掺合料混凝土；单掺粉煤灰的掺量不宜小于 30%，单掺磨细矿渣的掺量不宜低于 50%，且宜复合使用粉煤灰和硅灰、粉煤灰和矿渣或两种以上的矿物掺合料。同时，应严格限制混凝土各种原材料（水泥、矿物掺合料、骨料、外加剂和拌和水等）中的氯离子含量，尽可能降低从原材料引入混凝土中的氯离子量。对于钢筋混凝土，硬化混凝土的氯离子含量不应超过胶凝材料量的 0.1%，预应力混凝土不得超过胶凝材料量的 0.06%。氯盐引起钢筋锈蚀环境下的配筋混凝土重要工程，设计时宜提出混凝土抗氯离子侵入性能的指标。用 ASTM C1202 快速电量法测定的混凝土 56d 龄期的电量值宜满足表 2-30 的要求。

混凝土抗氯离子侵入性指标　　表 2-30

使用年限级别	一		二	
作用等级 抗侵入性指标	D	E	D	E
电量值(56d 龄期)(C)	<1200	<800	<1500	<1000

第九节　混凝土的配合比设计与质量控制

一、混凝土配合比设计原则与方法

1.混凝土配合比设计的基本要求

单位体积混凝土中各组成材料的用量叫做配合比。配合比设计，即通过计算和试验确定混凝土中各组成材料的数量及其比例关系的过程。配合比通常用每立方米混凝土各材料的质量表示（单位为 kg/m^3），或者以水泥质量为1，其他组成材料与水泥质量之比来表示。水泥、粉煤灰、矿渣粉、水、外加剂、砂、石等基本材料的用量，分别用符号 m_c、m_{FA}、m_{Sl}、m_w、m_{Aj}、m_s、m_g 来表示。

混凝土配合比要满足以下几方面的要求。

(1)满足结构设计的强度要求。

(2)满足施工和易性要求。

(3)满足混凝土的耐久性要求。

(4)在满足以上要求的同时尽量降低成本。

混凝土配合比设计中,骨料以干燥状态为基准。所谓干燥状态,是指细骨料含水率小于 0.5%,粗骨料含水率小于 0.2%,外加剂的体积忽略不计。

2.混凝土配合比设计的资料准备

混凝土是由多组分材料组成的复合材料。配合比设计不仅取决于混凝土的性能要求,而且取决于各组成材料的性能指标。因此,在进行混凝土配合比设计之前,要充分了解预配混凝土的性能要求,施工方法及工作环境条件,各组成材料的品种、等级,进行必要的原材料试验,取得原始数据。

(1)掌握混凝土的设计强度等级 $f_{cu,k}$ 及所要求的强度保证率 P,以及施工管理水平,以确定混凝土的配制强度。

(2)了解施工方法及和易性要求,以确定混凝土的用水量及是否使用外加剂。

(3)了解结构物所处的环境条件,例如温度范围、湿度变化、是否长期接触腐蚀性介质,明确对结构物的耐久性要求。

(4)明确构件尺寸及配筋状况,以确定骨料的最大粒径 D_m。

(5)掌握原材料性能数据。

①水泥　根据混凝土的强度、耐久性要求合理选用水泥品种及强度等级,并通过试验测定水泥的实际强度(f_{ce})、凝结时间、安定性及密度(ρ_c)等物理力学性能指标。

②骨料　选定骨料品种,明确粗骨料的最大粒径(D_m)、砂的细度模数(M_x)、级配状况,以及粗细骨料的表观密度(ρ_s、ρ_g)、堆积密度(ρ_s'、ρ_g');骨料的含泥量、泥块含量、针片状颗粒含量及压碎指标值等必须满足要求。

③水　采用洁净的淡水。

④矿物掺合料　根据工程需要,确定是否使用矿物掺合料,选择矿物掺合料的品种和质量等级,并测定矿物掺合料的细度、活性系数、密度、需水量等性能指标。

⑤外加剂　根据施工需要或混凝土的性能要求选用外加剂种类、品种,并进行必要的性能指标试验。

3.求配制强度($f_{cu,0}$)

在进行混凝土配合比设计时,首先要确定配制强度 $f_{cu,0}$,其步骤如下。

①根据结构设计要求,给出混凝土的设计强度等级 $f_{cu,k}$。

②给定混凝土强度保证率 P,一般工程多数为 95%。

③利用统计数据或根据施工水平求出标准差值 σ。如根据本单位同类混凝土的统计资料,可按照公式(2-23)计算标准差。

$$\sigma = \sqrt{\frac{\sum_{i=1}^{N} f_{cu,i} - N\mu_{f_{cu}}^2}{N-1}}$$ (2-23)

式中：$f_{cu,i}$——统计周期内第 i 组混凝土试件的立方体抗压强度值，MPa；

$\quad\quad N$——统计周期内相同强度等级混凝土试件组数，不得少于 25 组；

$\quad\quad \mu_{f_{cu}}$——统计周期内 N 组混凝土试件立方体抗压强度平均值，MPa。

计算强度标准差时，混凝土试件组数不应少于 25 组；当混凝土的强度等级为 C20 和 C25 时，若强度标准差计算值小于 2.5MPa，则取标准差不小于 2.5MPa；当强度等级大于等于 C30 时，若强度标准差计算值小于 3.0MPa，则取标准差不小于 3.0MPa。当没有统计资料可用于计算混凝土强度标准差时，可按照表 2-31 取值。但对于高强混凝土（大于 C50），其强度标准差取值还要大。

混凝土抗压强度标准差取值 表 2-31

混凝土设计强度等级	低于 C20	C20～C35	高于 C35
σ(MPa)	4.0	5.0	6.0

④混凝土平均强度与设计强度等级之差与标准差之比为概率系数 t。当混凝土强度保证率为 95％时，$t=1.645$。

⑤计算混凝土的配制强度 $f_{cu,0}$。如果没有特殊要求，在我国通常要求结构物的强度保证率为 95％，因此可按公式(2-24)计算混凝土的配制强度。

$$f_{cu,0} = f_{cu,k} + t\sigma = f_{cu,k} + 1.645\sigma$$ (2-24)

4. 确定基本参数

混凝土配合比设计的核心内容是确定 3 个基本参数，即水灰比、单位用水量及砂率。

(1)水灰比(W/C)或水胶比(W/B)

水灰比即单位体积混凝土中的用水量与水泥质量之比。当混凝土强度等级小于 C60 时，根据混凝土的配制强度、所用水泥的强度及骨料种类，由鲍罗米公式(2-19)导出公式(2-25)，可以计算得出水灰比。

$$\frac{W}{C} = \frac{\alpha_a f_{ce}}{f_{cu,0} + \alpha_a \alpha_b f_{ce}}$$ (2-25)

式中：$f_{cu,0}$——混凝土配制强度，MPa；

$\quad\quad C/W$——水灰比，单方混凝土中用水量与水泥用量之比；

$\quad\quad \alpha_a、\alpha_b$——回归系数，与骨料品种有关，应根据工程所使用的水泥、骨料，通过试验建立灰水比与混凝土强度的关系式，进行回归确定，当不具备条件进行试验或工程规模不大时，可采用表 2-22 给出的经验值；

$\quad\quad f_{ce}$——水泥 28d 抗压强度实测值。

由式(2-25)计算得到的水灰比可满足强度要求。根据混凝土构件所处的环境条件,水灰比还必须同时满足耐久性要求。

如果使用矿物掺合料,式(2-25)不再适用,其水胶比 W/B(用水量与总胶凝材料用量之比)由经验确定。

(2)单位用水量(m_{w0})

单位用水量即 $1m^3$ 混凝土的用水量。水胶比在 $0.40\sim0.70$ 范围内时,根据粗骨料的品种粒径及施工要求的混凝土拌合物稠度确定用水量。对于常用的泵送混凝土,用水量一般在 $160\sim200kg/m^3$ 范围内取值。

水胶比 W/B、胶凝材料用量 m_{c0} 和单位用水量 m_{w0} 存在如式(2-26)所示的关系。通常在事先确定 W/B 和 m_{w0} 后,由式(2-26)确定胶凝材料用量,并根据经验考察是否在合理范围内,否则需要对这 3 个参数进行调整。

$$m_{c0} = \frac{m_{w0}}{W/C} \qquad (2-26)$$

与水灰比同样,水泥用量也要根据耐久性要求进行校核,计算得到的水泥用量不得小于耐久性要求的最小水泥用量。如果使用含有矿物掺合料的复合胶凝材料,根据胶凝材料组成的变化,其水胶比、胶凝材料用量和用水量都需要根据经验调整。

当进行混凝土配合比设计时,混凝土的最大水灰比和最小水泥用量应符合表 2-32 中的规定。对混凝土结构的耐久性有特别要求,并使用复合胶凝材料时,混凝土的最大水胶比和最小胶凝材料用量应符合表 2-28 中的规定。

混凝土的最大水灰比和最小水泥用量 表 2-32

环境条件	结构物类别		最大水灰比			最小水泥用量(kg)		
			素混凝土	钢筋混凝土	预应力混凝土	素混凝土	钢筋混凝土	预应力混凝土
干燥环境	正常居住或办公用房屋的室内部件		不作规定	0.65	0.60	200	260	300
潮湿环境	无冻害	高湿度的室内部件 室外部件 在非侵蚀性土和(或)水中的部件	0.70	0.60	0.60	225	280	300
	有冻害	经受冻害的室外部件 在非侵蚀性土和(或)水中且经受冻害的部件 高湿度且经受冻害的室内部件	0.55	0.55	0.55	250	280	300
有冻害和除冰剂的潮湿环境	经受冻害和除冰剂作用的室内和室外部件		0.50	0.50	0.50	300	300	300

（3）砂率

砂率即混凝土中砂的用量占骨料总量的百分率。

$$\beta_s = \frac{m_{s0}}{m_{s0} + m_{g0}} \times 100\% \qquad (2\text{-}27)$$

式中：β_s——砂率，%。

砂率可以根据水灰比值和粗骨料的品种、粒径，由表 2-33 来确定；也可以根据以粗骨料为骨架，砂子填充粗骨料之间的空隙，同时略有富余的原则，通过计算来确定砂率。表 2-33 适用于水灰比在 0.40～0.70、坍落度值在 10～60mm 范围内的混凝土。对于坍落度超出该范围的混凝土，可在表 2-33 的基础上，按坍落度每增大20mm，砂率增大 1% 的幅度予以调整。泵送混凝土的砂率较高，通常在 42%～45% 以上。坍落度小于 10mm 的混凝土，其砂率应由试验确定。对于水灰比超出表中范围的混凝土，可根据试验确定。

混凝土的砂率（单位：%）　　　　　　　　表 2-33

水灰比	卵石最大粒径(mm)			碎石最大粒径(mm)		
(W/C)	10	20	40	16	20	40
0.40	26～32	25～31	24～30	30～35	29～34	27～32
0.50	30～35	29～34	28～33	33～38	32～37	30～35
0.60	33～38	32～37	31～36	36～41	35～40	33～38
0.70	36～41	35～40	35～40	39～44	38～43	36～41

注：1. 本表数值系中砂的选用砂率，对细砂或粗砂，可相应地减少或增大砂率。

　　2. 只用一个单粒级粗骨料配制混凝土时，砂率应适当增大。

　　3. 对薄壁构件，砂率取偏大值。

5. 粗骨料和细骨料用量的确定

（1）质量法

基本原理：1m³ 混凝土的质量（即混凝土的表观密度）等于各组成材料的质量之和，可用式（2-28）表示。

$$m_{b0} + m_{w0} + m_{s0} + m_{g0} = m_{cp} \qquad (2\text{-}28)$$

式中：m_{b0}——1m³ 混凝土的胶凝材料用量，kg；

　　　m_{w0}——1m³ 混凝土的用水量，kg；

　　　m_{s0}——1m³ 混凝土的细骨料用量，kg；

　　　m_{g0}——1m³ 混凝土的粗骨料用量，kg；

　　　m_{cp}——1m³ 混凝土拌合物的假定质量，一般取 2350～2450kg/m³。

将已经初步确定的胶凝材料用量、单位用水量等参数代入式（2-28），并与砂率公式（2-27）联立，即可求出 1m³ 混凝土中粗、细骨料的用量。

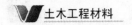

（2）体积法

> 基本原理：混凝土拌合物的体积，等于其组成材料的绝对体积及其所含少量气孔体积之和，可用式(2-29)表示。

$$\frac{m_{c0}}{\rho_c}+\frac{m_{w0}}{\rho_w}+\frac{m_{s0}}{\rho_s}+\frac{m_{g0}}{\rho_g}+0.01\alpha=1 \qquad (2\text{-}29)$$

> 式中：ρ_c——水泥的密度，kg/m^3，如果没有直接测定，可在 2900～3100kg/m^3 的范围内取值；
>
> ρ_w——水的密度，kg/m^3，取 1000kg/m^3；
>
> ρ_s——细骨料的表观密度，kg/m^3；
>
> ρ_g——粗骨料的表观密度，kg/m^3；
>
> α——混凝土含气量百分数，不使用引气剂时，取 $\alpha=1$。

将已经初步确定的水泥用量、单位用水量等参数代入式(2-29)，并与砂率公式(2-27)联立，即可求出 1m^3 混凝土中粗、细骨料的用量。如果使用复合胶凝材料，则需要根据其各种组分的密度和比例，计算出平均密度，代替水泥的密度进行计算。

通过上述计算已求出混凝土的初步配合比，用 1m^3 混凝土各材料的用量（m_{c0}、m_{w0}、m_{s0}、m_{g0}）表示。

6. 试配及基准配合比的确定

由于混凝土性能受原材料及施工方法的影响较大，具有较大波动性。通过计算得到的初步配合比不能直接用于实际工程，而必须在试验室经过试配检验、实测并调整拌合物的和易性，使之满足设计要求，确定出和易性满足要求的基准配合比。

为了检验拌合物的和易性，应至少试拌 15L 混凝土。首先，按照计算得到的初步配合比称量各组成材料量，分别为 $C_{拌}$、$W_{拌}$、$S_{拌}$、$G_{拌}$，按标准方法搅拌均匀，测定该拌合物的坍落度或维勃稠度，并目测观察粘聚性和保水性。如果坍落度或维勃稠度不满足要求，或粘聚性和保水性不良，可通过调整化学外加剂的种类和掺量来调整。其次，测定混凝土拌合物的密度，并根据实测密度对混凝土配合比中的粗细骨料用量进行调整。按调整后的配合比再次称量各组成材料量，进行试拌，确定混凝土拌合物满足设计要求，得到基准配合比。

7. 强度试验及设计配合比的确定

经试拌调整，和易性满足要求的基准配合比，其强度是否满足实际要求，还需要制作试件并在标准条件下养护至 28d 龄期，测定其强度后才能确定。为此，基准配合比确定之后，需要在试验室内按标准规定的方法制作试件，并进行强度试验。

为了保证强度试验在一个周期内（28d）完成，强度试验应至少采用 3 个不同的配合比同时进行，其中一个是基准配合比，另外两个配合比的水灰比分别较基准配合比增加和减少 0.05，用水量与基准配合比相同，砂率可分别增加或减少 1%，并相应增减化学外加剂掺量，以保持和易性不变。同时将制作的混凝土试件（每个配合比至少制作一组,3 个试块)在标准条件下养护至 28d 试压,测定各个配合比的混凝土强度标准值。

根据强度试验结果,对水胶比、胶凝材料用量和用水量进行适当调整,并同时调整粗细骨料的用量,由此可提供混凝土的设计配合比。

8. 计算施工配合比

经试配、调整,和易性和强度均满足要求时得到的设计配合比可以在工程中实际使用。但是如果骨料是露天堆放的,在拌制混凝土之前,还要测定粗、细骨料的含水率,在称量骨料时多称量的这部分水在量水时应扣除,即将设计配合比换算成施工配合比。计算方法为:

$$
\left.
\begin{aligned}
m_s' &= m_s(1 + a\%) \\
m_g' &= m_g(1 + b\%) \\
m_w' &= m_w - m_s a\% - m_g b\% \\
m_c' &= m_c
\end{aligned}
\right\}
\tag{2-30}
$$

式中: a、b——分别为细骨料和粗骨料的含水率百分数;

m_c'、m_w'、m_s'、m_g'——分别为施工时 $1m^3$ 混凝土中胶凝材料、水、细骨料、粗骨料等各材料的实际称量数量,kg,即施工配合比。

二、混凝土的质量控制与评定

1. 混凝土的质量波动性及其规律

(1)质量波动的因素

混凝土是多组分、多相、非均质复合材料,其组成、结构和性能都具有波动性。即使采用相同配比、相同材料、同时制作的混凝土试件,其强度值也不完全相同。可见,混凝土的质量具有很大波动性。造成混凝土质量波动的原因有以下几个方面。

①原材料。相同品种、相同强度等级的水泥的实际强度值也不完全相同,骨料中的杂质含量、级配、含水率、粒形等特性均有波动,原材料在存储期间也会发生一些质量变化。

②施工过程。称量材料时可能存在误差,在混凝土的搅拌、浇筑及振捣等过程中操作存在差异,养护期间温度、湿度可能有一些变化。

③试验方法。试件的制作、留置及取样的差异,强度试验时加载速度与读数的误差,试验机的性能差异等。

(2)混凝土强度的波动规律——正态分布

大量试验结果表明,混凝土的强度试验值是一个随机变量,其波动规律符合正态分布。即以某一强度值 f 为目标配制混凝土并制作多组强度试件,分别测定其强度值,所得到的各组混凝土强度值的分布规律是一条以 f 为对称轴的正态分布曲线

（如图 2-30 所示），该曲线有如下特点。

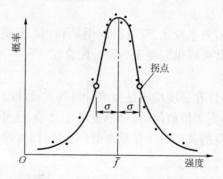

图 2-30　混凝土强度分布曲线

①越接近对称轴，强度值出现的概率越大。即大多数混凝土试件的强度值接近目标强度值 f，但分布在 f 的两侧。

②混凝土强度值出现在 f 左右的概率各 50%，即只有一半混凝土试件的强度值大于等于 f。也就是说，如果按照某一目标强度配制混凝土，实际混凝土的强度保证率只有 50%。

③在对称轴两侧的曲线上各有一个拐点，两拐点之间的曲线向上凸，拐点外侧的曲线向下凹，并以横轴为渐近线。拐点到对称轴之间的距离为标准差 σ。σ 值越小，正态分布曲线的形状越高而窄，表明混凝土的强度值较集中于对称轴附近，强度波动较小，质量控制水平好；σ 值越大，曲线越矮而宽，表明混凝土强度值分散、离散性大，质量控制水平较差。

为了保证建筑物的安全，通常需要 95% 以上的混凝土试件的强度值大于等于 f，因此要求混凝土配制强度大于目标强度值。配制强度的大小，取决于设计要求的保证率和施工质量水平。保证率越高，施工质量越低，其配制强度越应提高。

2. 混凝土施工质量控制图

为了便于及时掌握并分析混凝土质量变化情况，常将质量检验得到的各项指标，如混凝土的坍落度、水胶比和强度等，绘制成质量控制图，这样可以及时发现问题，采取措施，以保证施工质量的稳定性。例如混凝土强度质量控制图（图 2-31）中，纵坐标为混凝土试件强度，横坐标为试件编号或测试日期。

当绝大多数绘点均匀分布在中心控制线两侧一定范围内时，可认为生产过程无异常因素影响，只有偶然因素作用，生产处于控制状态。当控制图上的绘点过多地超出 3σ 控制界限，或出现以下状态时，应认为生产过程处于失控状态。

（1）绘点在中心线一侧连续出现 5~7 点以上时。

（2）绘点在中心线一侧出现很多次时。

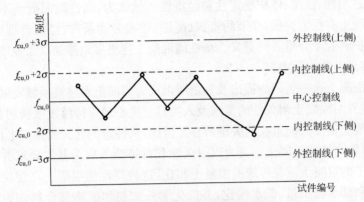

图 2-31　混凝土强度质量控制图

（3）绘点出现按顺序连续上升或下降 7 点及以上时。

（4）连续超出内控制线，并接近 3σ 控制界限时。

（5）几乎所有的绘点都集中在中心线附近时。

上述事件的发生都属于小概率事件，在正常生产状态下，几乎是不发生的。因此一旦出现，意味着很可能存在影响生产的系统因素，就需要对生产过程的控制状态进行检查。

第十节　高性能混凝土和高强混凝土

一、高性能混凝土

高性能混凝土（High Performance Concrete）一词的出现不过是近二十年的事，正像高强混凝土的"强度"区别于普通混凝土所常用的强度一样，高性能混凝土的"性能"应该区别于传统混凝土的性能。但是高性能混凝土不像高强混凝土那样，可以用单一的强度指标予以明确定义。不同的工程对象在不同场合对混凝土的各种性能有着不同的要求，所以高性能混凝土在性能上也有不同的特点。这使得高性能混凝土成为一个含义不十分明确的名词，并可随不同的使用对象与地区而变。但是由于传统混凝土在现阶段所暴露出来的问题主要集中反映在耐久性上，所以高性能混凝土的提出首先是基于耐久性的要求，或者说现阶段的高性能混凝土多是以耐久性作为其主要特色的。

我国的混凝土科学家吴中伟定义高性能混凝土为一种新型高技术混凝土，是在大幅度提高普通混凝土性能的基础上采用现代混凝土技术制作的混凝土，是以耐久性作为设计的主要指标，针对不同用途的要求，对下列性能有重点的加以保证：耐久性、施工性、适用性、强度、体积稳定性和经济性。他认为,高性能混凝土不仅在性能上对传统混凝土有很大突破,在节约资源、能源、改善劳动条件、经济合理等方面,尤其对环境保护有着十分重要的意义。高性能混凝土应更多地掺加以工业废渣为主的掺合料,更多地节约水泥熟料。

高性能混凝土这一名词的提出及其之所以成为当前土木建筑领域发展研究的热点,显然与世界对混凝土耐久性的需求及人类日益关心的可持续发展密切相关,这正是高性能混凝土倍受人们重视的关键所在。因此,从特定的含义或狭义上说,至少在现阶段,可以将高性能混凝土定义为以耐久性和可持续发展为基本要求并适合工业化生产与施工的混凝土。与传统的混凝土相比,这种高性能混凝土在配比上的特点是低用水量和低水泥用量、低水胶比,并以化学外加剂和矿物掺合料作为水泥、水、砂、石之外的必需组分。

高性能混凝土并不是与传统混凝土有明显差异的新品种混凝土。高性能混凝土特别重视其组成、结构和性能的均值性。在此基础上,可以使用普通原材料和通常的工艺,生产出耐久性优良的高性能混凝土。

为了获得优良耐久性,高性能混凝土的水胶比较低,大量使用矿物掺合料,还使用各种化学外加剂调节其性能。高性能混凝土中水泥石的结构特点如下:

(1)孔隙率很低,基本上没有大于 100nm 的大孔。

(2)水化产物中 $Ca(OH)_2$ 含量较少,C-S-H 凝胶量较多。

(3)存在一定量的未水化胶凝材料颗粒。

(4)硬化胶凝材料浆体与骨料间的过渡区较薄,孔隙率低,其中的 $Ca(OH)_2$ 晶体尺寸小,取向度低,更接近水泥石本体内的情形。

二、高强混凝土

高强混凝土的概念随着时代的进步、混凝土技术水平的发展及人们对混凝土强度期望值的提高而变化。20 世纪 50 年代,强度达到 35MPa 以上的混凝土就被认为是高强混凝土,到 60 年代以后,40~50MPa 的混凝土被认为是高强混凝土。《高强混凝土结构设计与施工指南》(HSCC—99)中将强度等级大于等于 C50 的混凝土称为高强混凝土。

高强混凝土主要应用于高层、大跨度、巨型和重载,以及在恶劣环境条件下工作的结构物。对高层建筑而言,混凝土强度高,意味着可缩小构件截面,减轻自重。C60 混凝土柱截面若为 700mm×700mm,采用 C120 的混凝土只需 400mm×400mm 就可以了,截面积可减小 68%;混凝土抗压强度从 41MPa 增加到 83MPa,结构物跨度可增加 30%。可见采用高强混凝土,对于节省材料、增加使用空间效果显著。在桥梁结构中采用高强混凝土,能有效地降低桥梁构件的自重和提高结构刚度,有利于增大桥跨,减小桥墩,或者缩小结构的截面高度,增加桥下净空。更为重要的还在于采用高强混凝土可以增加桥梁的使用寿命,降低平时的维修费用及重建费用。

1. 高强混凝土的原材料和配合比

与普通混凝土相比,高强混凝土在原材料和配合比上主要有两点不同,即低水灰比和多组分,这都是为了增加混凝土的密实程度,改善骨料和硬化水泥浆之间的界面性能,从而达到高强和耐久的目的。

降低水灰比是使混凝土减少孔隙并达到高强的最主要途径。要使低水灰比的混凝土拌合物有良好的工作性,就必须加入高效减水剂。外加比水泥颗粒更细的矿物掺合料是混凝土获得高强的又一重要手段。超细掺合料不仅有较高的化学活性,更为重要的是它能够进一步改善混凝土拌合物的工作性和稳定性,提高混凝土的密实程度。

硅粉是制备 C80 以上超高强混凝土必不可少的矿物掺合料,其对混凝土的增强作用非常显著。掺加硅粉的混凝土特别早强和耐磨,很容易获得高强,而且耐久性优良。掺加硅粉时混凝土的水胶比宜控制在 0.3 以下。但掺加硅粉也有如下不足之处:硅灰的水化作用快,不能降低混凝土的水化热;需水量稍大,自身收缩也大;极易飞扬,给运输、拌和等操作带来许多不便;价格较高,使用时常取较少的掺量(一般为胶凝材料总重的 5%~10%,不高于 15%),并与其他矿物掺合料复合使用(此时的硅粉掺量可低到胶凝材料总量的 2%)。

粗骨料的性能对高强混凝土的抗压强度及弹性模量起到决定性的制约作用,如果骨料强度不足,其他提高混凝土强度的手段都起不到作用。当混凝土强度等级在 C70~C80 及以上时,仔细检验粗骨料的性能就变得十分重要。但对 C50~C60 混凝土,通常对粗骨料的要求并无过于挑剔之处,虽然不同的粗骨料对较低等级的高强混凝土的性能也有明显影响。用于高强混凝土的粗骨料宜选用坚硬密实的石灰岩或辉绿岩、花岗岩、正长岩、辉长岩等深层火成岩碎石。在一定范围内,粗骨料的吸水率越低、密度越高,配制的混凝土强度就越高。

粗骨料的颗粒越大,颗粒本身的强度越低,反而会使混凝土的抗渗性能变差,所以配制高强混凝土时应选用粒径小于 20mm 的碎石。对于配制强度等级不太高的高强混凝土,骨料的级配和粒形是否良好可能比骨料本身的强度更为重要,它们直接影响骨料的空隙率大小,从而影响混凝土的单位用水量和强度。骨料中针片状颗粒含量越多,空隙率越大,单位用水量越大,强度相应越低。

高强混凝土最好使用细度模数较大的中、粗砂,以减少拌合物需水量。细骨料中的黏土及云母含量应尽量的低。

高强混凝土的组分较为复杂,还必须考虑减水剂的作用及减水剂与胶凝材料的相容性问题,所以采用普通混凝土的配合比设计方法,仅根据强度与水灰比的关系进行设计是不合适的。高强混凝土配合比设计现在尚无通行的、被广泛接受的方法。它的配合比只能参照有关资料或经验,通过仔细的试配并反复修改后确定。

高强混凝土试配时可以先设定胶凝材料用量、水灰比和砂率,用绝对体积法或用容重法算出砂石数量。胶凝材料中的各种组分由经验确定。如拌合物的工作性不能满足要求,可以适当调整高效减水剂用量和用水量,改变砂率和掺合料掺量也能影响拌合物的工作性。

2. 高强混凝土性能特点

(1) 高强混凝土在荷载作用下的行为

高强混凝土的砂浆和石子的弹性模量差别小,界面区的原始微裂缝极少,过渡区得到加强,砂浆和石子协同工作的阶段延长。因此,高强混凝土在破坏前的应力—应变关系几乎始终呈直线关系而无明显塑性变形阶段,达到极限变形时呈现脆性破坏。强度越高,脆性越大,如混凝土强度从 26MPa 提高到 63MPa 时,梁的结构延性比可下降 3 倍。故在高地震烈度地区,应限制使用 C60 以上的高强混凝土;如必须使用,最好是采用钢管混凝土。

高强混凝土的抗拉强度、抗剪强度和粘结强度虽然均随抗压强度提高而提高,但它们与抗压强度的比值却随强度提高而变得越来越小。高强混凝土破坏时的断裂面穿过粗骨料,所以高强混凝土受剪斜裂面上的骨料起不到咬合作用而丧失对抗剪性能的贡献。

高强混凝土的弹性模量和抗拉强度受骨料品种的影响很大。相同抗压强度的高强混凝土由于粗骨料的品种、砂率、浆骨比和含气量不同而在弹性模量上呈现较大差别。所以设计中如需弹性模量和抗拉强度的准确数值时,应该通过实测得到。泵送高强混凝土往往采用偏高的砂率、较多的浆体并引气,因而弹性模量可能显著偏低,收缩量偏大。

高强混凝土的后期强度增长比例要比普通混凝土小得多,尤其是处于空气环境中的掺硅粉混凝土,后期强度很少增加。

(2) 高强混凝土的耐火性能

由于致密程度高,高强混凝土的耐火性能不如普通强度混凝土,在 $100 \sim 350\,^{\circ}\mathrm{C}$ 高温下的强度损失约为 $20\% \sim 30\%$,而普通强度混凝土在这一温度区间的强度甚至有稍许提高;但在更高温度下,二者的强度损失比值则大体相同。高强混凝土内部的水分在受热气化后,不易通过致密的表层散发,在混凝土内部产生较高压力,可导致表皮局部爆裂,崩裂的碎块可对逃生人群产生危害。掺加有机合成纤维有助于提高高强混凝土的抗爆裂性能。

(3) 高强混凝土的水化温升

高强混凝土的水泥用量通常较高,水化温升较大,温升速率快。高水化温升易造成混凝土结构开裂；当混凝土内部温度超过 70～80℃时，如没有掺用粉煤灰或磨细矿渣，还会降低混凝土的强度。如结构构件的截面或体积较大，设计时应对水化温升的影响作出估算，并提出相应的施工方案和措施。

第十一节　其他品种混凝土

一、自密实混凝土

自密实混凝土是具有高流动性、高均匀性、高稳定性，不离析，浇筑时能依靠自身重力流动无需振捣而达到密实的混凝土。自密实混凝土是特别强调工作性能的高性能混凝土，其长期性能与一般混凝土基本相同。

1. 自密实混凝土的自密实性能

自密实混凝土的自密实性能应根据结构物的结构形式、尺寸、配筋状态等进行设定，分为以下 3 个等级。

一级：钢筋最小间距为 35～60mm、结构形状复杂、构件断面尺寸小的钢筋混凝土结构物及构件的浇筑情况。

二级：钢筋最小间距为 60～200mm 的钢筋混凝土结构物及构件的浇筑情况。

三级：钢筋最小间距为 200mm 以上、断面尺寸大、配筋量少的钢筋混凝土结构物及构件的浇筑情况，以及无筋结构物的浇筑情况。

自密实混凝土的自密实性能包括流动性、抗离析性和自填充性，分别采用坍落扩展度试验、V 形漏斗试验、J 形环试验和 U 形箱试验进行评价，对应于各自密实性能等级的指标应符合表 2-34 的要求。

混凝土的自密实性能等级指标　　　　　　　表 2-34

性　能　等　级	一　　级	二　　级	三　　级
适用范围	钢筋最小间距为 35～60mm	钢筋最小间距为 60～200mm	钢筋最小间距为 200mm 以上
坍落扩展度(mm)	700±50	650±50	600±50
T_{50}(s)	5～20	3～20	3～20
V 形漏斗通过时间(s)	10～25	7～25	4～25
静置 5min 后 V 形漏斗通过时间(s)	＜30	＜40	＜40
U 形箱填充高度(mm)	300 以上 (隔栅型障碍 1 型)	300 以上 (隔栅型障碍 2 型)	300 以上 (无障碍)
J 形环	中心无骨料堆积，边缘无泌水，目测环内外无高差		

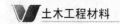

　　自密实混凝土的填充能力,也称流动性,是自密实混凝土的重要特点,即在没有振捣的情况下,填充到模板的各个角落,在水平和垂直方向流淌且在混凝土内部和表面不会引入多余气泡的能力。一般自密实混凝土的填充能力是指自由填充条件下充满模板的能力。

　　自密实混凝土穿越狭窄截面或者密集的钢筋间隙的过程中,其各种成分在障碍附近均匀分布,不发生阻塞和离析的能力称作穿越能力。相比填充能力,穿越能力对自密实混凝土的工作性提出了更高的要求,当自密实混凝土用在狭窄间隙或者密集配筋的情况下时,仅仅测试其填充能力是不够的,还一定要对其穿越能力进行测试。然而,限制条件不同,对自密实混凝土穿越能力的要求也不同,实际工程中应该根据构件尺寸、配筋特点、混凝土流经路径等对自密实混凝土的穿越能力提出具体的指标。

　　自密实混凝土的稳定性(抗离析能力)指的是自密实混凝土在搅拌出机后直至浇注入模、硬化成型期间,各种组分始终保持均匀的能力。它不仅与自密实混凝土拌合物本身的稳定性有关,也跟施工方法、混凝土流经路径及出机到入模的时间有关系。对自密实混凝土稳定性的测试,主要是针对其本身的稳定性。稳定性差的混凝土难以保证硬化后的匀质性,在施工过程中也很容易失去自密实能力。

　　2.自密实混凝土的工作性评价

　　(1)坍落扩展度试验

　　在测定自密实混凝土的坍落度时,同时测定拌合物的直径达到50cm的时间 t_{50},这反映新拌混凝土的变形速率大小。

　　(2)V形漏斗试验

　　V形漏斗试验主要用于评价混凝土拌合物的黏滞性和抗离析性能,主要试验仪器为由塑料或金属制造的、内表面光滑的V形漏斗(图2-32)。试验时,将约10L拌和好的混凝土拌合物装满漏斗,打开下端的底盖,测量拌合物完全排空的时间 t_0,同时观察混凝土拌合物是否有堵塞等情况。拌合物粘滞性越高,流过时间越长,但过高的黏滞性会导致填充能力下降。再次装满漏斗,静置5min后测量拌合物完全排空的时间 t_5。混凝土拌合物抗离析性能不佳时, t_5 会明显大于 t_0。根据两者差值的大小,可判断拌合物抗离析性能(稳定性)好坏。

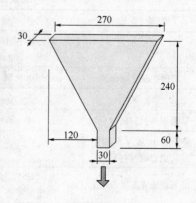

图 2-32　V形漏斗(尺寸单位:mm)

（3）U形仪试验

用U形仪做混凝土拌合物充填性试验被实践证明是评价混凝土拌合物充填性和穿越能力的最有效方法。U形仪（图2-33）分左右两腔，中间用距底板一定距离的隔栅形障碍隔板分开。1型隔栅形障碍以5根直径为10mm的钢筋制成，2型隔栅形障碍以3根直径为13mm的钢筋制成。也可根据结构物的形状、尺寸及配筋状况，结合需要的自密实等级选择相应的障碍和检测标准。试验时，用挡板挡住隔板，将混凝土装入U形容器的左室，与容器上口平齐并抹平表面后，静停1min，拔起中间隔板，左室中的混凝土拌合物将在自重作用下流入右室，待流动停止后测量两腔中混凝土拌合物的高度差和从拉开隔板开始至流动停止的填充时间（图2-34）。根据需要还可以从右室取出拌合物试样进行水洗筛分试验，求出流入右室的混凝土拌合物的粗骨料含量，并求出粗骨料比（水洗筛分试验求出的单位粗骨料量/原始配比中的单位粗骨料量）。根据混凝土流动达到静止的时间可以判断拌合物的黏性或抵抗组分分离性；根据静止后混凝土表面的高度差，可以相对地判断屈服值，反映混凝土拌合物的穿越能力和充填能力。

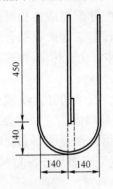

图2-33　U形仪（尺寸单位：mm）

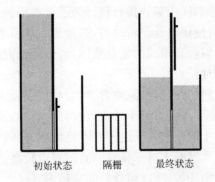

初始状态　　隔栅　　最终状态

图2-34　U形仪试验

（4）J形环试验

J形环试验可检测自密实混凝土通过钢筋障碍的能力，并可检测拌合物的流动性，是一种适用于现场的简易试验方法。

用直径为15mm的钢筋制成直径300mm的圆环，环上竖直焊接直径10mm、长100mm的钢筋（图2-35），垂直钢筋的净间距为粗骨料最大粒径的3倍（粗骨料最大粒径为20mm时焊13根，粗骨料最大粒径为25mm时焊11根）。

将J形环的齿朝下平置于平滑表面上，将坍落度筒置于环中。将混凝土拌合物装满坍落度筒，提起坍落度筒，拌合物将流过J形环，形成环内外高差，坍落扩展度也有所减小（图2-36）。混凝土拌合物环内外高差小于骨料最大粒径、使用环前后的坍落扩展度相差较小为合格。

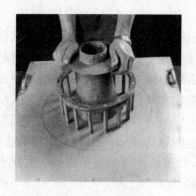

图 2-35　J 形环　　　**图 2-36　混凝土拌合物流过 J 形环后的状态**

3. 自密实混凝土的原材料和配合比设计

（1）自密实混凝土的原材料

自密实混凝土属于高性能混凝土，其对胶凝材料的要求与高性能混凝土相同。为了满足自密实性能的要求，自密实混凝土的浆体总量较大。为了避免水泥用量过大，应掺加优质矿物掺合料。为了调整细粉组成的颗粒级配并避免活性胶凝材料量过多，可使用惰性细粉材料，通常为石灰石粉。由硅酸盐水泥、活性矿物掺合料和惰性掺合料合理组成的复合浆体，可以降低混凝土的需水量和水化放热量，提高拌合物的工作性。

骨料的含泥量、泥块含量大，将使混凝土的需水量增大；石子的针片状颗粒含量高，将使石子的空隙率增大，为达到同样的工作性所需浆体量增大。这些均会对自密实混凝土的自密实性能产生不良影响，同时也会对强度和耐久性造成不利影响。因此自密实混凝土对于骨料的品质要求较高。由于自密实混凝土多用于薄壁构件、密集配筋构件等，所以粗骨料的粒径不宜过大，以小于 25mm 为宜。

由于工作性的要求，自密实混凝土的砂浆量大、砂率高。如果选用细砂，则较大的比表面积将增大拌合物的需水量；若选用粗砂，则会降低拌合物的黏聚性。所以自密实混凝土宜选用偏粗的中砂。

配制自密实混凝土需要使用高减水率、高坍落度保持度和高保水性的高效减水剂。应优先选用聚羧酸系高性能减水剂。为了使拌合物在高流动性的条件下获得适宜的黏度、良好的黏聚性而不离析，自密实混凝土中可适量掺加增黏剂。速凝剂和早强剂等会加快拌合物的工作性损失，不利于自密实混凝土的施工，所以不宜使用。

（2）自密实混凝土的配合比设计

水胶比和水粉比是自密实混凝土配合比设计的重要参数。水粉比是指单位拌和水量与单位粉体量的体积比值。水胶比根据混凝土的设计强度和自密实性能而定。当通过强度设计确定的水胶比与通过自密实性能确定的水胶比不同时，应优先考虑强度要求。单位用水量和水粉比影响着拌合物的抗离析性和自填充性。根据粉体的组成和骨料的品质、所要求的自密实性能和强度等级,选定单位用水量、水粉比和单位粉体量。

单位用水量一般以 $155\sim180kg/m^3$ 为宜。

水粉比宜取 $0.80\sim1.15$。

根据单位用水量和水粉比计算得到单位粉体量。单位粉体量宜满足体积比为 $0.16\sim0.23$。

自密实混凝土的砂率较大,可接近 50%。

外加剂掺量应根据所需的自密实混凝土性能经过试配决定。

二、轻混凝土

表观密度小于 $1950kg/m^3$ 的混凝土叫做轻混凝土。由于轻混凝土中含有较多的孔隙,导热系数小,具有较好的保温、隔热、隔声及抗震性能,主要用于房屋建筑的保温墙体或保温兼结构墙体。近年来,轻混凝土开始用于一些高层建筑的上部楼层的承重墙体和大跨桥梁的桥面板。轻混凝土按其组成可分为:轻骨料混凝土,多孔混凝土(如加气混凝土、泡沫混凝土),大孔混凝土(如无砂大孔混凝土、少砂大孔混凝土)3 种类型。

(1)轻骨料混凝土。由密度较小的轻粗骨料、轻砂(或普通砂)、胶凝材料和水配制成的、干表观密度不大于 $1950kg/m^3$ 的混凝土,即为轻骨料混凝土。若细骨料全部采用轻砂,则称为全轻混凝土;若细骨料全部或部分采用普通砂,则称为砂轻混凝土。

(2)多孔混凝土。在混凝土砂浆或净浆中引入大量气泡而制得的混凝土,称为多孔混凝土。根据引气方法的不同,分为加气混凝土和泡沫混凝土。多孔混凝土的干表观密度只有 $300\sim800kg/m^3$,是密度最小的混凝土。其强度较低,一般为 $5\sim7MPa$,主要用于填充墙体和屋面的建造,也可作为保温隔热材料使用。

(3)大孔混凝土。由间断级配的骨料、胶凝材料和水配制成的混凝土,即为大孔混凝土。由于粗骨料采用间断级配,无细骨料,或仅用很少的细骨料,混凝土内部有大量大孔,因此混凝土的密度较低,密度在 $1000\sim1900kg/m^3$ 之间变化。该类混凝土的强度一般为 $5\sim15MPa$,主要用于混凝土砌块、工业与民用建筑墙体等。

本节中主要介绍轻骨料混凝土。

轻骨料混凝土通常以所用骨料品种命名,例如粉煤灰陶粒混凝土、黏土陶粒混凝土、页岩陶粒混凝土、浮石混凝土、膨胀珍珠岩混凝土等。轻骨料混凝土按照用途,可分为保温轻骨料混凝土、结构保温轻骨料混凝土和结构轻骨料混凝土 3 类。

保温轻骨料混凝土主要用于保温的围护结构或热工构筑物,结构保温轻骨料混凝土主要用于既承重又保温的围护结构,结构轻骨料混凝土主要用于承重构件或构筑物。这3类轻骨料混凝土的强度等级和密度依次提高。

1.轻骨料混凝土的主要技术性质及分类

(1)重度。轻骨料混凝土按照干重度划分为12个等级,如表2-35所示。

轻骨料混凝土的密度等级 表2-35

密度等级	密度的变化范围 (kg/m³)	密度等级	密度的变化范围 (kg/m³)	密度等级	密度的变化范围 (kg/m³)
800	760～850	1200	1160～1250	1600	1560～1650
900	860～950	1300	1260～1350	1700	1660～1750
1000	960～1050	1400	1360～1450	1800	1760～1850
1100	1060～1150	1500	1460～1550	1900	1860～1950

(2)强度。轻骨料混凝土强度等级的确定方法与普通混凝土相似,即按边长为150mm的立方体试件,在标准试验条件下养护至28d龄期测得的、具有95%以上保证率的抗压强度标准值(单位:MPa)来确定,分为CL5、CL7.5、CL10、CLl5、CL20、CL25、CL30、CL35、CL40、CL45及CL50等若干个等级。

影响轻骨料混凝土强度的因素很多,如轻骨料的种类、性质、用量等。轻混凝土强度与其密度关系密切,一般来说,密度越大,强度越高。轻粗骨料颗粒越坚硬,所配制的混凝土强度越高;反之,则强度越低。全轻混凝土的抗压强度低于砂轻混凝土。中、低强度等级的轻骨料混凝土的抗拉强度与抗压强度的比值约为1/5～1/7,略高于普通混凝土。随着强度等级增高,其拉压比值略有下降。

(3)变形性质与导热性质。与普通混凝土相比,轻骨料混凝土受力后变形性较大,弹性模量较小。轻骨料混凝土的干缩性及徐变性均大于普通混凝土。

除以上性质外,轻骨料混凝土还应满足工程使用条件所要求的抗冻、抗碳化等耐久性要求。

2.轻骨料

轻骨料是堆积密度小于1200kg/m³的天然或人工多孔轻质骨料。根据骨料粒径大小,轻骨料分为轻粗骨料和轻细骨料(轻砂);按原料来源,轻骨料又分为天然轻骨料和人造轻骨料。轻骨料颗粒形状分为圆球形、普通型和碎石型。

天然轻骨料是火山喷发过程中,火山岩浆膨胀并急冷形成的具有多孔结构的岩石,如浮石、火山渣、泡沫熔岩和凝灰岩等。人造轻骨料的原料,可为天然原料,如黏土、页岩等;工业副产品,如玻璃珠等;工业废弃物,如粉煤灰、煤渣和膨胀矿渣珠等。目前最常用的人造轻骨料是膨胀黏土陶粒、膨胀页岩陶粒和膨胀粉煤灰陶粒3种。

　　轻骨料的性能直接影响轻骨料混凝土的性质。轻骨料的颗粒级配、粒形、吸水率、堆积密度、筒压强度、最大粒径及有害物质含量等,影响轻混凝土的和易性、强度、表观密度、弹性模量、收缩、徐变及耐久性等性能。轻骨料应考虑以下技术性质。

　　(1)有害物质含量。轻骨料中严禁混入煅烧过的石灰石、白云石和硫化铁等不稳定物质。

　　(2)颗粒级配、最大粒径及粗细程度。轻粗骨料级配规定中只控制最大、最小和中间粒级颗粒的含量及其堆积空隙率。自然级配的轻粗骨料堆积空隙率应不大于50%。

　　若轻粗骨料的最大粒径过大,其颗粒表观密度小、强度较低,会使混凝土强度降低。所以对于保温及结构兼保温轻骨料混凝土用的轻粗骨料,其最大粒径不宜大于40mm;结构轻骨料混凝土用的轻粗骨料最大粒径不宜大于20mm。轻砂的细度模数不宜大于4.0,5mm筛的累计筛余不宜大于10%。

　　(3)堆积密度及其波动性。轻骨料的堆积密度主要取决于骨料的颗粒表观密度、级配及其粒形。为了保证轻骨料的质量,在实际生产中堆积密度的变异系数,对圆球形和普通形的轻粗骨料不应大于0.10,碎石型的轻骨料不应大于0.15。

　　(4)强度与强度等级。强度是评定轻粗骨料品质的重要指标。轻骨料混凝土的破坏机理与普通混凝土有所不同,通常不是沿着砂、石与水泥石的界面破坏,而是轻骨料本身首先破坏。因此轻骨料本身的强度对混凝土强度影响极大。如用轻砂代替普通砂,则强度明显下降。所以轻骨料的强度是一项极其重要的质量指标。

　　测定轻骨料的强度通常采用筒压法,其指标是"筒压强度"。将10~20mm粒级的轻粗骨料按要求装入特制的承压圆筒中,用冲压模压入20mm深时的压力值,除以承压面积所得的值来表示颗粒的平均相对强度。轻粗骨料在圆筒内受力状态是点接触、多向挤压破坏,所测得的只是相对强度,而不是轻骨料颗粒极限抗压强度。

　　轻骨料的强度等级是以轻骨料混凝土的抗压强度表示轻粗骨料的颗粒强度。这种表示方法中,轻骨料所处的状态与实际使用状态一致,能较真实地反映轻骨料的颗粒强度。按照混凝土的合理强度,将轻骨料划分为下列强度等级:5.0、7.5、10、15、20、30、35和40。例如,某轻骨料混凝土的合理强度值为32MPa,则所用轻骨料的强度等级为30。

　　(5)吸水率。轻骨料的吸水率远高于普通骨料。一般黏土陶粒的24h吸水率达到10%以上;粉煤灰陶粒的24h吸水率达到25%以上;页岩陶粒的吸水率较低,一般为5%~15%。轻骨料的吸水率越大,预饱水程度越低,在拌和与运输过程中的吸水程度就越大,对混凝土的工作性的降低程度越大。因此拌制轻骨料混凝土时,需要对轻骨料进行预湿处理。被吸收进轻骨料颗粒内部的水分,在混凝土硬化过程中和以后,会缓慢释放,对混凝土起到内养护作用。

3. 轻骨料混凝土的配合比设计

进行轻骨料混凝土的配合比设计时,除需考虑混凝土的强度、工作性和耐久性外,还需考虑以下 3 个因素:①轻骨料混凝土的密度应符合特定要求;②轻骨料对新拌与硬化混凝土性质的影响;③轻骨料的吸水性能。

轻骨料多孔、轻质,颗粒密度和弹性模量较低,不同种类的轻骨料的颗粒密度和堆积密度变化较大,因此轻骨料混凝土的配合比设计不能像普通混凝土那样采用一个具体的强度公式作为设计的基础和依据。目前轻骨料混凝土的配合比设计主要是通过参数选取和经验公式的指导来进行。

1)设计参数选择

(1)试配强度。轻骨料混凝土的试配强度确定方法与普通混凝土相同,要求有 95% 的保证率。

(2)胶凝材料。轻骨料混凝土所用的胶凝材料包括水泥、粉煤灰、磨细矿渣和硅粉等。

(3)胶凝材料用量。轻骨料混凝土的胶凝材料用量与轻骨料的品种、表面形态、堆积密度等有关。为达到与普通混凝土相同的强度等级,轻骨料混凝土所需的胶凝材料量高于普通混凝土。实验表明,胶凝材料用量每增加 20%,轻骨料混凝土的强度可提高 10%;胶凝材料用量每增加 $50kg/m^3$,轻骨料混凝土的表观密度增加 $30kg/m^3$。国家标准规定,高强轻骨料混凝土的最大胶凝材料用量不得超过 $550kg/m^3$,最低胶凝材料用量不得低于 $250kg/m^3$。

(4)用水量。轻骨料的吸水率较大,在设计轻骨料混凝土的用水量时,必须考虑轻骨料吸水性的影响。轻骨料混凝土的用水量分为净用水量和总用水量。净用水量指不含轻骨料的吸水量的混凝土用水量;总用水量指包含轻骨料的吸水量的混凝土用水量。净用水量与胶凝材料之比为净水胶比;总用水量与胶凝材料之比为总水胶比。一般采用净用水量和净水胶比进行设计;只有骨料的吸水率不稳定或很难控制时,才使用总用水量和总水胶比。轻骨料混凝土的强度与水胶比的关系也遵守水胶比法则,但适用性较小。

2)配合比设计方法——松散体积法

松散体积法以混凝土的干表观密度为基准,即假定每立方米轻骨料混凝土的干表观密度为其各组成材料干燥状态下质量的总和。以此为基础,通过计算和查表,求出各组成材料的质量及其总和,再经过试配调整,求出施工配合比。具体步骤如下。

(1)根据混凝土设计强度,选择胶凝材料品种和组成。

(2)根据强度保证率和波动范围,计算混凝土的试配强度。

(3)根据混凝土试配强度及所采用的轻骨料的堆积密度、粒形,确定胶凝材料用量(m_c)。

(4)根据轻粗骨料的粒形及细集料的品种,按表 2-36 确定粗细骨料的总体积(V_t)。

粗细骨料的总体积　　　　　　　　　　　表 2-36

轻粗骨料的粒形	细骨料的品种	粗细骨料的总体积(m^3)
圆球形	轻砂 普通砂	1.25～1.50 1.20～1.40
普通形	轻砂 普通砂	1.30～1.60 1.25～1.50
碎石形	轻砂 普通砂	1.35～1.65 1.20～1.60

(5)根据轻骨料混凝土的用途和细骨料的品种,按表 2-37 选择砂率(S_p)。

不同用途细集料品种轻集料混凝土的砂率　　　　　　　表 2-37

轻骨料混凝土的用途	细骨料的品种	砂率(%)
预制混凝土	轻砂 普通砂	35～50 30～40
现浇混凝土	轻砂 普通砂	— 35～45

(6)根据所确定的粗细骨料的总体积和砂率,求出每立方米混凝土的粗细骨料用量。

按体积计算:

$$V_s = V_t S_p \tag{2-31}$$

$$V_a = V_t - V_s \tag{2-32}$$

按质量计算:

$$m_s = V_s \rho_{is} \tag{2-33}$$

$$m_a = V_a \rho_{ia} \tag{2-34}$$

式中:V_s,V_a——分别为每立方米细骨料、粗骨料的松散体积,m^3;

　　　m_s,m_a——分别为每立方米细骨料、粗骨料的用量,kg;

　　　ρ_{is},ρ_{ia}——分别为细骨料、粗骨料的堆积密度,kg/m^3。

(7)根据轻骨料混凝土拌合物的工作性要求,按表 2-38 选择混凝土的净用水量 m_{wn},同时根据实测的轻骨料吸水率,计算每立方米混凝土的总用水量 m_{wt}。

$$m_{wt} = m_{wn} + m_{wa} \tag{2-35}$$

$$m_{wa} = m_a W_{wa} + m_s W_{ws} \tag{2-36}$$

式中：m_{wt}——每立方米轻骨料混凝土的总用水量，kg；

$\quad\quad m_{wn}$——每立方米轻骨料混凝土的净用水量，kg；

$\quad\quad m_{wa}$——每立方米轻骨料混凝土的附加用水量，kg；

$\quad\quad W_{ws}$——轻粗骨料的1h吸水率，%；

$\quad\quad W_{wa}$——轻细骨料的1h吸水率，%。

不同和易性和不同用途轻细骨料混凝土的净用水量 表 2-38

轻骨料混凝土的用途	稠 度		净用水量（kg/m³）
	维勃稠度(s)	坍落度(mm)	
预制混凝土构件			
振动台成型	5～10	0～10	155～180
振动棒或平板振动器成型	—	30～50	165～200
现浇混凝土			
机械振捣	—	50～70	180～210
人工振捣或钢筋较密的结构	—	60～80	200～220
泵送混凝土			
机械振捣	—	150～160	150～160
人工振捣或钢筋较密的结构	—	170～180	160～170

（8）根据计算求得的各组成材料的用量，验算轻骨料混凝土的干表观密度（ρ_{cd}）。

$$\rho_{cd} = 1.15m_c + m_a + m_s \qquad (2\text{-}37)$$

式中：1.15——考虑到胶凝材料水化后，因结合水而导致的胶凝材料的质量增加系数。

计算出的轻骨料混凝土干表观密度应符合设计要求，其误差不应大于 2%，否则应调整配合比。

三、纤维混凝土

普通混凝土是脆性材料，其抗拉强度和应变很低。为了提高混凝土的韧性，在水泥混凝土中掺入乱向分布的短纤维，形成复合材料。掺加纤维后，混凝土的强度可以适度提高，但更主要是可控制纤维混凝土的开裂，并在胶凝材料基体开裂后，通过纤维的桥接作用，为混凝土提供开裂后的延性，从而改善材料的性能。

根据所用纤维的种类，可分为钢纤维混凝土和合成纤维混凝土两类。常用纤维类型及其性能见表 2-39。

常用纤维类型及其性能 表 2-39

纤 维 种 类	相 对 密 度	抗拉强度 (MPa)	弹性模量 (GPa)	直径 (μm)	极限延伸率 (%)
低碳钢纤维	7.8	400~1 500	200	300~800	3.5~4.0
不锈钢纤维	7.8	2 100	154~168	300~800	3.0
抗碱玻璃纤维	2.7	1 400~2 800	70~90	8	2~3.5
聚丙烯单丝(PP)	0.91	400~650	5~8	43	18
尼龙纤维	1.16	900~960	4~6	30	18~20
碳纤维	1.76	2 450~3 150	205	7~8	1
聚乙烯醇纤维(PVA)	1.2	1 600~2 500	40~80	39	6
聚乙烯单丝(PE)	0.96	2 850	73.9	35	10

常用钢纤维的生产工艺可分为如下几种：

切断型：按照规定的长度把直径 0.25~1.0mm 的冷拔钢丝切成短纤维。用这种原料生产的钢纤维的抗拉强度可达 1 000MPa 以上，但成本较高。

剪切型：将退火的冷轧薄钢板剪切成纤维。但此种钢纤维的抗拉强度较低。

铣削型：用旋转的平刃铁刀对厚钢板或钢锭进行切削而制成的钢纤维。切削时，钢纤维将产生很大的塑性变形，发生扭曲，可以改进与混凝土等基体的黏结力。

熔抽型：用电炉将废钢熔融成 1 500~1 600℃ 的钢液，当高速旋转的具有不同槽形的熔抽轮与钢液面接触时，钢液被槽刮出并被熔抽轮的离心力抛出，迅速冷却，形成纤维。

钢纤维通常沿着长度或者在其末端呈现特殊形状，以便加强与混凝土基体材料的黏结，如压痕形钢纤维、波浪形钢纤维、弯钩形钢纤维等。钢纤维的长度一般为 20~60mm，等效直径 0.3~1.2mm，长径比 30~80。钢纤维按其抗拉强度分为 380 级（抗拉强度 380~600MPa）、600 级（抗拉强度 600~1 000MPa）和 1 000 级（抗拉强度大于 1 000MPa）。

目前合成纤维用量逐渐增多，而用量最多的是聚丙烯纤维，尼龙和聚乙烯纤维也有使用。这些纤维的弹性模量低于混凝土，以较小的掺量（0.9~1.2kg/m³）加入混凝土中，可有效降低混凝土的塑性开裂风险，也可以提高混凝土的韧性和抗冲击性。碳纤维和聚酰胺纤维具有高的弹性模量和抗拉强度，对混凝土有明显的增强作用，但其高价格限制了它们的使用。

许多天然植物纤维，如麻纤维、椰子壳纤维和甘蔗渣等，也可用于制备纤维增强混凝土。它们都是低弹性模量纤维，在潮湿和碱性环境中不会导致破坏。纤维素（木浆）具有比其他天然纤维高的弹性模量和抗拉强度，广泛用作石棉纤维的替代品。它需要事先特殊处理后才能用于水泥基材料。

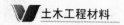

1. 纤维增强机理

纤维的主要作用是在复合材料内产生的应变超过脆性材料的最大应变时,在裂缝间起到桥接作用。纤维混凝土的破坏模式是混凝土基体内部的纤维被拔出,这将比纤维断裂消耗更多的能量。因此纤维混凝土的性能不仅取决于纤维和混凝土的性质,还取决于它们之间的黏结。对于钢纤维,黏结由黏着力、摩擦力和机械啮合力的综合作用决定;有机合成纤维的粘结主要表现为机械啮合力。

2. 纤维混凝土的性能

(1)工作性

在混凝土拌合物中加入纤维后,纤维在拌合物中形成网状结构,阻止拌合物的流动,因而引起流动性的明显降低。需通过调整用水量或掺入外加剂来克服上述不足。为了改善纤维混凝土的工作性,也可以提高砂率或增加所含细粉含量。纤维混凝土的工作性低于普通混凝土。标准的坍落度试验已不适于评价纤维混凝土的工作性,因为具有较低坍落度的纤维混凝土在现场也可以有很好的工作性。

为了使纤维混凝土获得适宜的工作性,在拌和过程中需要使纤维均匀分布,避免纤维结团、成球。当纤维长径比和体积增加,粗集料粒径增大时,这个问题更加严重。为此纤维需要预分散,或使用用水溶性胶粘合的板状钢纤维。

(2)力学性能

掺加纤维的目的不是提高混凝土的强度,而是为了提高混凝土的韧性。由图2-37可见,纤维掺量 ρ_f 增加对混凝土的韧性有明显的提高,且增加的韧性完全在曲线的裂缝后期(下降段)。混凝土的韧性表示其在荷载作用下到失效为止吸收能量的能力,可用"韧性指数"表示。

韧性指数由纤维混凝土棱柱体试件 4 点弯曲试验得到的荷载—挠度曲线上指定点包围的面积比确定(图2-38)。其中,A 点为曲线开始偏离线性段的点,在此点试件

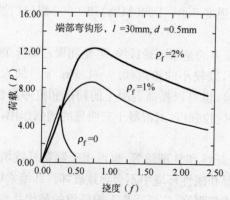

图 2-37 钢纤维掺量 ρ_f 对荷载—挠度曲线的影响

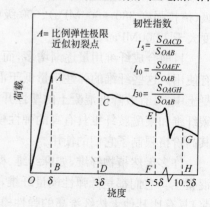

图 2-38 韧性指数确定方法

发生开裂,称为初裂点,A 点的纵坐标为初裂荷载 F_{cra},横坐标为初裂挠度 W_{Fcra},对应的强度称为初裂强度,面积 OAB 为初裂韧度。以 O 为原点,按 3.0、5.5 和 15.5 或其他指定的初裂挠度的倍数,在横轴上确定 D、F 和 H 点或其他给定点。测定 OAB、$OACD$、$OAEF$ 和 $OAGH$ 或其他给定变形的面积,即为初裂韧度和各给定挠度的韧度实测值。按下列公式求得每个试件的弯曲韧度指数:

$$I_5 = \frac{S_{OACD}}{S_{OAB}}$$

$$I_{10} = \frac{S_{OAEF}}{S_{OAB}}$$

$$I_{30} = \frac{S_{OAGH}}{S_{OAB}}$$

3. 纤维混凝土的应用

纤维混凝土的应用领域越来越广泛。钢纤维混凝土可用于机场跑道、桥面铺装、重载工业地坪等,减少开裂并可减小铺砌厚度。钢纤维喷射混凝土用于隧道衬砌、大坝面板和结构修复日益增多。聚丙烯纤维则用于大面积暴露的混凝土板,减少由于塑性收缩而带来的开裂。在水工结构中使用聚丙烯纤维混凝土,可提高其抗水性。玻璃纤维增强水泥制品广泛用于制造隔墙板。

四、补偿收缩混凝土

普通混凝土的极限延伸率低,在干燥收缩、徐变和温度变化等作用下容易开裂。采用膨胀剂或膨胀水泥配制的补偿收缩混凝土是解决混凝土结构开裂渗漏的技术措施之一。补偿收缩混凝土在我国推广应用已有 20 多年历史,混凝土膨胀剂年产量已超过 100 万吨,配制补偿收缩混凝土 2000 多万立方米。主要的混凝土膨胀剂种类有硫铝酸盐型膨胀剂和氧化钙型膨胀剂,主要的膨胀性水化产物分别为钙矾石($3CaO \cdot Al_2O_3 \cdot 3CaSO_4 \cdot 32H_2O$)和氢氧化钙[$Ca(OH)_2$]。膨胀剂的掺量一般为胶凝材料总量的 8%～12%。

1. 补偿收缩原理

在混凝土拌和时加入适量膨胀剂,可在混凝土水化硬化过程中与水泥的水化产物反应,生成膨胀性水化产物,在结构内的钢筋和其他约束作用下,产生预压应力 σ_c。

$$\sigma_c = \mu \cdot E_s \cdot \varepsilon_2 \tag{2-38}$$

式中:μ——配筋率;

E_s——钢筋的弹性模量;

ε_2——补偿收缩混凝土的限制膨胀率。

通常在混凝土内产生预压膨胀力 0.2～0.7MPa,补偿混凝土的收缩,并使混凝土结构密实,从而降低混凝土结构开裂风险,提高其抗渗性。

当混凝土的限制收缩小于极限拉伸变形 S_p 时,结构不会开裂。补偿收缩混凝土的胀缩曲线见图 2-39。在湿养护期间,补偿收缩混凝土产生膨胀,然后在干燥环境中发生收缩。但它的收缩落差比普通混凝土小 30%。由于补偿收缩混凝土的干燥收缩开始时间往后推移,此时混凝土的抗拉强度已经较高,能够抵御混凝土干燥收缩

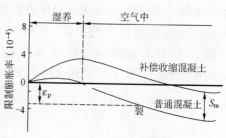

图 2-39 不同混凝土的收缩曲线

产生的拉应力,使混凝土总的变形量减少,避免有害裂缝产生。补偿收缩混凝土硬化过程中生成的膨胀性产物可以填充毛细孔隙,使总孔隙率降低,孔径减小,提高混凝土的抗渗性。补偿收缩混凝土的膨胀性能主要在水化开始后的 14d 内发挥,后期则处于稳定状态,此时混凝土的强度也在不断增长。补偿收缩混凝土的体积膨胀和强度增长协调一致,保证混凝土能获得适度预压应力,又不致后期过度膨胀,损害其内部结构和性能。

为了补偿混凝土的收缩,需要有约束存在,这通常由配筋承担。为了加强和利用约束膨胀,结构内的配筋率应有所提高。由于不同结构部位的混凝土收缩值不同,其配筋率也有所变化,如表 2-40 所示。

不同结构部位的最小配筋率　　　　　　　　　　表 2-40

结 构 部 位	最小配筋率(%)	布 筋 方 式	钢筋间距(mm)
底板	0.30	双层、双向	150～200
楼板、顶板	0.30	双层、双向	100～200
墙体、水平筋	0.40	双排	100～150

2.补偿收缩混凝土的应用

补偿收缩混凝土主要用于刚性结构自防水、大体积混凝土结构和超长结构无缝浇筑。

(1)刚性结构自防水

在地下工程防水设计时,都需考虑结构的自防水性能。补偿收缩混凝土具有抗裂防渗功能,是结构自防水的首选材料。补偿收缩混凝土也可用于刚性屋面防水构造。

(2)大体积混凝土结构

大体积混凝土结构因散热降温引起的冷缩比干燥收缩更容易引起开裂。常规的

控温措施,如预冷骨料、冷水、内部铺设冷却水管等,即复杂又费钱。采用水化热低又有一定膨胀性的补偿收缩混凝土,加以适当的控温措施,联合补偿冷缩和干燥收缩,能够经济有效地控制大体积混凝土的开裂。

混凝土浇筑后的湿养护期内,补偿收缩混凝土产生体积膨胀 ε_{2m},同时有弹性伸长 ε_e,当混凝土内部温度由于水化放热达到最高值后,逐渐降温产生冷缩 S_T,并由于干燥而产生收缩 S_2,当 $\varepsilon_{2m}+\varepsilon_e-S_2-S_T=0$ 或不超过极限拉伸值 S_p 时,就达到了联合补偿冷缩和干燥收缩的目的。

(3)超长结构无缝浇筑

在现浇整体式钢筋混凝土结构中,每隔 30m 需留一道伸缩缝,或采取留后浇带的措施,待混凝土收缩完成后,再用补偿收缩混凝土填缝。这种施工方法麻烦,工期长,还易留下渗水隐患。采用超长结构无缝浇筑方法,在结构中应力最集中的部位,设置膨胀加强带。根据结构厚度,带宽 2~3m。施工时,加强带外用小膨胀率的补偿收缩混凝土浇筑;到达加强带时,换用大膨胀率的补偿收缩混凝土浇筑,该混凝土的强度等级比两侧高 C5 等级;浇筑到另一侧时,又改为浇筑小膨胀率的补偿收缩混凝土。如此循环,可连续浇筑 100~120m 的超长结构。

习题与思考题

1. 通用水泥的品种有哪些?

2. 通用水泥的技术性质有哪些? 用什么指标衡量?

3. 硅酸盐水泥熟料的 4 种主要矿物是什么? 它们的性质有何差异?

4. 简述硅酸盐水泥的水化机理。

5. 何谓火山灰反应? 何谓火山灰材料?

6. 磨细矿渣粉和粉煤灰的性质各有什么特点?

7. 为什么配制高强混凝土要使用硅灰?

8. 简述粗骨料的主要技术性质。

9. 何谓细度模数? 砂是如何分区的?

10. 简述减水剂的作用机理和使用效果。

11. 对比木质素璜酸盐减水剂、萘系减水剂和聚羧酸减水剂的特点。

12. 简述引气剂的作用机理。

13. 简述膨胀剂的作用机理。

14. 混凝土的强度等级如何确定?

15. 简述混凝土承受压力过程中内部结构的变化。

16. 影响混凝土强度的主要因素是什么?

17. 混凝土的工作性如何表征和调整?

18. 何谓混凝土的温度收缩、自收缩和干燥收缩?

19. 何谓混凝土的抗渗性? 如何评价混凝土的抗渗性? 如何改善混凝土的抗渗性?

20. 为什么需要重视混凝土的耐久性? 导致混凝土破坏的因素主要有哪几种?

21. 如何进行混凝土配合比设计?

22. 何谓混凝土的砂率?

第三章　砌 体 材 料

砌体是由块体和砂浆砌筑而成的整体结构。由于其原材料来源广泛、价格便宜、耐久性和热工性能良好、施工简单,砌体结构具有很强的生命力,从古老的砖、石砌体逐渐发展为现代的空心砌块砌体、配筋砌体、墙板体系,是历史悠久、使用量大而又普遍的一种建筑结构体系。砌体结构用砂浆将块体材料粘结成规定尺寸的建筑结构或构件,使其具有传力、分隔、围护和封闭的功能。根据砌体中是否配置钢筋,砌体结构可分为无筋砌体结构和配筋砌体结构。对于无筋砌体,按照所采用的块体又分为砖砌体、石砌体、砌块砌体和墙板体系。砌体材料:包括块体(砖、石材、砌块、墙板),砂浆,钢筋,灌注用砂浆或混凝土。其中石材目前主要用于内外墙装饰,基本不再用于承重结构。

砖和砌块这两种块体的主要差别是尺寸——砌块比砖大。我国对这两者的定义是:三个边长分别等于或小于 360mm、240mm、115mm 的为砖,其中任何一个边长超过上述限制者为砌块。

第一节　砖

砖按照生产工艺可分为烧结砖和非烧结砖,按照外形可分为实心砖和空心砖。

一、烧结普通砖

烧结普通砖是以黏土、煤矸石、页岩、粉煤灰等为主要原料,经焙烧而制成的块体材料。烧结普通砖按照所用原料可分为烧结黏土砖、烧结煤矸石砖、烧结粉煤灰砖和烧结页岩砖等品种。其中烧结黏土砖是我国传统建筑物中最常用的砌筑材料,除了大量用于建筑物墙体之外,还可用于砌筑柱、拱、烟囱、沟道及基础等。若在砖砌体中配置适当的钢筋或钢丝网,可代替钢筋混凝土柱、过梁等。与天然石材相比,黏土砖强度较低,吸水率大,耐久性差。但是,烧结黏土砖具有良好的透气性和热稳定性,因多孔结构而具有一定的保温性;同时黏土砖尺寸规则,三维尺寸互为倍数,便于砌筑施工和工艺中的线条设计,巧妙地运用砌筑工艺,可获得不同线条的外观效果;是集结构承重、保温、装饰功能于一体的传统墙体材料。但是黏土砖的生产要破坏大量耕地,为了保护宝贵的土地资源,走可持续发展之路,实心黏土砖的使用受到限制。而以煤矸石、粉煤灰等工业废渣为原料的烧结普通砖的开发和应用将越来越受到重视。

1. 黏土原料

生产烧结普通砖的原料都是黏土质的,含 55% 以上的 SiO_2,10% 以上的 Al_2O_3,少量 Fe_2O_3。除了地表的黏土外,泥质页岩、煤矸石、粉煤灰等都可以作为烧结普通砖的原料。这些原料中的矿物组成可分为两部分:其一是黏土矿物,主要成分是铝硅酸盐,如高岭石类、蒙脱石类和伊利石类;另一部分是杂质矿物,例如石英、长石、云母、碳酸盐、铁、钒的氧化物及有机质等。黏土矿物具有可塑性和黏性,杂质矿物则使黏土的熔融温度降低并影响其可塑性。

用于制砖的黏土具有可塑性,即加入适量水调制成泥状物后,可捏塑成各种形状的坯体,既不开裂又能保持形状,这是黏土能制成所需形状的砖、瓦等制品的重要工艺性质。黏土的可塑性优劣取决于其矿物组成、颗粒形状、细度与级配,以及拌和水量等。当黏土中的黏土矿物含量多、石英砂含量少、黏土颗粒细且级配好、黏土颗粒吸附水多时,则可塑性好。页岩、煤矸石、粉煤灰等原料的可塑性较差,需要适量掺加黏性土,并采用真空挤泥机成型。

2. 烧结黏土砖的生产工艺

生产烧结黏土砖需要经过采土、配料调制、制坯、干燥、焙烧等一系列工艺过程,其中焙烧是制砖的主要环节。黏土坯体在焙烧过程中将发生一系列物理、化学变化,最后在温度达到 $900\sim1100℃$ 时,已分解的黏土矿物之间发生化合反应,生成新的结晶硅酸盐矿物。与此同时,黏土中易熔成分开始熔化,形成液相熔融物,流入不熔的黏土颗粒之间的空隙中,并将其黏结,使坯体孔隙率下降,体积有所收缩并变得密实,这个过程叫做"烧结"。所以烧结黏土砖是以不熔的黏土颗粒为骨架,液相熔融物为胶结材料填充孔隙并将其黏结在一起形成的多孔结构的块体材料。如果烧结温度过低,熔融液相物的生成量少,则砖的孔隙率大,强度低,吸水率大,耐久性差,颜色浅,敲击时声哑,称为"欠火砖"。如果烧结温度过高,生成的液相熔融物较多,比较密实,但由于不熔的黏土颗粒量少,坯体容易软化变形,则容易造成外形尺寸不规则,色深,敲击时声脆,称为"过火砖"。所以合适的烧结温度是生产优质黏土砖的关键因素。

利用焙烧窑内的不同气氛可制得不同颜色的烧结黏土砖。如果砖坯在氧化气氛中焙烧出窑,则可制得红砖,红色来自于黏土矿物中存在的铁被氧化为高价氧化铁(Fe_2O_3);如果砖坯在氧化气氛中烧成后,再经浇水闷窑,使窑内形成还原气氛,可促使砖内的高价氧化铁还原成青灰色的低价氧化铁(FeO),然后冷却至 300℃ 以下出窑,即可制得青砖。青砖一般比红砖结实、耐碱、耐久性好,是我国古代宫廷建筑的主要墙体材料,但成本较高。

为节省能源,近年来我国还开发了内燃烧砖法,即是将煤渣、粉煤灰等可燃性工业废渣以适量比例掺入制坯黏土原料中作为内燃料,焙烧到一定温度时,内燃料在坯体内也开始燃烧,这样烧成的砖称为内燃砖。内燃砖比外燃砖节省燃料,节约黏土原料 5%～10%,且强度可提高 20%左右,表观密度减小,导热系数降低,同时还可利用大量工业废渣。

烧结粉煤灰砖、烧结煤矸石砖和烧结页岩砖的原料,要按照可塑性、内燃值等要求来确定黏土和粉煤灰或粉碎煤矸石或页岩的比例,其余工艺与烧结黏土砖基本相同。

孔洞率大于 15%的砖称为空心砖。空心砖按孔洞方向分竖孔空心砖与水平孔空心砖两种(图 3-1)。竖孔空心砖的孔洞垂直于承压面,孔洞率大于 15%,表观密度一般为 1 400kg/m³ 左右。竖孔空心砖有三种主要规格,分别为 KM₁:190mm× 190mm×90mm;KP₁:240mm×115mm×90mm;KP₂:240mm×185mm×115mm。水平孔空心砖的孔洞平行于承压面,孔洞率一般大于 30%,表观密度约为 1100kg/m³;主要的规格见图 3-1b)。竖孔空心砖通常用于砌筑承重墙(一般用于六层以下建筑物),又称承重空心砖;为了避免使砖的强度下降过多,承重砖的孔洞率不宜超过40%。水平孔空心砖多用于非承重墙,如多层建筑的内隔墙或框架结构的填充墙等。其孔洞率应不小于 40%,可达 60%或更大。大孔洞空心砖的优点为尺寸大、表观密度小、隔热性能较好。这种砖砌体还可在孔洞内配筋。制砖时,若在黏土内掺入适量的锯屑、稻壳等植物粉末,焙烧后可制得微孔砖,不但有足够的强度、自重减小,而且隔热、隔声性能改善。

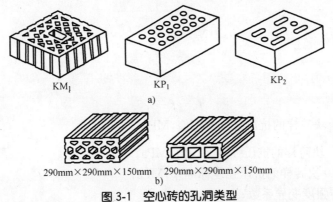

图 3-1　空心砖的孔洞类型

a)竖孔多孔砖;b)水平孔多孔砖

3.烧结普通砖的技术性质

烧结普通砖的各项技术性质如下。

(1)规格及外观质量

烧结实心普通砖为矩形块体材料,其标准尺寸为 240mm×115mm×53mm。在砌筑时加上砌筑灰缝宽度 10mm,则 1m³ 砖砌体需用 512 块砖。每块砖的 240mm× 115mm 的面称为大面,240mm×53mm 的面称为条面,115mm×53mm 的面称为顶面。

烧结普通砖的外观质量需要考察两个条面之间的高度差、弯曲程度、是否缺棱掉角、裂纹长度等。对优等品烧结砖,颜色要求应基本一致。使用时应按照国家标准进行检查。

(2)强度等级(表3-1)

烧结普通砖强度等级(单位:MPa) 表 3-1

强 度 等 级	抗压强度平均值 $\bar{f}$	变异系数 $\delta \leqslant 0.21$	变异系数 $\delta > 0.21$
		强度标准值 f_k	单块最小抗压强度 f_{min}
MU30	≥30.0	≥22.0	≥25.0
MU25	≥25.0	≥18.0	≥22.0
MU20	≥20.0	≥14.0	≥16.0
MU15	≥15.0	≥10.0	≥12.0
MU10	≥10.0	≥6.5	≥7.5

烧结实心普通砖和承重多孔砖分为 MU30、MU25、MU20、MU15、MU10 等 5 个强度等级,非承重多孔砖分为 MU5.0、MU3.0、MU2.0 等 3 个强度等级。抽取 10 块砖试样进行抗压强度试验,试验后计算出 10 块砖的抗压强度平均值,并分别按式(3-1)、式(3-2)、式(3-3)计算标准差、变异系数和强度标准值;根据试验及计算结果按表 3-1 确定烧结普通砖的强度等级。

$$s = \sqrt{\frac{1}{9}\sum_{i=1}^{10}(f_i - \bar{f})^2} \qquad (3-1)$$

$$\delta = \frac{s}{\bar{f}} \qquad (3-2)$$

$$f_k = \bar{f} - 1.8s \qquad (3-3)$$

式中:f_i——单块砖样的抗压强度测定值,MPa;

$\bar{f}$——10 块砖样的抗压强度平均值,MPa;

s——10 块砖样的抗压强度标准差,MPa;

δ——砖强度变异系数;

f_k——烧结普通砖抗压强度标准值,MPa。

(3)泛霜

泛霜是指黏土原料中的可溶性盐类(如硫酸钠等),随着砖内水分蒸发而在砖表面产生的盐析现象,一般为白色粉末,常在砖表面形成絮团状斑点。轻微泛霜的砖对清水砖墙建筑外观产生较大影响。中等程度泛霜的砖用于建筑中潮湿部位时,约 7~8 年后因盐析晶膨胀,使砖表面将产生粉化剥落;而在干燥环境中使用,约 10 年后也会开始剥落。严重泛霜对建筑结构的破坏性则更大。国家标准规定,优等品烧结砖无泛霜现象,一等品烧结砖不允许出现中等泛霜,合格品烧结砖不允许出现严重泛霜。

(4)石灰爆裂

如果烧结砖原料土中夹杂有石灰石成分,在烧砖时可能被烧成生石灰,砖吸水后生石灰消化产生体积膨胀,导致砖发生胀裂破坏,这种现象称为石灰爆裂。石灰爆裂严重影响烧结砖的质量,并降低砌体强度。标准中规定,优等品烧结砖不允许出现最大破坏尺寸大于 2mm 的爆裂区域。

(5)抗风化性能

抗风化性能是烧结砖的重要耐久性能之一,对砖的抗风化性要求应根据各地区风化程度不同而定。烧结砖的抗风化性通常以其抗冻性、吸水率及饱和系数等指标判别。饱和系数是指砖在常温下浸水 24h 后的吸水率与 5h 沸煮吸水率之比。

二、蒸养砖、蒸压砖

蒸养砖及蒸压砖属于硅酸盐制品,是以石灰和硅质材料(砂子、粉煤灰、煤矸石、炉渣、页岩等)加水拌和,经成型、蒸养或蒸压而制得的砖,属于水硬性材料,水化硅酸钙是此类砖的主要凝结硬化物质。主要产品有灰砂砖、粉煤灰砖及炉渣砖等。灰砂砖是用石灰和天然砂,经混合搅拌、陈化(使生石灰充分熟化)、轮碾、加压成型、蒸压养护制得的块体材料。粉煤灰砖是以粉煤灰和石灰为主要原料,掺加适量石膏和炉渣,加水混合拌成坯料,经陈化、轮碾、加压成型,再经常压或高压蒸汽养护制成。炉渣砖是以煤燃烧后的残渣为主要原料,配以一定数量的石灰和少量石膏,加水搅拌,经陈化、轮碾、成型和蒸汽养护制成。

以上几种砖的规格尺寸均与普通黏土砖相同,可代替黏土砖用于一般工业与民用建筑的墙体和基础,其原材料主要是工业废渣,可节省土地资源,减少环境污染,是很有发展前途的砌体结构材料。但是这些砌墙砖收缩性较大,容易开裂,由于应用历史较短,还需要进一步研究更适用于这类砖的墙体结构和砌筑方法。

第二节　建 筑 砌 块

建筑砌块是一种新型的节能墙体材料,按用途分为承重用实心或空心砌块、装饰砌块、非承重保温砌块和地面砌块等。按照所用原材料分为混凝土小型砌块、加气混凝土砌块、人造骨料混凝土砌块、复合砌块等,其中以混凝土空心小型砌块产量最大,应用最广。

一、混凝土小型空心砌块

目前,我国各地生产的小型砌块中,产量最多的是普通水泥混凝土小型砌块,占砌块全部产量的 70%,天然轻骨料或人造轻骨料小型砌块、工业废渣小型砌块占

25%左右。此外,我国还开发生产了一些特种用途的小型砌块,例如饰面砌块、铺地砌块、护坑砌块、保温砌块、吸音砌块和花格砌块等。

混凝土小型空心砌块以普通水泥为胶结料,砂、碎石或卵石、煤矸石、炉渣等为骨料,加水搅拌后,经振动、振动加压或挤压成型,并经养护而制成,主要产品规格为390mm×190mm×190mm,配以几种辅助规格(图 3-2)。混凝土小型空心砌块具有原材料来源广泛、生产工艺简单、生产效率高、不必焙烧或蒸汽养护、节省生产能耗等特点,在施工方面具有适应性强、自重较轻、组合灵活、施工较黏土砖简便、快速等特点。混凝土小型砌块按照抗压强度分为 15.0、10.0、7.5、5.0、3.5 等 5 个强度等级。

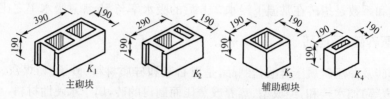

图 3-2 混凝土小型空心砌块的尺寸

混凝土小型空心砌块可用于低层和中层建筑的内墙和外墙。在砌筑时一般不宜浇水,但在气候特别干燥炎热时,可在砌筑前稍喷水湿润。砌筑时尽量采用主规格砌块,并应先清除砌块表面污物和芯栓所用砌块孔洞的底部毛边。采用反砌法(砌块底面朝上),砌块间应对孔错缝搭接。砌筑灰缝宽度应控制在 8～12mm 之间。所埋设的拉结钢筋或网片,必须设置在砂浆层中。承重墙不得用砌块和砖混合砌筑。

二、加气混凝土制品

加气混凝土采用钙质材料(水泥、石灰)和硅质材料(砂、粉煤灰、矿渣)混合,加入适量铝粉作为发气剂,经粉磨、加水搅拌、浇注成型、发气膨胀、预养切割、高压蒸养而得到的含有大量微小的非连通气孔的轻质硅酸盐材料。加气混凝土砌块或条板是加气混凝土经切割而成的块体材料,强度为 1.0～10.0MPa,表观密度为 300～800kg/m³。加气混凝土制品质量轻,内部具有较多孔隙,与普通混凝土小型砌块相比强度较低、干缩率较大、导热系数小、隔声性能优异。加气混凝土砌块主要用于非承重外墙、内墙、框架墙,具有填充和保温的双重功能;加气混凝土条板用于刚性屋面。加气混凝土制品表面平整、尺寸精确,可像木材一样进行加工,施工便捷,但与抹面砂浆的黏结性较低。

三、粉煤灰硅酸盐砌块

粉煤灰硅酸盐砌块所用的集料有煤渣、高炉矿渣、石子、煤矸石等,有实心砌块和空心砌块两种,其强度等级有 MU5、MU7、MU10、MU15 等若干个等级。

粉煤灰砌块是以粉煤灰、生石灰、石膏为胶结料,以煤渣或陶粒作为骨料,加水搅拌后振动成型,经蒸汽养护制成的实心或空心块体材料。一般用于低层或多层房屋建筑的墙体和基础,不宜用于有酸性介质侵蚀的部位,在采取有效防护措施时,可用于非承重结构部位,不宜用于经常处于高温条件下的部位。

对粉煤灰硅酸盐砌块的外观要求为:不允许表面疏松,不允许有贯穿面棱的裂缝和直径大于 50mm 的灰团、空洞、爆裂等缺陷;表面局部凸起高度不能大于 20mm,翘曲不大于 10mm;条面、顶面相对两棱边高低差不大于 8mm;缺棱、掉角深度不大于 50mm。在使用时应按照标准规定进行严格检查。

抗压强度是评定粉煤灰硅酸盐砌块质量的主要指标,抗压强度试验方法基本上与普通混凝土相同,一般规定以 200mm×200mm×200mm 的立方体试件为标准试件,测定蒸养结束出池后 24~36h 内的强度。

由于粉煤灰颗粒吸水率较高,煤渣、矿渣等骨料是多孔性材料,所以粉煤灰砌块的吸水率较大。但与黏土砖相比吸水速度较慢。此外,粉煤灰硅酸盐砌块的收缩值也比普通水泥混凝土大,与陶粒混凝土相近。为保证砌体结构的强度和尺寸稳定性,针对吸水率大、吸水速度慢、收缩值大等特点,在砌筑时应采取相应的措施。

粉煤灰硅酸盐砌块需要考虑的耐久性性能有:耐水性、抗冻性和碳化稳定性。

耐水性是指砌块在水介质中能否保持原有外观和强度的性能。粉煤灰砌块浸水饱和后的强度与蒸养后的强度相比,一般会降低 10%~15%。但是如果将试件持续浸在没有侵蚀性介质的水中,后期强度反而呈增长趋势。

一般墙体材料的抗冻性试验是将试件在 −15℃ 以下的水中冷冻 4~8h,然后在 10~20℃ 的水中溶解 4h,如此冻融循环 15 次或 25 次后,观察砌块的外观脱落状况,并测定冻融循环后强度下降值。当砌块的抗冻性能不符合技术标准要求时,应在经常受潮湿和冷冻的部位涂刷水泥砂浆,或在结构造型上采取檐口挑出、勒脚做散水坡等措施。

碳化稳定性是指砌块在空气中的二氧化碳作用下的强度稳定性,是粉煤灰砌块耐久性的重要指标,通常以碳化系数来衡量。碳化系数即砌块在碳化后的强度与碳化前强度的比值。粉煤灰砌块被碳化后,其中的水化硅酸钙等水化产物将分解成碳酸钙、铝胶、硅胶等,从而使整体强度降低。在实际使用过程中,粉煤灰砌块的碳化是不能避免的,但碳化后强度比较稳定。因此,应以碳化后的强度作为结构设计的依据。

第三节 轻 质 墙 板

轻质墙板是在工厂生产的大板、条板或薄板,板高至少为一个楼层,在现场直接组装成为一面墙体的板式墙体材料。轻质墙板可作装配式建筑的内墙、外墙、隔墙,可作框架结构建筑的围护墙和隔墙,可作混合结构建筑的隔墙;还可作其他类型建筑的特殊功能型复合面板,以及无梁柱式拼装加层和活动房屋的墙体、屋面和天棚等。

轻质墙板有内墙板和外墙板之分;按照板材构造可分为:薄板(纸面石膏板),空心条板,夹芯复合板和拼装大板(泡沫水泥格构板);按照生产与安装工艺可分为:均匀材料型(加气混凝土板),纤维增强型[玻璃纤维增强水泥板(GRC 板)、石膏纤维板],颗粒骨架型(膨胀珍珠岩水泥板、轻质陶粒混凝土板),薄板龙骨支撑型(石膏板—轻钢龙骨中空隔墙结构),夹芯复合型[钢丝网架水泥聚苯夹芯板、彩色压型钢板—发泡聚苯乙烯(EPS)夹芯板]等。目前国内生产和使用量较大的板材有 GRC 板、轻质陶粒混凝土板、挤压成型混凝土多孔板、纸面石膏板和彩钢 EPS 夹芯板。

一、玻璃纤维增强水泥板(GRC 板)

GRC 板是以水泥为胶凝材料,以玻璃纤维为增强材料,配以膨胀珍珠岩或陶粒等轻质骨料,以及适量外加剂,经过搅拌、浇注(或挤压)成型、养护等工序制成的轻质空心条形板材。GRC 板的特点是轻质,高强,保温,隔声,防火,使用方便(可锯、钻、钉、刨),施工快捷(现场干作业,墙面不需抹灰,直接批嵌腻子)。

水泥浆体内部为强碱性环境,对于玻璃纤维有腐蚀作用,从而导致 GRC 板长期强度下降,耐久性能较差。为了克服这一缺点,通常采用抗碱玻璃纤维与低碱度硫铝酸盐水泥同时使用的技术路线,可大大提高 GRC 板的耐久性。但出于安全性的考虑,目前 GRC 板仍限用于非承重的构件。

二、石膏板—轻钢龙骨组装隔墙

石膏板—轻钢龙骨组装隔墙主要用作内隔墙,是纸面石膏板固定在轻钢龙骨上组装成的。必要时中间可填充矿棉或岩棉。这种墙体施工快捷(现场干作业,不需抹面),布置灵活。

纸面石膏板是粘贴护面纸的薄型石膏制品。纸面石膏板的规格为:板长,1800~3600mm;板宽,900mm 或 1200mm;板厚,9.5~25.0mm。

普通纸面石膏板以建筑石膏为主要原料,加入适量玻璃纤维或纸浆等纤维增强材料和少量发泡、增稠、调凝外加剂,经加水搅拌成料浆,浇注在行进中的纸面上,成型后再覆盖上层面纸,经过固化、切割、烘干、切边,得到成品。若在板芯配料中加入防水、防潮外加剂,并用耐水护面纸,即可制成防水型纸面石膏板。若在板芯配料中加入无机耐火纤维增强材料,即可制成防火型纸面石膏板。

纸面石膏板的板芯材料主要为二水石膏。当环境温度达到 100℃以上时,二水石膏开始脱水,在板面形成蒸气隔膜;同时吸收大量热量,阻止板面温度快速升高,起到防火阻燃作用。纸面石膏板的板芯内有大量微孔,可吸收或放出水分,起到调湿作用。纸面石膏板质轻,强度和韧性好,具有较大的变形能力。抗震模拟试验结果表明:当层间位移达到 1/400～1/500 时,板面基本完好,不必大修;当层间位移达到 1/150～1/200时,边角开始压裂和松动,部分失去支撑力,但不会崩落或坍塌。所以纸面石膏板墙体具有较好的抗震能力。

纸面石膏板安装在按设计要求布置的轻钢龙骨上,可以纵向安装,也可以横向安装。但纵向安装效果较好。横向铺板时应尽可能使板的短边落在骨架上,纵向铺板时的长边接缝则必须落在竖龙骨上。石膏板与龙骨的连接,一般采用射钉、抽芯铆钉或自攻螺钉。

三、压型钢板—发泡聚苯乙烯(EPS)夹芯板

压型钢板—发泡聚苯乙烯(EPS)夹芯板是一种复合墙体。复合墙体采用各具特殊性能的材料,将其用合理结构复合成多功能墙体,成为集围护、装饰、保温隔热于一体的板状墙体材料。

复合墙板由保温隔热材料和面层材料组成。保温隔热材料可分为无机和有机两类。无机保温隔热材料包括岩棉、矿棉、玻璃棉、泡沫混凝土、加气混凝土、膨胀珍珠岩及其制品等。有机保温隔热材料包括发泡聚苯乙烯、挤塑聚苯乙烯、发泡聚氨酯等。面层材料可分为金属和非金属两类:金属面层材料包括钢板、彩色钢板、镀锌钢板、搪瓷钢板、铝合金板、铝塑复合板等;非金属面层材料包括钢筋混凝土板、纤维增强水泥板、石膏板、木板、塑料板等。

压型钢板—EPS 夹芯板是将钢板压制成一定形状后,用粘合剂粘贴在一定厚度的聚苯乙烯泡沫塑料板两边,经加压固化后得到的复合墙体材料(图 3-3)。面层材料可以采用任何一种金属面层材料,但实际中多采用彩色压型钢板。这种复合板是五层结构,即钢板—胶—聚苯乙烯板—胶—钢板;其各层的厚度比一般为 0.5:0.3:100:0.3:0.5。由于钢板和胶层很薄,复合板的热阻

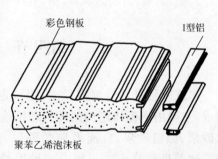

图 3-3　EPS 板的结构图

只考虑聚苯乙烯板。通常所用聚苯乙烯的密度为 16～20kg/m³,热导率相应约为 0.034～0.037W/(m·K)。100mm 厚的 EPS 夹芯板的保温效果即超过 49mm 厚的砖墙。EPS 夹芯板的板缝连接处为泡沫塑料板接触或软泡沫条填充,不会出现冷桥或热桥。EPS 夹芯板连接的几种方式如图 3-4 所示。

EPS 夹芯板的特点是质轻、绝热、阻燃、防水、隔声、强度高、使用温度范围广(−50～120℃)、易加工、拆装方便、可重复使用、施工快速、自带装饰(色彩和凹凸

棱）、涂层耐久。EPS夹芯板的密度小,蓄热系数小,热稳定性差,不宜用于间歇供暖的建筑物。

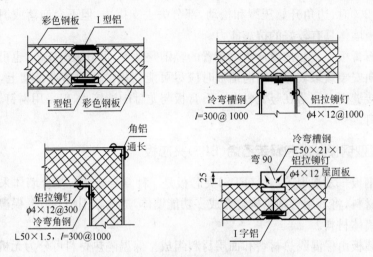

图3-4 EPS板间连接的方式

EPS夹芯板的长度可自由选择,宽度为1000mm和1200mm,厚度为50mm、75mm、100mm、125mm、150mm、200mm、250mm七种。

EPS夹芯板可用于各种建筑的外墙板、屋面板、天棚板,特别适合在寒冷地区建造办公室、别墅、活动房屋、厂房、仓库等。

第四节 建筑砂浆

建筑砂浆是细骨料混凝土,由一定比例的胶凝材料、细骨料、外加剂和水拌和而成,主要用于砌体结构的砌筑和结构表面的抹面粉刷。现在建筑砂浆还包括防水砂浆、保温砂浆、自流平地面砂浆、外保温体系薄抹灰抗裂砂浆、瓷砖粘结剂等。建筑砂浆是土木工程中一种用量大、使用范围广、手工作业、呈薄层状的建筑材料。

建筑砂浆以前主要在工地现场拌制,质量难于控制,粉尘大,易污染环境。根据国家产业政策,要逐步推广工厂生产的商品砂浆,淘汰现场拌制砂浆。商品砂浆包括预拌砂浆和干砂浆两大类。预拌砂浆是按照性能要求,在搅拌站拌制好后,由专用设备运输到现场,并在规定时间内使用完毕的砂浆拌合物。干砂浆是将清洗、筛分和干燥后的细集料、胶凝材料、外加剂等组分按照砂浆性能要求混合配制,袋装或罐装运输到现场,加水拌和使用的砂浆产品。

一、普通砌筑砂浆的组成材料

1.胶凝材料

普通砌筑砂浆所用胶凝材料有水泥、粉煤灰和石灰。为了保证砂浆的和易性,砂浆的胶凝材料用量不能少于 $200kg/m^3$。

普通砌筑砂浆应优先选用通用水泥,不同品种的水泥不得混合使用。选用的水泥的强度等级应与砂浆的强度等级匹配。工程中多用 32.5 强度等级的水泥,或使用强度更低的砌筑水泥来配制砂浆。现已广泛使用粉煤灰来配制砂浆,这可以提高砂浆的保水性、塑性、强度,还可以节约水泥,降低造价。

石灰可用于配制石灰砂浆,或与水泥一起配制水泥—石灰混合砂浆。由于石灰是只能在空气中硬化的气硬性胶凝材料,用石灰配制的砂浆只能用于地上部位的砌筑和抹灰。块状石灰需先经熟化、陈伏 7~14d 后才能使用,也可以使用含过量水的石灰膏或磨细生石灰粉。主要成分为 $Ca(OH)_2$ 的电石渣可以代替石灰膏配制混合砂浆,消石灰粉不得直接用于砌筑砂浆中。

2.砂

砌筑砂浆用砂应符合《普通混凝土用砂、石质量及检验方法标准》(JGJ 52—2006)的质量要求,通常采用中砂。因砂浆层较薄,砂的最大粒径不应大于 2.5mm;对于光滑的抹面及勾缝砂浆,则采用细砂。

3.其他材料

为了改善砂浆的和易性,除采用石灰膏和粉煤灰外,还可以选用其他塑化材料。

增塑剂:如木质素磺酸盐减水剂;

微沫剂:一种引气剂,加入量为胶凝材料量的 0.0015%~0.01%,即可在砂浆中产生大量均匀分布的微气泡,大大改善砂浆的和易性;

保水剂:如甲基纤维素、硅藻土等,可减少砂浆泌水,防止离析。

为了提高抹面砂浆的粘结性和抗裂性,可以加入适量的加筋材料,如絮状短麻纤维(麻刀)、纸筋、玻璃纤维等;胶料,如白乳胶或 107 胶;聚合物乳液或可再分散聚合物胶粉。

二、普通砌筑砂浆的主要技术性质

1.砂浆拌合物的性质

砂浆拌合物在硬化前应具有良好的和易性,即在运输和使用过程中不分层、泌水,能够在粗糙的砌体表面铺抹成均匀的薄层,与底面粘结良好。砂浆的和易性包括流动性和保水性两方面。

(1)流动性

砂浆的流动性又称稠度,反映砂浆在重力或外力作用下流动变形的能力。砂浆流动性与胶凝材料的品种和数量,用水量,集料细度、粒形和级配,增塑材料的品种和数量,拌和时间及使用条件有关。砂浆稠度用沉入度值度量,即以标准圆锥体在砂浆中的沉入深度表示,根据应用对象的不同,通常在 50～100mm 之间。在砌筑多孔吸水的块材及干热气候时,要求沉入度大些;砌筑密实、不吸水的块材及湿冷气候时,则沉入度可小些。

（2）保水性

保水性指砂浆能够保持水分的能力,即砂浆中各组分不易分离、泌水的能力。新拌砂浆在存放、运输和使用过程中,都必须保持其中的水分不很快流失,才能形成均匀致密的砂浆层,保证砂浆的正常硬化并获得必要的强度。凡是砂浆内胶凝材料量充足,尤其是掺加增塑材料的砂浆,其保水性都很好。砂浆中掺加适量的引气剂和减水剂,也能改善砂浆的保水性和流动性。砂浆的保水性用分层度表示,为砂浆静置30min 前后的沉入度的差值。分层度大于 30mm,表示砂浆的保水性不良,易离析;分层度接近于零,则砂浆凝结缓慢,易产生干缩裂缝。

2. 砂浆硬化体的性质

砂浆硬化后的性质主要是强度、粘结力和变形性能。

（1）强度

砂浆的强度一般为抗压强度,是以边长为 70.7mm 的立方体试件,按标准养护至 28d 的抗压强度平均值（单位:MPa）,用 $f_{m,0}$ 表示。

影响砂浆强度的因素很多,很难用简单的公式准确计算。在实际操作过程中,多采用试配的方法来确定其抗压强度。用于不吸水底面（如密实的石材和瓷砖）的砂浆强度,主要取决于所用胶凝材料的强度性质和水胶比;用于吸水底面（如烧结普通砖和其他多孔材料）的砂浆强度,主要取决于胶凝材料的强度、性质和用量,与原始水胶比关系甚微。这是因为多孔材料可吸收砂浆中的部分水分,而砂浆自身的保水性使砂浆中的水分稳定在同一水平,即砂浆中的含水量基本与水胶比无关,所以强度的影响因素就只有胶凝材料了。

砂浆的强度等级以标准条件下测定的抗压强度,经统计计算达到 95% 的保证率的强度标准值来划分。砂浆的强度等级有 M2.5、M5、M7.5、M10、M15、M20 等6个。

（2）黏结力

为保证砌体坚固,砂浆必须对砌筑块材有一定的黏结力。砂浆的黏结力主要与砂浆的抗压强度、抗拉强度、块材底面的毛糙程度、干净程度、润湿状态和养护条件有关。

（3）变形性能

砂浆在承受荷载或温度变化时,容易变形。如果变形过大或变形不均匀,则会导致砌体沉陷或开裂。在拌制轻骨料砂浆或掺和料量多的砂浆时,要注意配合比控制,防止收缩变形过大。

三、抹面砂浆

抹面砂浆是以薄层涂抹在建筑物表面的砂浆。按其功能可分为一般抹面砂浆、装饰砂浆、防水砂浆,以及其他特种抹面砂浆;按所用材料可分为水泥砂浆、混合砂浆、石灰砂浆和水泥细石砂浆。它们的基本功能都是粘结于基体之上,抹平、封闭,保护基体并形成需要的装饰效果。

普通抹面砂浆的功能是抹平表面,包裹并保护基体,使之免受自然环境和有害介质的侵蚀,延长使用寿命;同时也有平整美观的效果。

为了便于涂抹,抹面砂浆对于和易性的要求高于砌筑砂浆,故胶凝材料的用量高于砌筑砂浆。抹面砂浆与空气和底面的接触面积大,水分容易散失,因此对其保水性的要求也高。

抹面砂浆分两层或三层进行施工,各层的条件不同,对砂浆的性能要求也不同。砖墙的底层抹灰,多采用石灰砂浆或石灰炉灰砂浆;混凝土结构的底层抹灰,多采用混合砂浆。中层抹灰一般采用麻刀石灰砂浆。面层抹灰则多采用混合砂浆、麻刀或纸筋石灰砂浆。在容易碰撞或潮湿的地方,一般采用水泥砂浆。

装饰砂浆多用于室内外装饰,以增加美观效果。装饰砂浆一般是在普通抹面砂浆做好底层和中层抹灰后施工。装饰砂浆在普通抹面砂浆的基础上,添加矿物质颜料,使用特殊骨料;在施工时采用特种工艺,从而使表面呈现特殊的表面形式或各种色彩、线条和花样。装饰砂浆常用的类型有:拉毛、水刷石、水磨石、干粘石、斩假石、人造大理石、喷粘彩色瓷粒等。

防水砂浆是具有防水功能的抹面砂浆,是变形能力很小的刚性防水层。防水砂浆适用于不受振动和具有一定刚度的混凝土或砖石砌体结构表面。防水砂浆可以通过选择适当的胶凝材料和配合比,以及施工工艺等方法来获得指定的防水性能;也可以掺加防水外加剂来提高其抗渗性能。

聚合物砂浆含有适量的高分子聚合物,一般是聚合物乳液或可再分散聚合物胶粉。聚合物砂浆具有优良的粘结性能和较大的变形能力,常用于外保温体系中 $2\sim$ 4mm 厚的面层薄抹灰层。

习题与思考题

1.烧结砖的技术性质有哪些?

2.何谓"欠火砖"? 何谓"过火砖"?

3.如何评定砖的强度？

4.混凝土小型砌块的特点是什么？

5.轻质墙板的特点是什么？

6.砌筑砂浆与抹面砂浆的性能有何不同？

7.砂浆的和易性包括哪些性质,用何指标衡量？

8.砂浆的发展趋势是什么？

第四章 金 属 材 料

金属材料一般分为黑色金属和有色金属两大类。黑色金属为钢铁材料,有色金属指除铁以外的其他金属材料。用于土木工程的金属材料主要有建筑钢材和铝合金。

钢材是土木工程中用量最大的金属材料,包括用于钢结构的各种型钢、钢板,以及用于钢筋混凝土结构的钢筋和钢丝。钢材的主要优点为:

(1)质量均匀,性能可靠,是比较理想的各向同性弹塑性材料,可以按照一般力学计算理论分析钢材的实际性能,保证结构的可靠性。

(2)强度与硬度高。钢材的抗拉、抗压、抗弯、抗剪强度及硬度都很高,适用于制作各种重载构件和结构。

(3)塑性和韧性好,可以承受较大冲击作用,适于制作吊车梁等承受动荷载的结构和构件。

(4)加工性能好。可进行热加工(铸造、锻造),压力加工,冷加工(弯、拉、拔、轧),机械加工(车、刨、钻、切割),装配式加工(焊接、铆接),热处理(退火、回火、正火)等,大范围改变或控制钢材的性能和尺寸。

钢材的主要缺点为易锈蚀、维护费用高、耐火性能差。

铝和铝合金主要用于轻型房屋和装饰装修工程,其应用领域越来越广泛。

第一节 钢的生产、分类与结构

一、钢的冶炼与分类

钢的生产是高温下铁矿石内氧化铁还原成铁,然后经过进一步的冶炼,将各种杂质含量调整到指定范围的过程。目前国内建筑用钢主要采用氧气转炉和平炉冶炼。

由于在钢的冶炼过程中,部分铁被氧化成FeO,钢的质量下降。因此在浇注钢锭前,必须进行脱氧处理。根据脱氧程度不同,将钢分为沸腾钢、镇静钢、半镇静钢和特殊镇静钢4种。

沸腾钢代号"F",脱氧不完全,结构不够致密,成分不均匀,冷脆性和时效敏感性大,质量较低。但是沸腾钢产量大,成本低,故广泛用于一般建筑工程。镇静钢代号"Z",脱氧完全,结构致密,成分均匀,性能稳定,质量高,适用于承受冲击荷载或其他

重要结构工程。

半镇静钢代号"b",脱氧程度介于沸腾钢和镇静钢之间,其性能和质量也介于二者之间。

特殊镇静钢代号"TZ",脱氧程度高于镇静钢,质量最好,适用于特别重要的工程。

根据有害杂质(主要是磷、硫元素)的含量多少,钢分为普通钢、优质钢、高级优质钢和特殊优质钢,其磷(P)、硫(S)含量范围分别如下:

(1)普通钢:P≤0.045%,S≤0.050%;

(2)优质钢:P≤0.035%,S≤0.035%;

(3)高级优质钢:P≤0.025%,S≤0.025%;

(4)特殊优质钢:P≤0.025%,S≤0.015%。

钢坯通过热轧或锻造,制成各种型材。热加工可以使钢内部的气孔闭合,疏松的结构致密,并使晶粒细化,提高钢材质量。因此钢材质量随着加工次数增加而提高。

钢按照化学成分分为碳素钢和合金钢两类。

含碳量小于2.11%的铁碳合金称为碳素钢。按照含碳量多少,碳素钢又可分为低碳钢(C<0.25%)、中碳钢(C=0.25%~0.60%)、高碳钢(C>0.60%)。碳素钢除铁、碳外,还含有少量硅、锰和微量的硫、磷、氢、氧、氮等元素。

合金钢是在冶炼过程中,为改善钢的性质,加入一定量的合金元素而制得的钢种。常用的合金元素有硅、锰、钛、钒、铌、铬等。按合金元素含量不同,合金钢可分为为低合金钢(合金元素总量小于5%)、中合金钢(合金元素总量为5%~10%)、高合金钢(合金元素总量大于10%)。合金的组成方式有3种基本形式:

(1)固溶体。以一种金属为溶剂,另一种金属或非金属为溶质,共熔后形成的固体溶液。

(2)化合物。两种元素发生化学反应而形成的一种新的金属化合物。

(3)机械混合物。两种元素既不溶解也不化合,而是机械混合形成的一种组成物。在混合物中,两种组成物仍保持各自的晶体结构和性质,而混合物的性质取决于各组成物的相对比例。

建筑工程中一般使用低碳钢和低合金钢。

二、钢的组织结构

当纯铁由熔融的液态冷却时,其晶体结构将发生如下变化:

$$液态铁 \xleftrightarrow{1538℃} \delta\text{-Fe} \xleftrightarrow{1394℃} \gamma\text{-Fe} \xleftrightarrow{512℃} \alpha\text{-Fe}$$

1. 常温下铁碳合金的基本晶体组织

(1)固溶体

固体状态的铁(α-Fe)中溶有部分其他原子的结晶形态叫做固溶体。碳原子可以在铁的晶格空间内(间隙固溶体),也可以置换铁原子(置换固溶体)。常温下 α-Fe 中固溶的碳只有 0.006%,叫做铁素体。α-Fe 的原子空隙小,固溶碳的能力弱,所以铁素体的含碳量很少,其特性为塑性、韧性好,强度、硬度低。

碳原子固溶在 γ-Fe 中形成的固溶体叫做奥氏体,溶碳能力强,高温时含碳量可达 2.06%,低温下降至 0.8%。所以,奥氏体的含碳量为 0.8%~2.06%,其特性为强度、硬度不高,塑性好。

(2)化合物

由碳和铁两种元素的原子按 6.67% 比例结合而成的一种新的金属化合物叫做渗碳体,可用化学式 Fe_3C 来表示。渗碳体的晶格与铁及碳原来的晶格不同,性质也有很大的差异。其特性为塑性差,硬度高,呈脆性,抗拉强度低。

(3)珠光体

铁素体和渗碳体组成的层状机械混合物叫做珠光体,含碳量为 0.8%。

以上三种形式的铁碳合金,在一定条件下形成具有一定形态的聚合物,称为钢材的基本组织或显微组织。钢材随着含碳量的增加,其内部的基本组织类型及其含量发生变化,如图 4-1 所示,当含碳量在 0.8% 以下时,钢材的基本组织为铁素体和珠光体;当含碳量大于 0.8% 时,钢材由珠光体和渗碳体组成。

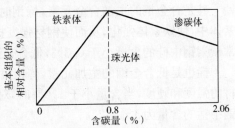

图 4-1 碳素钢基本组织相对含量与含碳量的关系

因此,随着含碳量的增加,钢材的力学性能也相应变化,如图4-2所示。当C<

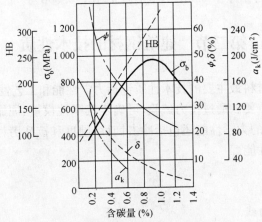

图 4-2 含碳量对碳素钢性能的影响

σ_b-抗拉强度;a_k-冲击韧性;δ-伸长率;ψ-断面收缩率;HB-硬度

0.8%时,钢材的基本组织为珠光体和铁素体,且随含碳量的增加,铁素体减少,珠光体增加,所以强度和硬度增加,塑性、韧性下降。而当 C>0.8%时,钢材的基本组织由珠光体和渗碳体组成,渗碳体包裹在珠光体的周围,渗碳体硬度高,脆性,所以当含碳量为 1.0%左右时,渗碳体还未形成一个完整的包裹层,对珠光体起强化作用,这时强度达到最高;而当含碳量进一步增加,渗碳体量增大,完全包裹珠光体,钢材的脆性进一步增大,强度下降。

2. 其他元素

合金元素原子也可以以同样的方式溶入铁素体晶格。固溶后,由于原子直径的差异,引起铁的晶格扭曲,从而使合金的强度和硬度升高,但是塑性和韧性有所降低,这种现象称为固溶强化。合金钢是在炼钢过程中,有意识地加入一种或多种合金元素,以改善钢的性能,或使其获得某些特殊性能。

(1)有益元素

硅是合金钢的主加合金元素,炼钢时起脱氧作用,当含量小于 1.0%时,溶于铁素体中,使铁素体强化,从而使钢材强度提高,且对其塑性和韧性没有不良影响。通常碳素钢中硅的含量小于 0.3%,低合金钢中硅的含量小于 1.8%。

锰也是低合金钢的主加元素,炼钢时起脱氧去硫作用,同时细化珠光体,提高钢材的强度和硬度,当含量小于 1.0%时,对钢材的塑性和韧性影响不大。一般低合金钢中锰的含量为 1%~2%。

(2)有害元素

磷(P)、硫(S)、氧(O)、氮(N)等元素对钢材性能具有危害作用,使钢材脆性增大,韧性和塑性降低,所以要严格控制这些有害元素的含量。通常磷、硫的含量均要小于 0.045%,氧的含量小于 0.03%,氮的含量小于 0.008%。

第二节 建筑钢材的技术性质

钢材作为结构材料最主要的技术性质包括力学性能和工艺性能。其中力学性能中的抗拉性能尤为重要。通过拉力试验,可确定其弹性模量、屈服应力、抗拉强度及延伸率。此外,钢材的力学性能还包括冲击韧性、硬度和抗疲劳性能;工艺性能主要有冷弯性能和焊接性能。

一、抗拉性能

1. 应力—应变曲线

钢材受拉力作用时的应力—应变曲线图是描述钢材受拉性能的基本曲线,如图 4-3 所示。根据应力—应变曲线,钢材受拉伸直到破坏的过程可分为以下 4 个阶段。

（1）弹性阶段（OA 段）

在弹性阶段钢材所产生的变形为弹性变形，如卸去荷载，试件将恢复原状。与 A 点相对应的应力为弹性极限，用 σ_p 表示。此阶段应力 σ 与应变 ε 成正比，其比值为常数，即弹性模量，用 E 表示，$E=\sigma/\varepsilon$。弹性模量反映了钢材抵抗变形的能力，它是钢材在受力条件下计算结构变形的重要指标。土木工程常用的低碳钢的弹性模量 $E=(20\sim21)\times10^4$ MPa，弹性极限 $\sigma_p=180\sim200$ MPa。

（2）屈服阶段（AB 段）

当应力超过 σ_p 后，应变增加很快，而应力基本保持不变，这种现象称为屈服。此时应力与应变不再成比例，试件开始产生塑性变形。σ-ε 曲线上开始发生屈服的点 B，称为屈服点，这时的应力称为屈服极限，用 σ_s 表示。σ_s 是衡量材料强度的重要指标。建筑上常用低碳钢的 σ_s 为 $195\sim235$ MPa。如果应力在屈服阶段出现上下波动，则应区分上屈服点（σ_{SU}）和下屈服点（σ_{SL}）。由于下屈服点比较稳定且容易测量，因此采用下屈服点作为钢材的屈服强度。硬钢由于没有明显的屈服阶段，所以规定以产生残余应变为 0.2% 时的应力作为屈服强度，记为 $\sigma_{r0.2}$，如图 4-4 所示。

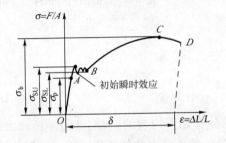

图 4-3　低碳钢拉伸应力—应变曲线

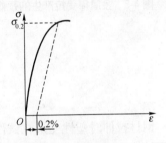

图 4-4　硬钢的屈服点 $\sigma_{r0.2}$

钢材受力达到屈服点后，变形即迅速发展，尽管尚未破坏但已不能满足使用要求，故设计中一般以屈服点作为强度取值的依据。

（3）强化阶段（BC 段）

当荷载超过屈服点后，因塑性变形使其内部的组织结构得到调整，抵抗变形的能力有所增强，σ-ε 曲线又开始上升，称为强化阶段。材料破坏前，应力—应变图上的最大应力值，即曲线最高点 C 所对应的应力称为抗拉强度，用 σ_b 表示，常用低碳钢的 σ_b 为 $375\sim500$ MPa。

工程上使用的钢材不仅希望其具有高的 σ_s，还希望其具有一定的屈强比（σ_s/σ_b）。屈强比值越小，钢材在受力超过屈服点时的可靠性越大，结构的安全储备越大，结构越安全。但如果屈强比过小，则钢材有效利用率太低，造成浪费。常用低碳钢的屈强比为 $0.58\sim0.63$，合金钢为 $0.65\sim0.75$。

（4）颈缩阶段（CD段）

应力超过 σ_b 后，试件的变形开始集中于某一小段内，使该段的横截面面积显著减小，出现如图4-5所示的颈缩现象，σ-ε 曲线开始下降，直至 D 点，试件被拉断。

2. 延伸率和截面收缩率

试件拉断后，其弹性变形消失，塑性变形则残留下来。将拉断的试件对接在一起如图4-6所示，测量拉断后的标距长度 L_1 和断口处的最小横截面面积 A_1，则延伸率 δ 可按式（4-1）计算，截面收缩率 ψ 可按式（4-2）计算。

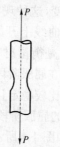

图4-5 金属棒受拉产生的颈缩现象

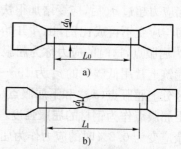

图4-6 拉断前后的试件
a）拉断前；b）拉断后

$$\delta = \frac{L_1 - L_0}{l_0} \times 100\% \tag{4-1}$$

$$\psi = \frac{A_0 - A_1}{A_1} \times 100\% \tag{4-2}$$

钢材拉伸时塑性变形在试件标距内的分布是不均匀的，颈缩处的伸长较大。所以原始标距 L_0 与直径 d_0 之比越大，颈缩处的伸长值在总伸长值中所占比例就越小，则计算所得伸长率 δ 也越小。通常钢材拉伸试件取 $L_0 = 5d_0$ 或 $L_0 = 10d_0$，其伸长率分别以 δ_5 和 δ_{10} 表示。对同一钢材，δ_5 大于 δ_{10}。

传统伸长率只反映颈缩断口区域的残余变形，不反映颈缩发生前全长的平均变形，也未反映已回缩的弹性变形，与钢筋拉断时的应变状态相去甚远。且各类钢筋对颈缩的反应不同，加上断口拼接量测误差，难以真实地反映钢筋的延性。为此，以钢筋在最大拉力下的总伸长率（简称均匀伸长率）δ_{gt}，作为钢筋延性的指标更为科学。我国目前实行的规范已规定，除断后伸长率外，均匀伸长率也可作为钢材延性的指标。在一般试验室条件下，可以量测试验后非颈缩断口区域标距内的残余应变（图4-7），加上已恢复的弹性应变，即得到钢材的均匀伸长率 δ_{gt}：

$$\delta_{gt} = \left(\frac{L_1 - L_0}{L_0} + \frac{F_b}{A_s E_s} \right) \times 100\% \tag{4-3}$$

式中：L_0——试验前两标志间的距离；

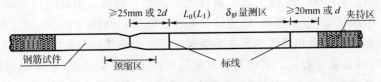

图 4-7 钢材均匀伸长率的测定

L_1——试验后两标志间的实际距离；

F_b——最大作用力；

A_s——钢材截面积；

E_s——钢材弹性模量。

δ 与 Ψ 是衡量材料塑性的两个重要指标。δ 与 Ψ 值越大，说明材料的塑性越好。尽管结构是在钢的弹性范围内使用，但在应力集中处，其应力可能超过屈服点，此时产生一定的塑性变形，可使结构中的应力重新分布，从而避免结构破坏。常用低碳钢的延伸率 $\delta=20\%\sim30\%$，截面收缩率 $\Psi=60\%\sim70\%$。

二、冲击韧性

冲击韧性指钢材抵抗冲击荷载的能力，钢材的冲击韧性用冲断试样所需能量的多少来表示。钢材的冲击韧性试验是采用中间开有"V"形缺口的标准弯曲试样，置于冲击机的支架上，并使切槽位于受拉的一侧，如图 4-8 所示。当试验机的重摆从一定高度自由落下，将试样冲断时，试样吸收的能量等于重摆所做的功 W，若试件在缺口处的最小横截面积为 A，则冲击韧性 α_k 按式(4-4)计算：

$$\alpha_k = \frac{W}{A} \tag{4-4}$$

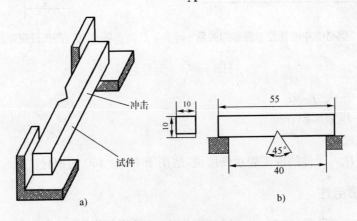

图 4-8 冲击韧性试验

a)试件装置；b)V 形缺口试件

α_k 的单位为 J/cm^2，α_k 越大表示钢材抗冲击能力越强。钢材的冲击韧性对钢的化学成分、组织状态，以及冶炼、轧制质量都比较敏感。例如，钢中磷、硫含量较高，存在偏析、非金属夹杂物和焊接中形成的微裂纹等都会使其冲击韧性显著降低。

α_k 值与试验温度有关。有些材料在常温时冲击韧性并不低，破坏时呈现韧性破坏特征；但当试验温度低于某值时，温度在一个很小的范围内变化，α_k 突然大幅度下降，材料无明显塑性变形，而发生脆性断裂，这种性质称为钢材的冷脆性，α_k 剧烈改变的温度区间称为脆性转变温度。图 4-9 显示钢材由塑性状态转变为脆性状态的规律，钢材的脆性转变温度与钢的品种、化学成分、微观结构及试验条件有关。北方寒冷地区需要检验钢材的冷脆性。

三、硬度

硬度是衡量材料抵抗另一硬物压入、表面产生局部变形的能力。硬度可以用来判断钢材的软硬，同时间接地反映钢材的强度和耐磨性能。钢材的硬度有两种衡量指标。

1. 布氏硬度

适合于 HB<450 的钢材，见式（4-5），测量方法如图4-10所示。

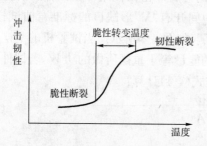

图 4-9　钢材的冲击韧性与温度的关系

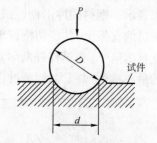

图 4-10　布氏硬度测定方法

$$HB = \frac{P}{A}（无量纲）\tag{4-5}$$

式中：P——压入力，N；

A——压痕面积，mm^2。

2. 洛氏硬度

以压头压入试件的深度表示硬度值，适用于 $HB>450$ 的钢材。

四、耐疲劳性

钢材在交变荷载（方向、大小循环变化的力）的反复作用下，往往在应力远小于其抗拉强度时就发生破坏，这种现象称为钢材的疲劳破坏。试验证明，钢材承受的交变

应力 σ 越大,则钢材至断裂时经受的交变应力循环次数 N 越少,反之越多。当交变应力降低至一定值时,钢材可经受交变应力循环达无限次而不发生疲劳破坏。通常取交变应力循环次数取某一固定值(例如 $N=10^7$)时试件不发生破坏的最大应力值 σ_N 作为其疲劳极限。在进行疲劳试验时,采用的最小与最大应力之比 ρ 称做疲劳特征值。对于预应力钢筋通常取 $0.7\sim0.85$;对于非预应力钢筋,通常取 $0.1\sim0.8$。图 4-11 为钢材的疲劳曲线。

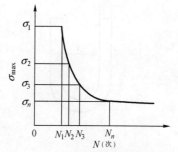

图 4-11　钢材的疲劳曲线

钢材的疲劳破坏一般是由拉应力引起的。首先在局部开始形成细小裂纹,随后由于微裂纹尖端的应力集中而使其逐渐扩大,直至突然发生瞬时疲劳断裂。从断口可以明显地区分出疲劳裂纹扩展区和瞬时断裂区。

一般来说,钢材的抗拉强度高,其疲劳极限也较高。钢材的内部组织结构、成分偏析及其他缺陷是决定其疲劳性能的主要因素。同时,由于疲劳裂纹是在应力集中处形成和发展的,故钢材的截面变化、表面质量及内应力大小等可能造成应力集中的因素都与其疲劳极限有关。例如钢筋焊接接头的卷边和表面微小的腐蚀缺陷,都可使疲劳极限显著降低。当疲劳条件与腐蚀环境同时出现时,可促使局部应力集中的出现,大大增加了疲劳破坏的危险性。

由于大多数建筑物在设计时,都留有较大的安全系数,故设计者很少担心结构本身会因为疲劳而破坏。但是例如 1980 年挪威北海 Keilland 石油钻井平台发生倒塌的事故,就是由于它的一根支架出现了疲劳破坏,说明这个问题仍然不可忽视。如果不注意,焊点会由于非焊接区偶然导致的应力集中而发生危险。有些部件,例如作为连接零件的螺栓,在长期动荷载作用下,可能处于危险状态。疲劳在桥梁设计中是一个重要的问题。

五、工艺性能

工艺性能是指钢材是否易于加工成型的性能,主要包括冷弯性能和焊接性能。

1. 冷弯性能

冷弯性能是指钢材在常温下承受弯曲变形的能力,以试验时的弯曲角度 α 和弯心直径 d 为衡量指标(图 4-12)。钢材的冷弯试验是通过直径(或厚度)为 a 的试件,采用标准规定的弯心直径 $d(d=na)$,弯曲到规定的角度($180°$ 或 $90°$)时,检查弯曲处有无裂纹、断裂及起层等现象,若无则认为冷弯性能合格。钢材冷弯时的弯曲角度越大,弯心直径越小,则表示其冷弯性能越好。

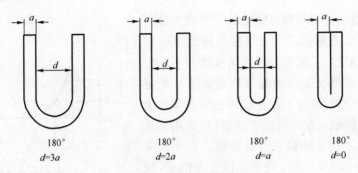

180°	180°	180°	180°
d=3a	d=2a	d=a	d=0

图 4-12　钢材的冷弯试验

钢材的冷弯性能和其伸长率一样,也是表示钢材在静荷载条件下的塑性。但冷弯是钢材处于不利变形条件下的塑性,而伸长率是反映钢材在均匀变形下的塑性。故冷弯试验是一种比较严格的检验方法,它能揭示钢材内部组织是否均匀,是否存在内应力或夹杂物等缺陷。在拉力试验中,这些缺陷常因塑性变形导致应力重新分布而得不到反映。在工程实践中,冷弯试验还被用作检验钢材焊接质量的一种手段,能揭示焊件在受弯表面存在的未熔合、微裂纹和夹杂物。

2.焊接性能

焊接是一种采用加热或加热同时加压的方法使两个分离的金属件联结在一起。焊接后焊缝部位的性能变化程度称为焊接性。在建筑工程中,各种钢结构、钢筋及预埋件等,均需焊接加工,因此要求钢材具有良好的可焊性。在焊接中,由于高温作用和焊接后急剧冷却作用,会使焊缝及附近的过热区发生晶体组织及结构变化,产生局部变形及内应力,使焊缝周围的钢材产生硬脆倾向,降低焊接质量。如果采用较为简单的工艺就能获得良好的焊接效果,并对母体钢材的性质没有什么劣化作用,则此种钢材的可焊性是好的。

低碳钢的可焊性很好。随着钢中碳含量和合金含量的增加,钢材的可焊性减弱。钢材含碳量大于 0.3%,可焊性变差;杂质及其他元素增加,也会使钢材的可焊性降低。特别是钢中含硫会使钢材在焊接时产生热脆性。采用焊前预热和焊后热处理的方法,可使可焊性差的钢材焊接质量提高。

第三节　建筑钢材的选用

按钢材在结构物中的用途分类,钢材可分为以下几个类别。

一、钢结构用钢

钢结构用钢主要有碳素结构钢和低合金结构钢两种。

国家标准《碳素结构钢》(GB/T 700—2006)规定,我国碳素结构钢由氧气转炉、平炉或电炉冶炼,一般以热轧状态供应。我国碳素结构钢分为 Q195、Q215、Q235、Q255 和 Q275 五个牌号。随着牌号的增大,其含碳量增加,强度提高,塑性和韧性降低,冷弯性能逐渐变差。同一钢号内质量等级越高,钢材的质量越好,如 Q235C、D 级优于 A、B 级。

钢结构用普通碳素钢的选用大致根据结构的工作条件,承受荷载的类型(动、静荷载),受荷方式(直接、间接受荷),结构的连接方式(焊接、非焊接)和使用温度等因素综合考虑,对各种不同情况下使用的钢结构用钢都有一定的要求。

建筑工程中常用的碳素结构钢牌号为 Q235。这种钢冶炼方便,成本较低,具有较高的强度和较好的塑性与韧性,可焊性也好,满足一般钢结构和钢筋混凝土结构的用钢要求。Q195 和 Q215 号钢常用作生产一般使用的钢钉、铆钉、螺栓及铁丝等;Q255 和 Q275 号钢多用于生产机械零件和工具等。

低合金高强度结构钢是在普通碳素结构钢的基础上加入总量小于 5% 的合金元素而形成的钢种。国家标准《低合金高强度结构钢》(GB/T 1591—1994)规定,我国低合金高强度结构钢由氧气转炉、平炉或电炉冶炼,一般以热轧、控轧、正火及正火加回火状态交货。低合金高强度结构钢按屈服点数值大小分为 5 个强度等级:Q295、Q345、Q390、Q420、Q460;按不同强度等级、用途和对钢材韧性的要求,分为 5 个质量等级:A、B、C、D、E。A 级不做冲击试验,后四个等级分别做 +20℃、+0℃、−20℃、−40℃温度下的冲击试验。

低合金高强度结构钢与碳素结构钢相比,具有较高的强度,综合性能好,所以在相同使用条件下,可比碳素结构钢节省用钢 20%～30%,这对减轻结构自重十分有利。低合金高强度结构钢具有良好的塑性、韧性、可焊性、耐低温性及抗腐蚀等性能,有利于延长结构使用寿命。低合金高强度结构钢特别适用于高层建筑、大柱网结构和大跨度结构。

压型钢板是用表面涂层或镀锌的薄钢板经冷轧或冷压成波形、双曲线形、V 形等形状;具有单位质量轻、强度高、抗震性能好、施工快、外形美观等优点,主要用于围护结构、楼板和屋面等。

冷弯薄壁型钢是用 2～6mm 的薄钢板经冷弯或模压而制成,有角钢、槽钢等开口薄壁型钢与方形、矩形等空心薄壁型钢,用于轻钢结构。

二、钢筋混凝土结构用钢

根据国家标准《钢筋混凝土用热轧光圆钢筋》(GB 1499.1—2007)和《钢筋混凝土用钢第 2 部分:热轧带肋钢筋》(GB 1499.2—2007)的规定,热轧钢筋按其力学性能分为 4 个牌号,根据其表面状态特征分为光圆钢筋和带肋钢筋。用普通碳素钢

Q235 经热轧而成的光圆钢筋,牌号为 HPB235。其公称直径 8～20mm,屈服点 ＞235MPa,抗拉强度＞370MPa,伸长率 ＞25％。采用普通低合金钢经热轧而成的 带肋钢筋(图 4-13),牌号为 HRB335、 HRB400 和 HRB500。各牌号中的数字代 表屈服点最小值。其公称直径 6～50mm, 伸长率＞12％～16％。

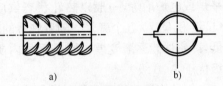

图 4-13　带肋钢筋

　　HRB335 热轧带肋钢筋现占主导地位,约占钢筋混凝土用钢筋产量和消费量的 70％～80％。由于生产工艺和成分设计相对简单,30 年来其成分没有发生明显变 化,生产工艺成熟,应用广泛。HRB400 级钢筋是目前国家重点推广的建筑用钢更新 换代产品。HRB400 级钢筋具有优良的性能:强度高、延性好、设计强度为 360MPa, 比 HRB335 级钢筋可节省用钢量 10％～18％;性能稳定,应变时效敏感性低,安全储 备量比 HRB335 级钢筋大,焊接性能良好,适应各种焊接方法;抗震性能好,屈强比 大于 1.25;韧脆性转变温度低,通常在－40℃下断裂仍为塑性断口,冷弯性能合格; 具有较高的高应变低周疲劳性能,有利于提高工程结构的抗破坏能力。HRB500 级 是中国目前最高等级的热轧钢筋,可满足高层、超高层建筑和大型框架结构等对高强 度、大规格钢筋的需求。HRB500 级钢筋既有较高的强度($\sigma_s \geqslant 500MPa$,$\sigma_b \geqslant$ 630MPa),又有良好的塑性($\delta_5 \geqslant 12％$)和抗震性能。HRB500 级钢筋具有良好的经 济效益和社会效益,用它取代 HRB335 级钢筋可节约用钢量 28％以上,取代 HRB400 级钢筋可节约 14％的用钢量。

　　根据国家标准《冷轧带肋钢筋》(GB 13788—2000)的规定,冷轧带肋钢筋是采用 普通低碳钢或低合金钢热轧的圆盘条为母材,经冷轧减小直径后,在其表面冷轧成二 面或三面有肋的钢筋。根据其抗拉强度的高低,分为 CRB550、CRB650、CRB800、 CRB970 和 CRB1170 五个牌号。冷轧带肋钢筋是一种新型高效建筑钢材,将逐步取 代冷拔低碳钢丝。冷轧带肋钢筋的强度高、塑性也好,具有优良的综合力学性能。它 代替普通钢筋,用于一般的钢筋混凝土结构,可节约钢材 30％以上。

　　根据国家标准《冷轧扭钢筋》(JG 190—2006)的规定,冷轧扭钢筋是采用普通低 碳钢热轧的圆盘条为母材,经专用钢筋冷轧机调直、冷轧并冷扭一次成型,具有规定 截面形状和节距的连续螺旋状钢筋。要求其抗拉强度大于 580MPa,伸长率大于 4.5％。冷轧扭钢筋按其截面形状不同分为 I 型(矩形)和 II 型(菱形)两类(图 4- 14)。冷轧扭钢筋是一种具有强度高、加工制作简单、产品商品化、施工方便等优 点的新的结构材料。该钢筋可按工程需要定尺寸供应,刚性好,绑扎后不易变形和 位移。应用于允许出现裂缝的现浇板类构件时,可考虑不超过 15％的塑性内力重 分布。该钢筋在保持了足够塑性的前提下提高了母材的强度,其螺旋状外形提高了与混凝土的握裹力,改善了构件的受力性能,使形成的混凝土结构具有承载力高、刚度好、裂缝小、破坏前存在明显预兆等特点。冷轧扭钢筋混凝土构件受力达到破坏极限时,构件不是立即"折断",而是(如受弯构件)破坏前有相当的延续时间,属延性破坏。

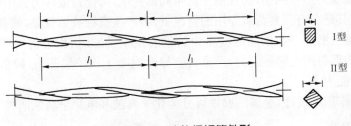

图 4-14   冷轧扭钢筋外形

大型预应力混凝土结构,由于受力很大,常采用高强度优质钢丝或钢绞线作为主要受力钢筋。其抗拉强度可达 1500MPa 以上,屈服强度达 1100MPa 以上。预应力混凝土用钢丝可用于大跨度屋架及薄壁梁、吊车梁、桥梁、电杆和轨枕等的预应力钢筋。预应力混凝土用钢绞线是由 7 根直径为 2.5~5.0mm 的高强钢丝绞捻而成。钢绞线主要用作大跨度、大负荷的后张法预应力屋架、桥梁和薄壁梁等结构的预应力钢筋。现在还有一种主要用于预应力钢筋混凝土的刻痕钢丝,是由碳素钢经压痕轧制而成。其强度高,与混凝土握裹力大,可减少混凝土裂缝。

三、建筑装饰用钢

建筑装饰用钢材主要有不锈钢制品、彩色涂层钢板和轻钢龙骨等。

不锈钢具有较强的抗锈蚀能力和很好的光泽,在建筑工程中以薄钢板形式用作包柱装饰材料。此外,不锈钢还可加工成型材、管材和各种异型材,制作屋面、幕墙、门窗、栏杆和扶手等。

彩色涂层钢板是以经过表面处理的冷轧钢板为基材,两面涂覆聚合物涂层,并辊压成一定形状。这种复层钢板兼有钢板和塑料的优点,具有良好的加工成型性、耐腐蚀性和装饰性,可用作建筑外墙板、屋面板和护壁板等。用彩色涂层压型钢板与 H 型钢、冷弯型材等各种经济端面型材配合建造的钢结构房屋,已发展成为一种完整而成熟的建筑体系,使结构的自重大大减轻。某些以彩色涂层钢板为围护结构的全钢结构的用钢量,已接近或低于钢筋混凝土结构的用钢量。

轻钢龙骨是以镀锌钢带或薄钢板轧制而成,强度高、通用性强、耐火性好、安装简单。轻钢龙骨可装配各种类型的石膏板、钙塑板和吸音板等饰面板,是室内吊顶装饰和轻质板材隔断的龙骨支架。

第四节　金属的腐蚀与防护

金属的腐蚀是指其表面与周围介质发生化学反应而遭到的破坏。金属材料若遭到腐蚀,将使其受力面积减小,而且由于产生局部锈坑,可能造成应力集中,促使结构提前破坏。尤其是在有反复荷载作用的情况下,将产生腐蚀疲劳现象,使疲劳强度大为降低,出现脆性断裂。在钢筋混凝土中的钢筋发生锈蚀时,由于锈蚀产物体积增大,在混凝土内部将产生膨胀应力,严重时会导致混凝土保护层开裂,降低钢筋混凝土构件的承载能力。

根据腐蚀作用的机理,金属的腐蚀可分为化学腐蚀和电化学腐蚀两种。

一、化学腐蚀

化学腐蚀是指金属直接与周围介质发生化学反应而产生的腐蚀,这种腐蚀多数是由于氧化作用导致的。在金属的氧化过程中,首先生成的氧化物薄膜的性质将控制进一步氧化的速率。当氧化物膜很致密时,则只能依靠离子穿过氧化物膜来产生进一步的氧化,由此只能生成很薄的氧化物薄膜。反之,若首先生成的氧化物层是疏松多孔的,则不能阻止进一步的氧化。

几乎没有什么金属能在较大温度范围内具有明显的抗氧化能力,但铬和铝却是个例外。铬在开始阶段很容易被氧化,但氧化生成的非常薄的铬氧化物层具有极慢的增长速率,并能为进一步的氧化给予很好的防护。铬对氧的亲和能力很大,在含铬约12%以上的合金中优先发生铬的氧化,生成富铬氧化物层,并阻止合金内部的进一步氧化。因此铬是不锈钢不可缺少的组分。铝与铬相似,在开始阶段易于氧化,生成很薄的氧化铝保护层,阻止金属内部的进一步氧化。

二、电化学腐蚀

电化学腐蚀是指电极电位不同的金属与电解质溶液接触形成微电池,产生电流而引起的腐蚀。要形成微电池,必须有电极电位较负的金属作为阳极,电极电位较正的金属作为阴极,以及液体电解质作为导电介质。在电化学腐蚀反应中,阳极金属被腐蚀,以离子形式进入溶液;在阴极则生成氢氧根离子或放出氢气。腐蚀电池的形成具有多种形式,不同种类的金属相接触、合金中不同的相、同一金属中结构的差异、电解质溶液条件的改变等都可能形成腐蚀电池。因此,电化学腐蚀给钢结构、钢筋混凝土结构带来的危害是比较严重的。在实际工程中通常采取以下技术措施来避免钢材的电化学腐蚀。

1. 防止形成电化学微电池

例如,当钢管与黄铜紧固件连接时会形成腐蚀电池,使钢管被腐蚀。通过中间介入塑料配件使钢管与黄铜绝缘,可以避免腐蚀电池的形成,减小危害程度。或者使阳极的面积远大于阴极的面积。例如,可以使用铜铆钉来紧固钢板。由于铜铆钉的面积很小,只能产生有限的阴极反应,相应地限制了钢板的阳极腐蚀反应速度。反之,如果用钢铆钉来连接铜板,小面积的钢材阳极所输出的大量电子能及时被大面积的铜阴极所吸收,钢铆钉将以很快的速度被腐蚀。另外,防止形成腐蚀电池的重要环节有:在装配或连接材料之间尽量避免出现缝隙,零件连接处应避免形成水的通道,采用焊接形式比机械连接对防止电化学腐蚀更为有利,要尽量减少钢筋混凝土中的混凝土缺陷。

2. 采取隔绝保护措施

最常用的方法是在金属表面涂刷油漆、搪瓷、镀锌或铬等保护层,使金属与环境介质隔绝。油漆的耐久性不好,每隔数年就要重新涂刷一遍。金属镀层在钢材表面的保护效能,取决于镀层金属与钢材之间电极电位的相对值及其抗腐蚀能力。锌可以在表面形成一层不溶的碱式碳酸盐,因此具有良好的抗大气腐蚀能力。锌相对于钢材为阳极,当镀锌钢板表面的镀锌层被划伤,露出钢材时,因钢材阴极的面积很小,则锌镀层将以极慢的速率被腐蚀,而钢材仍然受到保护。铬相对于钢材为阴极,当镀铬钢板(克罗米)表面的镀铬层被划伤时,将会促进钢的腐蚀。近年来出现了一种在薄钢板表面涂覆一层彩色有机涂层的彩色涂层钢板,具有较好的抗大气腐蚀能力。

3. 使用缓蚀剂

某些化学物质加入到电解质溶液中,会优先移向阳极或阴极表面,阻碍电化学腐蚀反应的进行。亚硝酸钠就是一种常用的缓蚀剂,将其加入到钢筋混凝土中,可大大延缓钢筋的锈蚀。一些有机物质也具有同样的效能。

4. 阴极保护

将起阳极作用的金属电极与结构构件连接起来,则这个作为"牺牲品"的阳极将被腐蚀,而使构件得到保护。例如锌和镁可作为阳极起到保护钢材的作用。将直流电源连接于附加阳极和要保护的结构构件之间,使结构成为阴极而被保护,而附加阳极则被腐蚀。

一般混凝土中钢筋的防锈措施是提高混凝土的密实度,保证混凝土保护层的厚度和限制混凝土中氯盐外加剂的掺量或使用防锈剂等。预应力混凝土用钢筋由于含碳量较高,又多经过冷加工处理,因而对锈蚀破坏较为敏感,特别是高强度热处理钢筋,容易产生应力腐蚀现象。所以对于重要的预应力混凝土承重结构,规定不能掺用氯盐类外加剂。

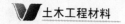
习题与思考题

1. 为什么说屈服点、抗拉强度和伸长率是钢材的主要技术指标?

2. 试述钢材的冷弯性能的表示方法及其实际意义。

3. 含碳量增加,碳素钢的性质有何变化?

4. 何谓马氏体、奥氏体、珠光体和渗碳体? 这些组分的含量变化对钢材的性能有何影响?

5. 在寒冷地区使用钢材时,需要特别考虑钢材的什么性质?

6. 桥梁用钢需要考虑钢材的什么性质?

7. 冷轧扭钢筋与普通热轧钢筋在性能上有何区别?

8. 简述钢材的化学腐蚀和电化学腐蚀机理,如何防止钢结构发生电化学腐蚀?

第五章　高分子材料

　　高分子材料包括塑料、橡胶、合成纤维、沥青等。高分子材料的主要组成是高分子化合物，是由一种或多种简单低分子化合物（单体）聚合而成，也叫聚合物或高聚物，其分子量常有几万，甚至几百万。高分子聚合物主要是碳氢化合物，其中包含氧、氮、磷、硫等元素，以共价键方式组成大分子链。

　　聚合物是由大量的大分子链组成的，其组成与结构形式复杂多变，从而使高分子材料族类繁多，其品种数以百万计。组成聚合物的各个大分子链的链节数不等，大分子链的长短不同，分子量也不同，因此通常用平均聚合度或平均分子量来描述某种聚合物的组成。聚合物的物理、力学性能与平均分子量和分子量的分散性有关。

第一节　沥青与沥青混合料

　　沥青是一种以碳、氢化合物及其非金属衍生物为主要成分的有机胶凝材料。常温下，沥青是一种黑色或黑褐色的固体、半固体或黏性液体。它与水泥具有同样的功能，即经过自身的物理化学变化，具有一定的强度，并且具有胶结能力，能够把砂、石等矿物质材料黏结为一个整体。沥青根据产源分为地沥青和焦油沥青。地沥青又分为天然沥青和石油沥青。天然沥青是石油浸入岩石或流出地表后，经地球物理因素的长期作用，轻质组分挥发和缩聚而成的沥青质材料。石油沥青是由石油原油经蒸馏提炼出各种轻质油（汽油、柴油等）及润滑油以后的残留物，分为黏稠沥青和液体沥青。而焦油沥青是将各种有机物质干馏得到的焦油，经再加工而得到的沥青类物质，包括煤沥青、木沥青和页岩沥青等。

　　作为胶凝材料，沥青与矿物质材料的黏结性能好，能够把粒状的砂石骨料黏结为一个整体，并具有一定的强度。与水泥相比，沥青具有憎水性，水不容易进入沥青混凝土的内部，同时沥青具有一定的塑性，能适应基体材料的变形，连续性好，这些特点使得沥青混凝土适用于水工结构物。沥青混凝土属于柔性材料，对于冲击荷载具有缓冲能力，所以适合做路面材料。沥青材料的抗蚀性强，能抵抗酸、碱、盐类物质的侵蚀。沥青材料的最大弱点是其性质随温度变化的不稳定性，并且和其他有机材料一样，在长期的大气因素作用下容易老化变质。

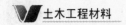

一、石油沥青及其性质

石油沥青是将石油原油经过常压蒸馏和减压蒸馏,提炼出汽油、煤油、柴油等轻质油及润滑油后,在蒸馏塔底部残留下来的黑色黏稠物,也称渣油。

1. 石油沥青的组成

石油沥青的主要化学成分是由碳元素(C)和氢元素(H)构成的碳氢化合物,其中碳元素占$80\%\sim87\%$,氢元素占$10\%\sim15\%$。此外,还含有少量的O、N、S等非金属元素。但石油沥青的化学组成很复杂,是由多种复杂的碳氢化合物及其非金属衍生物组成的混合物。由于这种化学组成结构的复杂性,使许多化学成分相近的沥青,性质上表现出很大的差异;而性质相近的沥青,其化学成分并不一定相同。即对于石油沥青这种材料,在化学组成与性质之间难以找出直接的对应关系。所以通常是从实用的角度出发,将沥青中分子量在某一范围之内,物理、力学性质相近的化合物划分为几个组,称为石油沥青的组丛。各组丛具有不同的特性,直接影响石油沥青的宏观物理、力学性质。

石油沥青主要含有以下三大组丛。

(1)油分

油分是一种常温下呈淡黄色至红褐色的油状液体,分子量范围为$100\sim500$,是石油沥青中分子量最低的组分;密度介于$0.7\sim1.0\text{g/cm}^3$之间,为沥青中最轻的组分;在$170℃$的温度下较长时间加热可以挥发,能溶于石油醚、二硫化碳、苯、四氯化碳等有机溶剂,但不溶于酒精。在通常的石油沥青中,油分的含量为$40\%\sim60\%$。由于油分是沥青中分子量最小、密度最小的组分,油分对沥青性质的影响主要表现为降低稠度和黏滞度,增加流动性,降低软化点。油分含量越多,沥青的延度越大,软化点越低,流动性越大。

(2)树脂

树脂也叫做胶质或脂胶,是一种黄色或黑褐色的黏稠半固体,分子量范围在$600\sim1000$之间,密度为$1.0\sim1.1\text{g/cm}^3$,能溶于石油醚、汽油、苯、醚和氯仿等有机溶剂,但对于酒精和丙酮的溶解度很小。树脂在石油沥青中的含量大约为$15\%\sim30\%$。由于树脂的存在,使石油沥青具有一定的可塑性和黏结性。树脂的含量直接决定着沥青的变形能力和黏结力,树脂含量增加,沥青的延伸度和黏结力增加。但树脂的化学稳定性较差,在空气中容易氧化缩合,部分转化为分子量较大的地沥青质。

(3)地沥青质

地沥青质是一种深褐色或黑色的无定形脆性固体微粒,分子量为$2000\sim6000$,密度大于1.0g/cm^3,不溶于酒精、石油醚和汽油,能溶于二硫化碳、氯仿、苯和四氯化碳等。其在石油沥青中的含量为$10\%\sim30\%$,属于固态组分,无固定软化点。当温度达到300℃以上时将分解为气体和焦炭。地沥青质能提高沥青的软化点,改善温度稳定性,但使沥青的脆性变大。地沥青质含量越高,石油沥青的软化点越高,黏性越大,温度稳定性越好,但同时沥青也就越硬脆。

以上三大组丛,随着分子量范围的增大,塑性降低、黏滞性和温度稳定性提高,合理调整三者的比例,可获得所需要性质的沥青。但是在长期使用过程中,由于受大气因素的作用,一部分油分的分子将挥发,而一部分树脂的分子将逐步聚合转化为大分子的组丛,即油分和树脂组分的含量减少,地沥青质组分增多,使得石油沥青的塑性降低,黏滞性增大,变硬变脆。这是高分子物质的普遍特性。

除以上油分、树脂、地沥青质三大组丛之外,石油沥青还存在着少量的碳青质和焦油质,这两种组丛属于黑色固体,分子量大约为75000,密度大于1,对沥青性质的影响表现为降低塑性和黏性,加快老化速度。但由于其含量极少,所以对沥青的性质影响不大。石油沥青中的蜡质是有害成分,会降低沥青的温度稳定性、胶结性和低温塑性,应严格限制其含量。

2.石油沥青的结构

石油沥青的性质不仅仅取决于其化学组丛,还与其内部结构有密切关系。现代胶体学说认为,石油沥青是固态的地沥青质分散在低分子量的液态介质中所形成的分散体系。但是地沥青质对于油分是憎液性的,而且在油分中是不溶解的,所以如果油分和地沥青质两种组分混合则形成不稳定的体系,地沥青质极易絮凝。但是地沥青质对于树脂是亲液性的,树脂对于油分也是亲液性的,所以,石油沥青的结构如图5-1所示,是以地沥青质为核心,周围吸附了部分树脂和油分的互溶物而形成胶团,分散在溶有部分树脂的油分之中,形成稳定的胶体分散体系。从分散相的核心到分散介质是均匀的、逐步递变的,并没有明显的界线。

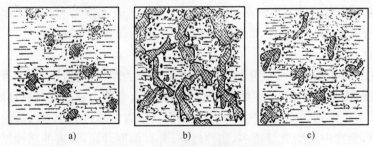

图5-1 石油沥青的胶体结构类型

a)溶胶型;b)凝胶型;c)溶胶—凝胶型

如果在石油沥青中,地沥青质组丛含量少,且分子量较小,接近于树脂,则只能构成少量的胶团,且胶团之间的距离较大,如图5-1a)所示。胶团表面吸附着较厚的树脂膜层,胶团之间的相互吸引力很小,故形成高度分散的溶胶型结构。溶胶型结构的沥青中胶团易于相互运动,有较好的流动性和塑性、较强的裂缝自愈能力,但温度稳定性差。

如果沥青中地沥青质组丛含量多,胶团数量增多,胶团之间的距离减小,胶团相互间的吸引力增大,相互连接,聚集成空间网络,则形成凝胶型结构,如图 5-1b)所示。凝胶型沥青具有明显的弹性效应,流动性和塑性较低,温度稳定性高。

如果石油沥青中地沥青质和树脂的含量适当,胶团之间靠得较近,相互间有一定的吸引作用,要将它们分开需要一定的力,同时胶团仍悬浮在油分中,结构介于溶胶和凝胶之间,则构成如图 5-1c)所示的溶胶—凝胶型结构。这种胶体结构的沥青其性质比溶胶型沥青更稳定,地沥青质颗粒虽然较大,但能很好地分散于树脂和油分中,使沥青的黏结性和温度稳定性比较稳定,是用于道路建设的较理想的沥青结构。

3.石油沥青的技术性质

(1)黏滞性

沥青材料在外力作用下抵抗黏性变形的能力称为沥青的黏滞性。黏滞性反映沥青作为胶结材料,把各种矿质材料结合为一个整体的黏结能力。黏滞性的大小主要受沥青的组成与环境温度的影响。一般来说,随着地沥青质的含量增多,沥青的黏滞性增大;随外界温度的升高,沥青的黏滞性下降。

沥青的黏滞性用黏度表示,它表示液体沥青在流动时的内部阻力。测定沥青黏度的方法为针入度法。对于黏稠状态的固体、半固体沥青,其黏滞性用针入度指标来表示,即在某一温度下,一定质量的标准针在固定时间内自由下落插入沥青试件中的深度。针入度值越大,表明沥青在外力的作用下越容易变形,即沥青的黏滞性低。

液体沥青的黏滞性用黏度来表示,是在一定温度($t℃$)条件下,液体沥青经一定直径(d)的小孔流出 50mL 所需的时间,以"s"为单位。表示符号为 $C_d^t T$,其中 d 代表沥青流出的小孔直径(mm),t 表示测定温度(℃),T 表示流出 50mL 沥青所需的时间(s)。沥青流出的时间越长,即黏度值越大,表示沥青的黏度越高。

(2)塑性

沥青在外力作用下产生变形而不破坏的能力称为塑性。塑性表示沥青在机械力的作用下变形而不破坏、不开裂的能力或开裂后的自愈能力。沥青具有良好的塑性,所以适用于水工结构物的防水构件和柔性路面。沥青的塑性大小受内部组成及外界温度的影响,沥青中树脂含量越多,塑性越好;外界温度升高,沥青的塑性增大。表征沥青塑性的指标是在一定温度下,对沥青试件进行拉伸直至断裂时所伸长的长度,叫做延度。

(3)温度稳定性(感温性)

石油沥青的性质(包括黏滞性、塑性等)随温度的变化呈现较大的波动,这种性能称为沥青的温度稳定性。沥青属于高分子材料,没有一定的熔点,随着温度升高,沥青将由固态逐渐变为半固态,软化、产生黏性流动,以至于达到黏流态。而当温度降低时,沥青又由黏流态逐渐凝固,变为半固态乃至固态。沥青的这种温度敏感性大小与其内部组成有关,地沥青质的含量越多,温度敏感性越小;而树脂和油分的含量大时,则温度敏感性大。沥青的温度稳定性用软化点(℃)来表示。它表示沥青在某一固定重力作用下,随温度升高逐渐软化,最后流淌垂下至一定距离时的温度。软化点值越高,沥青的温度稳定性越好,即表示沥青的性质随温度的波动性越小。

(4)大气稳定性(耐久性)

沥青在温度、阳光、氧气和潮湿等大气因素作用下,抵抗老化变质的能力称为大气稳定性,它是衡量沥青材料耐久性的指标。沥青材料老化的原因,是由于沥青在自然界的温度、湿度变化、氧化、光照等因素的作用下,内部组成中分子量较小的油分、树脂发生氧化、挥发、缩合、聚合等作用,转化为分子量较大的地沥青质,导致沥青变硬、变脆、软化点增高,针入度和延度值减小,容易脆裂。这种老化过程越快,说明沥青的耐久性越差。沥青的大气稳定性用加热试验后的质量损失、针入度比及薄膜烘箱加热试验等方法来测量。

二、沥青混合料

1. 沥青混凝土的定义与分类

将大小不同粒径的矿质骨料、填料,根据工程需要,按最佳级配原则组配,与适当的沥青材料搅拌均匀而成的混合物叫做沥青混合料。沥青混合料经浇注或铺筑成形,硬化后成为具有一定强度的固体,称为沥青混凝土。

由沥青和一定级配颗粒的粗骨料组成的混合物称为沥青碎石混合料,其孔隙率大于10%;没有粗骨料,只有细骨料(砂子)、矿粉填料和沥青组成的混合物称为沥青砂浆;由沥青和微细的矿粉填料组成的混合物称为沥青胶浆。

沥青混凝土按照粗骨料的最大粒径、级配类型及用途有以下分类方法。

(1)按骨料的最大粒径分类

按骨料的最大粒径,沥青混凝土分为粗粒式(骨料的最大粒径 $D_m=35mm$ 或 $30mm$)、中粒式($D_m=25mm$ 或 $20mm$)、细粒式($D_m=15mm$ 或 $10mm$)和砂粒式($D_m=5mm$)。其中粗粒式和中粒式多用做道路面层的底层,而细粒式和砂粒式多作为道路面层的上层。

(2)按骨料级配类型及混合料的密实程度分类

按骨料级配类型及混合料的密实程度,沥青混凝土可分为密级配(孔隙率3%~6%)、开级配(孔隙率6%~10%)和沥青碎石(孔隙率>10%)。密级配沥青混凝土多用于道路面层和水工结构物中的防渗层,开级配沥青混凝土多用于道路基层、防渗层底部的整平胶结层,而沥青碎石渗透性强,多用于排水层和护坡等。

（3）按施工方式分类

按施工方式,沥青混凝土可分为如下类别。

①碾压沥青混凝土。将加热拌和好的混合料摊铺后碾压,用于道路路面,土石坝、蓄水池、渠道和各种堤防的面板衬砌,护面、土石坝内部的防渗墙等。

②浇注沥青混凝土。将沥青砂浆浇注到预先铺好的块石斜坡或抛石的基础上。原则上不需要碾压,适用于碾压困难或水下施工的工程。

③沥青预制板。将沥青混合料浇注成形,预制成板。这种预制板具有不透水性、耐磨性及耐久性,可用作水工建筑物的衬砌及护面。

（4）按施工温度分类

按施工温度,沥青混凝土可分为如下类别。

①热铺施工。将材料加热后,在高温下进行拌和和铺筑。

②冷铺施工。使用有机溶剂稀释沥青,或制成乳化沥青,在常温下即可施工。

2. 沥青混凝土的组成与结构

沥青混凝土的基本组成材料为沥青、粗细骨料（碎石、石屑、砂等）和矿粉填料。其中,沥青是胶结材料,砂石骨料和矿粉填料均属于矿物质材料（简称矿料）。沥青混凝土中的矿质材料占 90% 以上的体积,起骨架和填充作用。石子为粗骨料,规定粒径大于 2.5mm,在沥青混凝土中起骨架作用。砂子为细骨料,粒径范围为 $0.074 \sim 2.5mm$,其作用是填充粗骨料空隙。为改善沥青混凝土的温度稳定性和黏滞性,沥青混凝土中还要掺入一种粒径小于 0.060mm 的矿物质材料,称为矿粉填料。矿粉填料可以采用石灰石粉、白云石粉、大理石粉等碱性石料的粉末。在矿粉缺乏的条件下,可采用水泥代替矿粉,也可以采用橡胶或合成高分子、人工棉等材料。矿粉填料应干燥、疏松,不含泥土杂质和团块,含水量应在 1% 以下,并希望矿料为碱性。矿粉填料应有适当的细度,粒径在 0.060mm 以下。颗粒越细,比表面积越大,填料与沥青之间的黏聚力越大,还可避免填料在沥青中发生沉淀。但颗粒过细,填料在沥青中难以搅拌分散,容易黏结成团,使施工困难,并降低混合料的质量。

根据沥青混合料中各组分的相对含量,沥青混凝土的结构类型分为以下 3 种。其结构如图 5-2 所示。

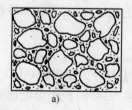 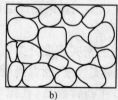 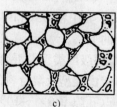

图 5-2　沥青混凝土结构类型示意图

a)密实—悬浮型结构;b)骨架—空隙型结构;c)密实—骨架型结构

（1）密实—悬浮型结构

采用连续型密级配的骨料，可获得结构密实的沥青混凝土，如图 5-2a)所示。但是这种密级配骨料的骨架中粗骨料的数量相对较少，粗骨料相互之间不能搭接，因此成为一种"密实—悬浮型"结构，即粗骨料悬浮在密实的沥青砂浆中。这种沥青混凝土表现为黏聚力较高，而内摩擦角较小。

（2）骨架—空隙型结构

采用连续型开级配骨料，骨料中粗集料的相对数量较多，可形成骨架，但细骨料数量过少不足以填满粗骨料的空隙，因此形成一种"骨架—空隙型"结构，如图 5-2b)所示。这种沥青混凝土的强度主要取决于内摩擦角，故表现为较低的黏聚力。

（3）密实—骨架型结构

采用间断型密级配骨料，粗骨料数量较多，可以形成空间骨架，细骨料数量又足以填满骨架的空隙，成为一种"密实—骨架型"结构，如图 5-2c)所示。这种沥青混凝土表现为密实度最大，同时又具有较高的黏聚力和内摩擦角。

3. 沥青混凝土的技术性质

（1）高温稳定性

用于路面材料的沥青混凝土在夏季高温条件下，经车辆等长期荷载的作用，不产生波浪、推移、车辙、泛油、粘轮等病害的性能称为高温稳定性。即在高温条件下路面应具有足够的强度和刚度。目前，我国采用马歇尔稳定度和流值作为评价沥青混凝土高温稳定性的指标。

为了提高沥青混凝土的高温稳定性，可在混合料中增加粗矿料含量，或限制剩余空隙率，使粗矿料形成空间骨架结构，以提高沥青混合料的内摩阻力；适当提高沥青材料的黏度，控制沥青与矿粉的比例，严格控制沥青用量，采用活性较高的矿粉，以改善沥青与矿料之间的相互作用，从而提高沥青性能，也可获得满意的效果。

（2）低温抗裂性

裂缝是沥青混凝土路面的一种主要破坏形式，而裂缝的出现往往是路面急剧损坏的开始。沥青路面发生的裂缝可分为两种类型：一种是在交通荷载反复作用下的疲劳开裂；另一种是由于降温而产生的温度收缩裂缝，或由于半刚性基层开裂而引起的反射裂缝。由于沥青路面在高温时变形能力较强，低温时较差，故不论哪种裂缝，以在低温时发生的居多。从低温抗裂性的要求来考虑，沥青路面在低温时应具有较低的劲度和较好的抗变形能力，且在行车荷载和其他因素的反复作用下不致产生疲劳开裂。

使用黏滞度较高、温度稳定性好的沥青，可提高沥青路面的低温抗裂性能。沥青材料的老化使其低温性能恶化，所以应选用抗老化性能较强的沥青。在沥青中掺入聚合物，对提高路面的低温抗裂性能具有较为明显的效果。在沥青路面结构层中铺

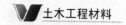
设沥青橡胶或土工布应力吸收薄膜,对防止沥青路面低温开裂具有显著作用。

(3)耐久性

耐久性是沥青混凝土在长期大气因素及荷载的作用下,能维持结构物正常使用所必需的性能。沥青混凝土的耐久性与组成材料的性质密切相关,其中沥青材料的老化特性是影响沥青混凝土耐久性的重要因素。

影响沥青混凝土耐久性的主要因素有沥青材料的抗老化性能、矿料与沥青材料的黏结力及沥青混凝土的孔隙率等。选用合适的沥青品种及用量,在矿料表面形成一定厚度的结构沥青膜,保证混合料的黏聚力和密实度,可提高空气和水渗透的能力,减小沥青与大气接触的面积,延缓氧化、缩合等反应的速度,同时防止水对沥青的剥落作用,可提高沥青混凝土的耐久性能。研究结果表明,当沥青混合料的孔隙率小于5%时,沥青材料只有轻微的老化现象。所以道路沥青混凝土可以用孔隙率反映其耐久性,而水工沥青混凝土的耐久性评定指标有水稳定系数和残留稳定度。

水稳定系数是真空饱水后的沥青混凝土的抗压强度与未浸水的沥青混凝土抗压强度之比。残留稳定度是浸水饱和后的沥青混凝土的马歇尔稳定度与未浸水的沥青混凝土马歇尔稳定度之比。水稳定系数越大,沥青混凝土的耐久性越好。水工沥青混凝土防渗层要求水稳定系数不小于0.85。耐久性合格的沥青混凝土,残留稳定度不小于0.85。

(4)抗渗性

用于水工结构物防渗层的沥青混凝土通常要考虑其抗渗性能。抗渗性是指沥青混凝土抵抗水渗透的能力,用渗透系数来表示,单位为 mm/s。通常防渗层密级配沥青混凝土的渗透系数一般为 $10^{-6} \sim 10^{-9}$ mm/s,排水层开级配沥青混凝土的渗透系数可达 1.0~0.1mm/s。渗透系数值越小,表明沥青混凝土的抗渗性能越好。

影响抗渗性的因素有骨料级配、沥青用量及沥青混凝土的压实程度。可用沥青混凝土的孔隙率来评定。当孔隙率小于4%时,渗透系数可小于 10^{-6} mm/s。

(5)抗滑性

随着现代社会交通流量的增大,车速的提高,要求路面有更高的抗滑能力,并且这种抗滑能力不至于很快降低,以保证车辆的安全行驶。

影响沥青混凝土路面抗滑能力的主要因素有:沥青的用量,矿质骨料的颗粒形态、粗糙程度、微表面性质,混合料的级配。研究结果表明,沥青混凝土中沥青材料的用量即使超过最佳用量0.5%,也会使路面的抗滑能力大大降低。选用硬质、有棱角的骨料有利于提高混合料的抗滑性,但是这种质地的骨料往往呈酸性,与沥青的黏附性差,所以选取适当的复合骨料,并掺入抗剥剂有利于提高路面的抗滑性。

(6)施工和易性

为了保证施工的顺利进行,沥青混合料除了具备上述性能之外,还要具备适宜的施工和易性。影响和易性的主要原材料因素有骨料的级配、沥青的用量和矿粉的质量等。如果采用间断级配,粗细骨料颗粒的大小相差悬殊,混合料容易分层;如果细骨料太少,则粗骨料表面不容易形成沥青砂浆层;如果细骨料过多,则拌和困难。沥青用量过少或矿粉用量过多时,混合料容易疏松,不易压实;反之,沥青用量过多或矿粉质量不好,则容易使混合料黏结成块,不易摊铺。除原材料因素之外,温度和施工条件对混合料的和易性也有影响。

4. 沥青混合料配比设计

在组成沥青混合料的原材料选定后,沥青混合料的性质在很大程度上取决于混合料的配比。沥青混合料根据组成材料的相对比例不同,可以形成不同的组成结构,也就得到不同性能的沥青混凝土。沥青混凝土的配比设计就是按照工程的性能要求,确定各组成材料的最优配合比例,通常按以下步骤进行。

(1)确定矿料组成

首先根据沥青混凝土的使用要求确定骨料的级配类别和粗骨料的最大粒径;例如用于防渗层的沥青混凝土采用密级配,用于排水层则采用开级配。然后根据所确定的级配类别和粗骨料的最大粒径,按照标准骨料级配范围选择合适的设计级配;再将粗细骨料及矿粉等几级矿质材料按一定比例合成,确定矿料的合成级配。

(2)确定沥青用量

取矿料(粗、细骨料和矿粉填料)总量为100,沥青用量按其占矿料总重的百分率计。对一定级配的矿料而言,沥青用量就成为唯一的配比参数。为了确定级配,对一组级配的矿料按0.5%的间隔选取4~5组沥青用量,在试验室初步配制混合料,以相同的成型方法制作沥青混凝土试件,测定各组试件的马歇尔稳定度、流值、表观密度和孔隙率,将试验结果是否满足设计要求记入表格,如表5-1所示。选取各项指标均满足要求又比较经济合理的沥青用量作为最佳沥青用量,确定一个合适的满足设计要求的初步配合比。根据以上试验结果,沥青用量为7.5%或8.0%均满足设计要求,取7.5%作为最佳沥青用量。

不同沥青用量的混凝土性能指标测试结果　　　　　　　　　　　　　　表5-1

测 定 指 标	满足要求○,不满足要求×					
孔隙率(%)	×	×	○	○	○	○
稳定度(kN)	×	×	○	○	×	×
流值(0.1mm)	×	×	○	○	○	○
沥青用量(%)	6.5	7.0	7.5	8.0	8.5	9.0

(3)配合比验证试验,确定试验室配合比

对初步选定的配比,再根据设计规定的各项技术指标要求,如水稳定系数、热稳定系数、渗透系数及低温抗裂性、强度、柔性等全面进行检验,如各项技术指标均能满足设计要求,则该配合比即可确定为试验室配合比。

(4)现场铺筑试验,确定施工配合比

试验室配合比必须经过现场铺筑试验加以检验,必要时作出相应的调整,最后选定出来技术性质能符合设计要求,又能保证施工质量的配合比,即施工配合比。

三、沥青混凝土的应用

沥青混凝土主要应用于道路路面和水工结构物。对于这两种用途,沥青混凝土所要求的性能并不完全相同。在水工结构物中,沥青混凝土主要用来做防水、防渗及排水层材料,所以要求具有较高的防水性能,要求表面比较光滑,连续性好,不容易开裂。而用于道路路面的沥青混凝土则要求在车辆荷载的作用下,具有较好的强度、耐磨性和防滑能力,有较好的承受冲击荷载和耐疲劳的性能,有较好的耐久性,以保证在长期荷载作用下保持路面的完好性;而对于不透水性则没有严格的要求,甚至有时还希望有一定的透水能力,并且要有一定的抗滑能力。

1. 在道路工程中的应用

沥青混凝土具有良好的路用性能,与水泥混凝土路面材料相比,沥青混凝土是一种黏弹性材料,路面柔韧,可不设伸缩缝和工作缝,能减振吸声,行车舒适性好;路面平整而有一定粗糙度,色黑无强烈反光,有利于行车安全;晴天不起尘,雨天不泥泞,能保证晴雨顺利通车;施工快速,不需要养护期,能及时开放交通。所以沥青混凝土在道路工程中得到广泛应用。沥青混凝土路面的主要弱点是温度敏感性和老化现象。沥青材料的性质随温度变化明显,夏季高温时易发生流淌、软化,从而产生车辙、纵向波浪和横向推移等现象;而冬季低温时期,沥青变脆变硬,在冲击荷载作用下容易开裂。同时,沥青材料长期在大气因素作用下呈自然老化趋势,而使结构物破坏。

(1)沥青混凝土道路的断面结构

使用沥青混凝土作为路面材料的道路称为柔性路面。沥青混凝土高等级公路的断面由面层、基层、垫层和路基构成,其中只有面层使用沥青混凝土,所以面层又称为沥青材料层。

道路的面层直接承受车辆荷载的作用和环境的影响,应具有较高的抗弯拉强度、耐久性、耐磨性和抗滑性。高等级公路的面层厚度一般大于 15cm,分为上、中、下 3 层。路面的上层以满足道路所希望的抗滑、耐磨、防噪声、排水和抗剪切滑移等性能为主;中层以抗车辙、抗低温缩裂和抗渗为主;而下层则以抗疲劳和抗渗为主。面层的上层所使用的材料是粗骨料粒径为 15mm 以下的细粒式沥青混凝土,中层使用中粒式沥青混凝土,下层使用粗粒式沥青混凝土。中层和下层是路面的主要结构单元,它的作用是把来自车辆的集中荷载分散到足够大面积的基层和垫层上去,提高道路的整体受力性,以使道路整体上承受来自路面的荷载。

(2)沥青混凝土道路的破坏形式

沥青混凝土道路在使用过程中,由于车辆荷载、温度变化及沥青材料自身的老化等原因会发生以下几种破损现象。

①温度开裂。沥青是一种感温性、黏弹性材料,在正常使用条件下,沥青的塑性变形和黏滞流动能够使路面内的温度应力松弛。而在低温条件下,沥青将失去塑性和黏滞流动性而变脆,劲度增大,并具有纯弹性。当沥青受到低温和温度突变的综合作用时,由于温度变化引起的应变不能通过黏滞流动得到松弛,当由此产生的应力超过沥青的抗拉强度时,沥青路面就会开裂。对于同一等级的沥青,感温性能越强,则低温开裂可能性越大。

②疲劳开裂。疲劳是沥青混凝土路面在重复荷载作用下产生的一种破坏形式。其原因有以下几方面:施加的荷载超过了结构设计标准,实际交通量超过了设计交通量,环境因素引起的附加应力。

③永久性变形。沥青混凝土路面出现车辙、裂缝、表面平整度降低等不可恢复的变形称为永久性变形。这些变形影响沥青混凝土结构物的使用功能和寿命。造成路面永久性变形的客观因素主要有交通荷载和温度条件等,而沥青混凝土自身的影响因素主要有沥青的质量和用量、矿料类型和级配、沥青与矿粉比和密实度等。

④黏结力丧失。沥青与矿料之间的黏结在潮湿条件下会被削弱或损坏,这种现象称为剥离。而在车辆荷载及水分的联合作用下,剥离现象会明显加剧。所以剥离是交通荷载、环境侵蚀和水害联合作用的结果。环境侵蚀作用可能会影响骨料,但沥青老化的影响尤其严重,老化将使沥青的韧性丧失,从而导致脆性断裂,骨料颗粒表面的沥青包裹层被破坏。水分的影响更为明显,它会通过许多方式使黏结力丧失。

2.在水工工程中的应用

沥青材料本身具有憎水性、塑性,且与矿质材料有良好的黏结性,所以沥青混凝土在水工结构物中被广泛应用,例如用作防渗层、排水层、护岸稳定层、接缝止水混合物等。使用沥青混凝土建造的防水、防渗、透水结构物,具有不开裂、不透水、不溃散、能保持连续性、能传递荷载等优点,既安全又经济,受到人们的重视。

沥青混凝土在水工结构物主要用于以下部位。

(1)防水层沥青混凝土

防水沥青混凝土用于大坝的沥青混凝土心墙、斜墙、水平底板,渠道和人工湖的底衬等防渗部位,要求有较高的密实性与不透水性,孔隙率一般为 2%~3%,渗透系数为 $10^{-7}\sim10^{-10}$ mm/s,骨料多为连续级配,沥青用量约为 6%~9%。

沥青混凝土作为水工结构物中的防渗结构主要有以下优点。

①具有不透水性。这是对防渗结构最基本的要求。通过优化配合比、掺入矿粉

填料、碾压密实等方法可以获得不透水的沥青混凝土。

②具有连续性并能传递荷载。沥青混凝土变形能力强,不需要设置接缝,所以连续性好,作为沥青混凝土心墙或斜墙除了用作防渗屏障以外,还能将水库的水压力传给坝体,并能适应坝体的移动,而不影响其防渗能力和稳定性。

③能承受动荷载。沥青混凝土较水泥混凝土具有更好的柔性,用作坝体防渗结构能够承受地震等动荷载的作用。日本学者笠原、石崎等人研究了沥青混凝土的应力与应变及抗震性能,指出只要心墙能适应坝体的变位移动,承受静水压力和地震荷载,就能够承担起防渗的任务。美国学者布雷茨通过试验研究,证明了沥青混凝土是能够承受动力荷载的。他认为,当坝体承受像 1940 年美国加利福尼亚州地震中心区的强震作用时,沥青混凝土显示出弹性变形能力,经过 200 次重复剪切和拉伸加载试验,被压实的沥青混凝土结构没有出现不利变化。

(2)排水层沥青混凝土

排水层沥青混凝土用于防水层下的排水层,有良好的透水性。压实后的孔隙率约为 40%～60%,多采用孔隙率大的开级配骨料,沥青用量约为 2%～4%。

(3)反滤层或找平层沥青混凝土

反滤层或找平层沥青混凝土用于防渗体的基层,形成一强固层,便于摊铺机运行,且保证防渗体的稳定。该层多采用粗骨料,孔隙率较大,沥青用量为 3.5%～5.0%。

(4)保护层沥青混凝土

保护层沥青混凝土用于防渗体表层,保护防渗层,延长其使用寿命,一般采用沥青砂浆或胶浆。

(5)水下沥青混凝土

在防波堤、丁坝、大坝防冲击区等抛石体部位,沥青混凝土可用来灌注水下堆石体或预制混凝土构件的接头,这样可以提高堆石体的抗冲击能力,防止抛石翻动。

(6)防护性沥青混凝土

在水库大坝、海岸等易受水流冲刷部位,用沥青混凝土预制或现场浇注防渗或不防渗沥青混凝土做防护层,能经受波浪、扬压力和波浪退吸引起的冲刷力,抵御侵蚀、剥蚀、水压和冰压等。

第二节　建筑用塑料

塑料是以合成树脂或天然树脂为主要成分,以增塑剂、填充剂、着色剂、稳定剂、固化剂等添加剂为辅助成分,在一定温度、一定压力下,经混炼、塑化、成型、固化而制得的,可在常温下保持制品形状不变的高分子材料。

一、塑料的分类

塑料的种类繁多,分类方法也不一致,常用的分类方法如下。

1. 按应用领域分类

(1)通用塑料。产量大、通途广、价格低的一类塑料。主要品种为:聚烯烃(聚乙烯、聚丙烯、聚丁烯等),聚氯乙烯,聚苯乙烯,酚醛塑料和氨基塑料。它们的产量占塑料总产量的 3/4 以上。

(2)工程塑料。综合性能好,能代替金属材料制造各种设备和零件的一类塑料。主要品种为:聚酰胺、聚碳酸酯、聚甲醛塑料等。

(3)特种塑料。具有特种功能和用途的一类塑料。如有机硅树脂、导磁塑料、导电塑料、离子交换树脂等。

2. 按塑料的热性能分类

(1)热塑性塑料。这类塑料具有受热软化,冷却后硬化的性能,且不起化学反应。无论加热或冷却多少次,这种性能均可保持。因而加工成型方便,且具有较高的机械性能,但这类塑料的耐热性和刚性较差。常用的聚烯烃、聚氯乙烯、聚苯乙烯、聚酰胺塑料都属于此类。

(2)热固性塑料。在加工过程中一旦加热即行软化,发生化学反应,相邻大分子相互交联成体形结构而硬化,再次受热不会软化,也不会熔解,只会在高温下碳化。其优点是耐热性好、刚性大、受压不易变形,但弹塑性差。酚醛、环氧、不饱和聚酯、氨基树脂等制得的塑料就属于此类。

二、塑料的主要特性

与金属和无机非金属材料相比,塑料具有以下特性。

(1)密度小,比强度高。塑料的密度一般为 $0.9\sim2.2\text{g/cm}^3$,与木材相近,约为铝的 1/2,钢的 1/5,水泥混凝土的 1/3。塑料的比强度比一般钢材高 2 倍,是轻质高强材料。

(2)导热性低。塑料的导热系数为 $0.024\sim0.81\text{W/(m}\cdot\text{K)}$,约为金属的 $1/600\sim1/500$,是良好的绝热材料。

(3)耐腐蚀性好。一般塑料抵抗酸、碱等化学物质作用的能力均比金属材料和许多无机非金属材料强。

(4)电绝缘性好。一般塑料都是电的不良导体。

(5)良好的耐水性。很多塑料的吸水性很低,水蒸气的透过性也很低。

(6)优良的装饰性。塑料可制成完全透明的制品;添加颜料和填料后,可制得色彩鲜艳的半透明或不透明制品。

(7)良好的可加工性。塑料可采用多种方法加工成型,如用压延法、吹塑成膜法生产薄膜、片材,注塑、模压法生产制品,挤出法生产异型材。塑料制品和型材可进行锯、刨、钻、车削等机械加工,可采用黏结、铆接、焊接等方式连接。

塑料的弹性模量小,只有钢材的 1/20～1/10,刚性差,变形性较大;塑料的热膨胀系数较大,耐热性较差,一般只在 100℃ 以下的环境中长期使用,少数能达到 200℃;有些品种的塑料,如聚苯乙烯,具有可燃性,但聚氯乙烯却具有自熄性;有些塑料燃烧时会产生烟雾,甚至有毒气体;塑料受到自然光、热、水的长期作用容易老化。因此,在工程中选用塑料时,应在制造或应用时采取必要措施避免或改进这些缺点。

三、常用的建筑塑料及其制品

1. 热塑性塑料

(1)聚乙烯(PE)塑料

聚乙烯塑料为一种产量极大,用途广泛的热塑性塑料。聚乙烯是由乙烯单体聚合而成的。按其密度不同,可分为高密度聚乙烯、中密度聚乙烯和低密度聚乙烯 3种。聚乙烯密度较小(0.910～0.965g/cm³),具有良好的化学稳定性,常温下不与酸、碱作用,在有机溶剂中也不溶解,具有良好的抗水性、耐寒性。在低温下使用不发脆,但耐热性较差,在 110℃ 以上就变得很软,故一般使用温度不超过 100℃。聚乙烯很易燃烧,无自熄性;在日光照射下,聚乙烯的分子链会发生断裂,使其机械性能降低。低密度聚乙烯较柔软,熔点、抗拉强度较低,伸长率和抗冲击性较高,适于制造防潮防水工程中用的薄膜和土工膜。高密度聚乙烯较硬,耐热性、抗裂性、抗腐蚀性较好,可制成阀门、衬套、管道、水箱、油罐或作耐腐蚀涂层等。

(2)聚氯乙烯(PVC)塑料

聚氯乙烯塑料是一种多功能的塑料,其强度和刚度都高于聚乙烯塑料。在聚氯乙烯树脂中加入不同量的增塑剂,可制成硬质或软质制品。聚氯乙烯的密度为1.2～1.68g/cm³,耐水性、耐酸性、电绝缘性好,硬度和刚性都较大,有很好的阻燃性。

软质聚氯乙烯塑料中含有增塑剂,故较为柔软并具有弹性,断裂时的延伸率较高,可制成各种板、片型材,用作地面材料和装修材料。硬质聚氯乙烯塑料不含或仅含少量的增塑剂,因而强度较高,抗风化力和耐蚀性都很好,可制成管材及棒、板等型材,也可用作防腐蚀材料、泡沫保温材料等,或用作塑料地板、墙面板、门窗、屋面采光板、给排水管等。

(3)聚四氟乙烯(PTFE)塑料

聚四氟乙烯的密度为 2.2～2.3g/cm³,是热塑性塑料中密度最大的。它在薄片时呈透明状,厚度增加时,变成灰白色,外观和手感与蜡相似;具有良好的电绝缘性,一片 0.025mm 厚的薄膜,能耐 500V 高压;完全不燃烧,化学稳定性极好,即使在高温条件下,与浓酸、浓碱、有机溶剂及强氧化剂都不起反应,甚至在王水(一份硝酸与二份盐酸的混合液)中煮沸几十小时,也不发生任何变化,故又名"塑料王";具有优良的耐高低温能力,可在-195~250℃的温度下长期使用;有极其优良的润滑性,具有非常小的摩擦系数,动、静摩擦系数均为0.04;具有突出的表面不黏性,几乎所有黏性物质都不能粘附在它表面;具有良好的耐水性、耐气候性、耐老化性,长期暴露于大气中其性能保持不变。但其强度、硬度不如其他工程塑料,温度高于390℃会分解,并放出有毒气体。这种塑料主要用在对温度及抗腐蚀件要求较高的地方,如高温输液管道、强腐蚀性流体输送管道,制作绝缘材料、密封材料等。

(4)聚甲基丙烯酸甲酯(PMMA)

聚甲基丙烯酸甲酯俗称有机玻璃。有机玻璃透光率很高,可达92%以上,并能透过73.5%的紫外线;质轻,密度为1.18~1.19g/cm³,只有无机玻璃的一半,而耐冲击强度是普通玻璃的10倍,不易碎裂;有优良的耐水性、耐候性。但其耐磨性差,表面硬度较低,容易擦毛而失去光泽;由于热膨胀系数大,导热性差,易形成裂纹。有机玻璃可制成板材、管材等,用作屋面采光天窗、室内隔断、广告牌、浴缸等。

(5)聚酰胺(PA)塑料

聚酰胺塑料俗称尼龙或锦龙,具有优良的机械性能,抗拉强度高,冲击韧性好,坚韧耐磨;耐油性、耐候性好,有良好的消音性;有一定的耐热性。但其对强酸、强碱和酚类等的抗蚀能力较差;吸水性高,热膨胀系数大。它的最大用途是制成纤维,用于居室装饰,如窗帘、地毯等;制作各种建筑小五金,家具脚轮、轴承及非油润滑的静摩擦部件等,还可喷涂于建筑五金表面作保护装饰层,也可配制胶黏剂、涂料等。

2. 热固性塑料

(1)酚醛(PF)塑料

酚醛塑料是一种最常用的,也是最古老的塑料,俗称电木或胶木。用苯酚(或甲酚、二甲酚)与甲醛缩聚可得到酚醛树脂。由于所用苯酚与甲醛的配合比不同和催化剂的类型不同,可以得到热塑性和热固性两类酚醛树脂。热塑性树脂分子为线型结构,即使长时间加热也不会硬化,故使用时需加入适量的固化剂,才能交联成不溶、不熔的固体。热固性树脂的分子虽属线型结构,但在逐渐提高温度的情况下,分子间会发生交联,最后形成不溶、不熔的固体。

酚醛树脂具有较大的刚性和强度,耐热、耐磨、耐腐蚀,具有良好的电绝缘性,难燃且具有自熄性,但色暗、性脆。酚醛塑料的性能与填料类型有关。加纤维制品(如纸、玻璃布等)可制得强度很高的层压塑料;加入云母后,其耐热性、耐水性及电绝缘性都能显著提高。酚醛树脂可制成层压塑料、泡沫塑料、蜂窝夹层塑料、酚醛模塑料等,用作电工器材、装饰材料、隔音绝热材料。酚醛树脂还可配制油漆、胶黏剂、涂料、防腐蚀用胶泥等。

（2）聚酯塑料

聚酯塑料是以不饱和聚酯树脂和填料、增强材料及其他添加剂，经室温或加热固化后形成的热固性塑料。聚酯塑料强度及其表面耐磨性均较高，可在 100℃ 条件下长期使用。添加增塑剂可大幅度提高其韧性；有较好的耐水性，但耐碱和溶剂的能力较差，不耐氧化性介质作用，固化过程中有较大体积收缩变形。在土木工程中，聚酯塑料主要用于玻璃纤维增强聚酯塑料（玻璃钢）和树脂混凝土，制造波形屋面瓦、管材和人造石材等。

3. 增强塑料

增强塑料是用纤维、织物或者片状材料增强的塑料，是将合成树脂浸涂于纤维或片状材料上经加工成型制得的。增强塑料的机械强度远高于一般塑料，可用作装饰材料、轻质结构材料和电绝缘材料。

（1）玻璃纤维增强塑料（GFP）

玻璃纤维增强塑料俗称玻璃钢。它是以热固性或热塑性树脂胶结玻璃纤维或玻璃布而制成的一种轻质高强的增强塑料制品。常用的热固性树脂有不饱和聚酯、环氧、酚醛、有机硅等。常用的热塑性树脂有聚乙烯、聚丙烯、聚酰胺等。使用最多的是不饱和聚酯树脂。玻璃钢的性能主要取决于所用树脂的种类、纤维的性能和相对含量，以及它们之间结合的情况等。树脂和纤维的相对含量，随玻璃钢的品种不同而有所差异，一般树脂含量占总质量的 30%～40%。由于树脂本身的强度远低于玻璃纤维的强度，故树脂仅起胶黏作用，而荷载主要由纤维承担。树脂与纤维强度越高，则玻璃钢的强度越大，尤以纤维对其强度影响更为明显。玻璃钢是用纤维或玻璃布为加筋材料，故不同于一般塑料，而具有明显的方向性。就玻璃钢的力学性能而言，玻璃布层与层之间的强度较低，而沿玻璃布方向的强度较高。在玻璃布的平面内，径向强度高于纬向强度，沿 45° 方向强度最低。玻璃钢为各向异性材料。玻璃钢的密度为 $1.5～2.0 g/cm^3$，是钢的 1/4。抗拉强度超过碳素钢，比强度与高级合金钢相近，是一种轻质高强材料。玻璃钢具有耐热、耐腐、绝缘、抗冻、耐久等一系列优点，但刚度较差，容易产生较大变形，有时还会出现分层现象，耐磨性差。玻璃钢可应用于航空、宇航及高压容器，在土木工程上常用作建筑结构材料、屋面采光材料、墙体维护材料、门窗框架和卫生用具等。

除用玻璃纤维增强材料之外，近年来又发展了采用性能更优越的碳纤维作增强材料，使其纤维增强塑料的性能更优异，可用于结构加固。

（2）蜂窝塑料

蜂窝塑料以塑料板或金属薄板、胶合板为两侧面板，中间夹有格子（多为六角形蜂窝状）夹层（经树脂浸渍并固化的玻璃布、纸张或铝箔），用氨基树脂或环氧树脂将夹层紧密黏合在两片面板之间而制成的轻质板材（图 5-3），其抗压和抗弯性能好而质量轻,可制作隔墙板、门板、地板及家具什物等。

（3）增强塑料薄膜

它是用玻璃纤维或尼龙纤维网格布为骨架,两面涂覆合成树脂涂层做成的塑料薄膜(图 5-4),有较好的韧性和一定的透光性,可用来建造大跨度的索膜结构建筑。增强塑料薄膜常用的品种有:在聚酯织物基层上涂覆聚氯乙烯涂层的 PVC 膜材,在玻璃纤维布上涂覆聚四氟乙烯涂层的 PTFE 膜材。乙烯—四氟乙烯共聚物(ETFE)膜材是用于建筑结构的第三大类产品,既具有类似聚四氟乙烯的优良性能,又具有类似聚乙烯的易加工性能,还有耐溶剂和耐辐射的性能,ETFE 膜材没有织物或玻纤基层,但是一般仍将其归到膜材这一类别中。ETFE 膜材已在国外一些体育场馆、温室中得到应用;我国新建的国家体育场(鸟巢)和游泳馆(水立方)也使用了这种新型膜材。

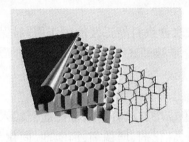

图 5-3　蜂窝板的结构

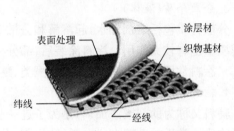

图 5-4　膜材的结构

第三节　建筑涂料

涂料指涂敷于物体表面,与基体材料黏结并形成完整而坚韧的保护膜的物质。建筑涂料是指能涂敷于建筑物表面,对建筑物起到保护、装饰作用,或者能改善建筑物使用功能的涂装材料。

根据涂料的使用部位,可分为内墙涂料、外墙涂料、地面涂料;根据涂料功能,可分为防水涂料、防火涂料、防霉涂料等;根据涂料的成膜物质和分散特性,可分为油性涂料、溶剂型涂料、水性涂料(水溶性涂料和乳液型涂料)。

一、涂料的基本组成

涂料最早是以天然植物油脂、天然树脂,如亚麻子油、桐油、松香、生漆等为主要原料,故称为油漆。现在大量的涂料已不再使用天然植物油脂,而使用合成树脂,因此我国已采用涂料这一名称,油漆仅仅是一类油性涂料。

涂料的基本组成包括:基料(成膜物质),颜料[着色颜料、体质颜料(填料)],分散介质(溶剂、水),辅料。

1. 基料

基料又称成膜物质,起着成膜和黏结颜料的作用,可使涂料干燥或固化后能形成连续膜层,遮盖物体表面。常用的成膜物质有合成树脂、油料和天然树脂。建筑涂料常用的合成树脂有聚乙烯醇、丙烯酸树脂、醋酸乙烯—丙烯酸酯共聚物、聚苯乙烯—丙烯酸酯共聚物、环氧树脂等,以及无机聚合物水玻璃、硅溶胶等。油料中植物油仍占很大比例。

2. 颜料

建筑涂料中使用的着色颜料一般为矿物质颜料,主要为过渡金属氧化物。体质颜料(填料)主要起改善涂膜机械性质、增加涂层厚度、降低涂料成本等作用。常用的填料为重晶石粉、轻质碳酸钙、重质碳酸钙、高岭土、彩色砂粒等。

3. 分散介质(液体)

分散介质包括溶剂和水,起溶解和分散基料、改善涂料施工性能的作用,对保证成膜质量也有较大作用。涂料涂装后,部分分散介质被基底吸收,大部分分散介质挥发了。涂料常用的有机溶剂有醇类、酮类、醚类和烃油类。

4. 辅料

辅料又称为助剂或添加剂,是为了进一步改善或增加涂料的某些性能而加入的少量物质。常用的助剂有增白剂、防污剂、分散剂、乳化剂、增稠剂、消泡剂、固化剂、稳定剂、润湿剂、催干剂等。

二、涂料的技术性质

涂料的技术性质包括以下方面。

液态涂料的性质:透明度、颜色、比重、挥发性、黏度、流变性、储存稳定性等;

施工性能:流平性、打磨性、遮盖力、使用量、干燥时间等;

硬化膜层的性质:厚度、光泽、颜色、硬度、抗冲击强度、柔韧性、附着力、耐磨性、耐擦洗性、老化性能等。

(1)干燥时间

固态涂膜所需的时间。每一种涂料都有一定的干燥时间,但受气候条件和环境湿度的影响较大。干燥时间的长短会影响施工速度。

(2)流平性

涂料被涂于基层表面后自动流展成平滑表面的性能。流平性好的涂料在干燥后不会在涂膜上留下刷痕。

(3)遮盖力

有色涂料所形成的涂膜遮盖被涂表面底色的能力。遮盖力大小与涂料中所用颜料的种类、颜料颗粒的大小和颜料的分散程度有关。涂料的遮盖力越大,则在同样条件下的涂装面积越大。

(4)附着力

涂膜与被涂饰物体表面的黏附能力。附着强度的产生是由于涂料中的聚合物与被涂装表面间极性基团的相互作用,因此有碍这种极性结合的因素将使附着力下降。

(5)硬度

涂膜耐刻划、刮、磨的能力,是表示涂膜机械强度的重要性能之一。

(6)耐磨性

涂膜经反复摩擦而不脱落和褪色的能力。耐磨性是涂膜的硬度、附着力和内聚力的综合效应的体现,与基底情况、表面处理、涂膜在干燥过程中的温度与湿度有关。

三、常用建筑涂料

1. 外墙涂料

(1)苯乙烯—丙烯酸酯乳液涂料

简称苯—丙乳液涂料,是以苯—丙乳液为基料的乳液涂料。苯-丙乳液涂料具有优良的耐水性、耐碱性、耐候性、耐湿擦洗性,外观细腻,色彩艳丽,质感好,与水泥混凝土等大多数建筑材料的黏附性好,适用于公共建筑物的外墙。

(2)丙烯酸酯系外墙涂料

它是以热塑性丙烯酸酯树脂为基料的外墙涂料,分为溶剂型和乳液型。丙烯酸酯系外墙涂料的装饰性、耐水性、耐温性、耐候性良好,使用寿命可达 10 年以上。丙烯酸酯系外墙涂料不易变色、粉化或脱落,可采用刷涂、喷涂或辊涂工艺施工,是目前主要使用的外墙涂料品种,用于外墙复合涂层的罩面,适用于公共建筑物的外墙。

(3)聚氨酯系外墙涂料

它是以聚氨酯树脂为主要基料的溶剂型外墙涂料。聚氨酯系外墙涂料的弹性和抗疲劳性好,具有极好的耐水性、耐酸碱性;其涂层表面光洁、呈瓷感,耐候性和耐玷污性好,使用寿命可达 15 年以上。聚氨酯系外墙涂料为双组分或多组分涂料,使用时按规定比例现场调配,故施工较麻烦且要求严格,并需防火、防爆。聚氨酯系外墙涂料适用于公共建筑物的外墙。

(4)合成树脂乳液砂壁状外墙涂料

又称彩砂涂料,是以合成树脂为基料,加入彩色骨料(粒径小于 2mm 的高温烧结彩色砂粒、彩色陶粒或天然带色石屑)及其他助剂配制的粗面厚质涂料。彩砂涂料采用喷涂法施工,涂层具有丰富的色彩和质感,保色性、耐热性、耐水性及耐化学侵蚀性良好,使用寿命可达 10 年以上。合成树脂乳液砂壁状外墙涂料适用于公共建筑物的外墙。

2. 内墙涂料

(1) 聚醋酸乙烯乳液涂料

它是以聚醋酸乙烯乳液为基料的乳液型内墙涂料。该涂料无毒、不燃、涂膜细腻、平滑、色彩鲜艳、装饰效果良好、价格适中、施工方便,但耐水性和耐候性稍差,适用于住宅、一般公共建筑的内墙面、顶棚装饰。

(2) 醋酸乙烯—丙烯酸酯有光乳液涂料

简称乙—丙乳液涂料,是以乙—丙共聚乳液为基料的乳液型内墙涂料。该涂料的耐水性、耐候性、耐碱性优于聚醋酸乙烯乳液涂料,并具有光泽,是中高档的内墙装饰涂料,适用于住宅、一般公共建筑的内墙面、顶棚装饰。

(3) 多彩内墙涂料

它是以合成树脂及颜料为分散相,含有乳化剂和稳定剂的水为分散介质的乳液型涂料。按其介质又分为水中油型和油中水型,通常所用的多彩内墙涂料是储存稳定性较好的水中油型。涂粉分为磁漆相和水相两部分,将不同颜色的磁漆相分散在水中,均匀混合而不混溶。该涂料喷涂到墙上后,形成两种以上颜色的多彩涂层。多彩内墙涂料的耐水性、耐油性、耐化学作用性、耐擦洗性、透气性良好,对基层的适应性强,可在各种墙体上使用,主要用于住宅、一般公共建筑的内墙面、顶棚装饰。

3. 地面涂料

(1) 聚氨酯厚质弹性地面涂料

它是以聚氨酯为基料的双组分溶剂型涂料。其整体性好、色彩多样、装饰性好,具有良好的耐水性、耐油性、耐酸碱性和耐磨性,具有一定的弹性,脚感舒适。聚氨酯厚质弹性地面涂料的价格较高;原料有毒,施工时需注意防护。该涂料主要用于水泥砂浆或混凝土地面,如住宅、会议室、手术室、试验室的地面,以及地下室、卫生间的防水装饰或工业厂房的耐磨、耐油、耐腐蚀地面。

(2) 环氧树脂厚质地面涂料

它是以环氧树脂为基料的双组分常温固化溶剂型涂料。环氧树脂地面涂料与水泥混凝土等基层材料的黏结性能良好,涂膜坚韧、耐磨,具有良好的耐油性、耐化学腐蚀性、耐水性、耐候性,装饰性能良好,但价格较高、原料有毒。环氧树脂厚质地面涂料主要用于住宅、会议室、手术室、试验室、公用建筑、工业厂房的地面装饰。

(3) 聚醋酸乙烯水泥地面涂料

它是以聚醋酸乙烯乳液、普通硅酸盐水泥和颜料配制的地面涂料,是一种新颖的水性地面涂料。该涂料质地细腻、对人体无毒害、施工性能良好、早期强度高、与水泥混凝土基底黏结牢固。涂层具有优良的耐磨性、抗冲击性,色彩美观,表面有弹性,类似塑料地板。聚醋酸乙烯水泥地面涂料原料来源广泛,价格便宜,适用于民用住宅室内地面装饰,亦可代替水磨石地坪或塑料地板,用于试验室、仪器装配车间等的地面装饰。

第四节　建筑防水材料

防水材料是使建筑物防止各种水分渗透的功能性建筑材料。防水材料应具有良好的抗渗性、耐酸碱性和耐候性。建筑物的防水原则是"刚柔并重，以刚为本"，即首先要使结构层具有良好的抗渗性，然后再附加柔性防水措施。防水材料的分类见图5-5。本节主要介绍柔性防水材料中的防水卷材和防水涂料。

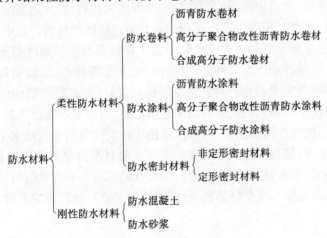

图 5-5　防水材料的分类

一、防水卷材

防水卷材是以沥青、橡胶、合成树脂或它们的共混体为基料，加入适当的化学助剂和填料所制成的可卷曲片状防水材料。根据卷材的均质性，可分为两类：一类是经压延法或挤出法生产的均质卷（片）材；另一类是带有芯材增强层的复合卷（片）材。常用的芯材为纸胎、玻璃纤维布和合成纤维毡。

常用的防水卷材品种有3类。

1. 沥青系防水卷材

包括有胎基油毡和无胎基油毡，是较为低级的防水卷材，常用于临时性建筑防水、一般工程的屋面和地下防水。

2. 高分子聚合物改性沥青防水卷材

是以高分子聚合物改性沥青为涂盖层，纤维织物或纤维毡为胎体，粉状、粒状、片状或薄膜材料为覆面材料制成的可卷曲片状防水材料。聚合物改性沥青防水卷材克服了普通沥青防水卷材温度稳定性差、延伸率小的不足，具有高温不流淌、低温不脆裂、拉伸强度高、延伸率大的特点。常用的有属于弹性体防水卷材的 SBS(苯乙烯—丁二烯—苯乙烯嵌段共聚物)改性沥青防水卷材和属于塑性体防水卷材的 APP(无规聚丙烯)改性沥青防水卷材。SBS 改性沥青防水卷材适用于各种建筑物的防水、防潮工程,尤其适用于寒冷地区和结构变形频繁的建筑物防水。APP 改性沥青防水卷材适用于各种建筑物的防水、防潮工程,尤其适用于高温或有强烈太阳辐照地区的建筑物防水。

3. 合成高分子防水卷材

是以合成橡胶、合成树脂或它们两种的共混体为基料,加入适当的化学助剂和填料等,经混炼、压延或挤出等工艺所制成的可卷曲片状防水材料。其中又分为加筋增强型与非加筋增强型两种。合成高分子防水卷材具有拉伸强度和抗撕裂强度高、断裂伸长率大、耐热性和低温柔性好、耐腐蚀、耐老化等优点,是新型高级防水材料。其中,三元乙丙橡胶防水卷材的耐老化性能特别优异,对基层变形的适应性好,适用于防水要求高,使用年限长的工业与民用建筑的防水;聚氯乙烯防水卷材的尺寸稳定性、耐热性、耐腐蚀性和耐细菌性均较好,适用于各类建筑的屋面防水工程和水池、堤坝等防水抗渗工程;氯化聚乙烯—橡胶共混防水卷材是以氯化聚乙烯树脂和橡胶共混的方式制成的防水卷材,具有氯化聚乙烯特有的高强度和优异的耐候性,还表现出橡胶的高弹性、高延伸率及良好的低温性能,适用于寒冷地区或变形较大的建筑物防水工程。

二、防水涂料

防水涂料是流态或半流态物质,涂布在基层表面,经溶剂或水分挥发或各组分间的化学反应,形成具有一定弹性和一定厚度的连续薄膜,使基层与水隔绝,起到防水防潮作用。

防水涂料按成膜物质的主要成分分为沥青类、高分子聚合物改性沥青类和合成高分子类 3 种;按液态类型分为溶剂型、水乳型和反应型 3 种。沥青基防水涂料是以沥青为基料配制的水乳型或溶剂型防水涂料。这类涂料对沥青没有改性或改性作用不大,有石灰乳化沥青、膨润土沥青乳液和水性石棉沥青防水涂料等。高分子聚合物改性沥青基防水涂料是以沥青为基料,用合成高分子聚合物进行改性,所制成的水乳型或溶剂型防水涂料。这类涂料在柔韧性、抗裂性、拉伸强度、耐高低温性能、使用寿命等方面比沥青基防水涂料有很大提高,品种有氯丁橡胶沥青防水涂料、SBS 橡胶改性沥青防水涂料等。合成高分子基防水涂料是以合成橡胶或合成树脂为主要成膜物质配制的单组分或多组分防水涂料。这类涂料具有高弹性、高耐久性及优良的耐高低温性,品种有聚氨酯防水涂料、丙烯酸酯防水涂料和有机硅防水涂料等。

习题与思考题

1.试述石油沥青的主要组分和特性。沥青的组丛、结构和性质三者之间有何关系?

2.石油沥青的主要技术性质是什么?影响这些性质的主要因素是什么?表征这些性质的指标是什么?如何测试?

3.在石油沥青的老化过程中,组丛与性质有何变化?对沥青的使用有何影响?

4.何谓沥青混合料?沥青混合料可分为几类?

5.何谓热塑性塑料和热固性塑料?

6.高分子聚合物改性沥青防水卷材和合成高分子防水卷材各有什么特点?

建筑材料试验

建筑材料试验是土木、建筑、交通类专业重要的实践性学习环节,其学习目的有三:一是熟悉建筑材料的技术要求,能够对常用建筑材料进行质量检验和评定;二是通过具体材料的性能测试,进一步了解材料的基本性状,验证和丰富建筑材料的理论知识;三是培养学生的基本试验技能和严谨的科学态度,提高分析问题和解决问题的能力。

材料的质量指标和试验结果是有条件的、相对的,是与取样、试验方法、测量精度和数据处理密切相关的。在进行建筑材料试验过程中,材料的取样、试验操作和数据处理,都应严格按照现行的有关标准和规范进行,以保证试样的代表性、试验条件稳定一致,以及测试技术和计算机结果的正确性。试验数据和计算结果都有一定的精度要求,对试验数据应按照数值修约规则进行修约。

试验Ⅰ 建筑材料基本性质试验

一、密度试验

密度是材料在密实状态下单位体积的质量。本试验可以水泥或烧结普通砖为代表,进行密度测定。

1. 主要仪器

主要仪器包括:李氏瓶(如图1所示),天平(称量1000g,感量0.01g),烘箱,筛子(孔径0.20mm),温度计等。

2. 试验步骤

(1)水泥试样直接采用粉体,而烧结黏土砖取样后则需将其破碎、磨细后,全部通过0.2mm孔筛,再放入烘箱中,在不超过110℃的温度下,烘至恒重,取出后置干燥器中冷却至室温备用。

(2)将无水煤油注入如图1所示的李氏瓶至凸颈下

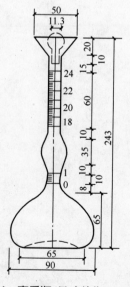

图1 李氏瓶(尺寸单位:mm)

0～1mL 刻度线范围内。用滤纸将瓶颈内液面上部内壁吸附的煤油仔细擦净。

(3)将注有煤油的李氏瓶放入恒温水槽内,使刻度线以下部分浸入水中,水温控制在 20℃±0.5℃,恒温 30min 后读出液面的初体积 V_1(以弯液面下部切线为准),精确到 0.05mL。

(4)从恒温水槽中取出李氏瓶,擦干外表面,放于物理天平上,称得初始质量 m_1。

(5)用小匙将物料徐徐装入李氏瓶中,下料速度不得超过瓶内液体浸没物料的速度,以免阻塞。如有阻塞,应将瓶微倾且摇动,使物料下沉后再继续添加,直至液面上升接近 20mL 的刻度时为止。

(6)排除瓶中气泡。以左手指捏住瓶颈上部,右手指托着瓶底,左右摆动或转动,使其中气泡上浮,每 3～5s 观察一次,直至无气泡上升为止。同时将瓶倾斜并缓缓转动,以便使瓶内黏附在瓶颈内壁上的物料洗入煤油中。

(7)将瓶于天平上称出加入物料后的质量 m_2,再将瓶放入恒温水槽中,在相同水温下恒温 30min,读出第二次体积读数 V_2。

3.结果计算

(1)按下式计算试样密度 ρ(精确至 0.01g/cm³)。

$$\rho = \frac{m_2 - m_1}{V_2 - V_1} \tag{1}$$

式中:ρ——材料的密度,g/cm³;

m_1——李氏瓶、水的质量,g;

m_2——李氏瓶、水和物料的质量,g;

V_1——初始体积读数,mL;

V_2——最终体积读数,mL。

(2)以两次试验结果的平均值作为密度的测定结果,计算精确至 0.01g/cm³。两次试验结果的差值不得大于 0.02g/cm³,否则应重新取样进行试验。

二、表观密度试验

表观密度又称体积密度,是指材料包含自身孔隙在内的单位体积的质量。以烧结普通砖为试件,进行表观密度测定。

1.主要仪器

主要仪器包括:案秤(称量 6kg、感量 50g),直尺(精度为 1mm),烘箱。当试件较小时,应选用精度为 0.1mm 的游标卡尺和感量为 0.1g 的天平。

2.试验步骤

(1)将每组 5 个试件放入 105℃±5℃的烘箱中烘至恒重,取出冷却至室温称重 m(g);

(2)用直尺量出试件的各方向尺寸,并计算出其体积 $V(\text{cm}^3)$。对于六面体试件,量尺寸时,长、宽、高各方向上须测量 3 处,取其平均值得 a、b、c,则:$V = abc$ (cm^3)。

3. 结果计算

(1)材料的表观密度 ρ_0 按下式计算(精确至 10kg/m^3)。

$$\rho_0 = \frac{m}{V} \times 1000 (\text{kg/m}^3) \qquad (2)$$

(2)表观密度以 5 个试件试验结果的平均值表示,计算精确至 10kg/m^3。

三、孔隙率计算

将已测得的烧结普通砖的密度 ρ 与表观密度 ρ_0 代入式(3),可计算得出普通砖的孔隙率 P_0(精确至 1%)。

$$P_0 = \frac{\rho - \rho_0}{\rho} \times 100\% \qquad (3)$$

四、吸水率试验

1. 主要仪器设备

主要仪器设备包括:天平、游标卡尺、烘箱等。

2. 试验步骤

(1)取有代表性试件(如石材)每组 3 块,将试件置于烘箱中,以不超过 110℃的温度烘干至恒重,然后再以感量为 0.1g 的天平称其质量 $m_0(\text{g})$。

(2)将试件放在金属盆或玻璃盆中,在盆底可放些垫条如玻璃管(杆)等使试件底面与盆底不致紧贴,使水能够自由进入试件内。

(3)加水至试件高度的 1/3 处,过 24h 后再加水至试件高度的 2/3 处,再过 24h 加满水,并再放置 24h。这样逐次加水能使试件孔隙中的空气逐渐逸出。

(4)取出试件,擦去表面水分,称其质量 $m_1(\text{g})$,用排水法测出试件的体积 $V_0(\text{cm}^3)$。为检查试件吸水是否饱和,可将试件再浸入水中至其高度的 3/4 处,24h 后重新称量,两次质量之差不超过 1%。

3. 试验结果计算

(1)按以下两式分别计算试件的质量吸水率 W_M 和体积吸水率 W_V(精确至 0.1%)。

质量吸水率:

$$W_M = \frac{m_1 - m_0}{m_0} \times 100\% \qquad (4)$$

体积吸水率：

$$W_V = \frac{m_1 - m_0}{V_0} \times 100\%$$ (5)

(2)取 3 个试样的吸水率计算其平均值,计算精确至 0.1%。

试验 II 水 泥 试 验

一、水泥细度检验

1. 主要仪器设备

(1)水筛及筛座。水筛采用边长为 0.080mm 的方孔铜丝筛网制成,筛框内径 125mm,高 80mm。

(2)喷头。直径 55mm,面上均匀分布 90 个孔,孔径 0.5～0.7mm,喷头安装高度以离筛网 35～75mm 为宜。

(3)天平(称量 100g、感量 0.05g),烘箱等。

2. 试验步骤

(1)称取已通过 0.9mm 方孔筛的试样 50g,倒入水筛内,即用洁净的自来水冲至大部分细粉通过,再将筛子置于筛座上,用水压 0.03～0.07MPa 的喷头连续冲洗 3min。

(2)将筛余物冲到筛的一边,用少量的水将其全部冲移至蒸发皿内,沉淀后将水倒出。

(3)将蒸发皿在烘箱中烘干至恒重,称量试样的筛余质量,精确至 0.1g。

3. 结果计算

以筛余质量克数乘以 2,即得筛余百分数。

二、水泥标准稠度用水量

1. 仪器设备与试验环境条件

(1)水泥净浆搅拌机。

(2)维卡仪,如图 2 所示。

(3)试验用试杆。有效长度 50mm±1mm,由直径为 10mm±0.05mm 的圆柱形耐腐蚀金属制成,滑动部分总质量为 300g±1g。

(4)试验用试模,如图 3 所示。试模由耐腐蚀、有足够硬度的金属制成。试模为深度 40mm±0.2mm,顶部内径 65mm±0.5mm、底部内径 75mm±0.5mm 的截顶圆锥体。每只试模配备一个面积大于试模、厚度大于或等于 2.5mm 的平板玻璃底板。

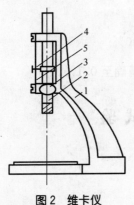

图2　维卡仪　　　　　　　图3　金属试模(尺寸单位:mm)

1-铁座;2-金属圆棒;3-松紧螺钉;4-指针;5-标尺

(5)试验室温度为20℃±2℃,相对温度应不低于50%;水泥试样、拌和水、仪器和用具的温度应与试验室一致。

(6)湿气养护箱的温度为20℃±1℃,相对温度不低于90%。

2.试验步骤

(1)试验前检查仪器设备。将测定标准稠度用试杆连接在维卡仪上,与试杆连接的滑动杆表面应光滑,能靠重力自由下落,不得有紧涩和晃动现象;调整试杆至下端接触玻璃板时将指针对准零点;搅拌机运行正常。

(2)制备水泥浆。将水泥净浆搅拌机的搅拌锅和搅拌叶片先用湿布擦过;称取水泥500g,并根据经验量取适量水(一般通用水泥的标准稠度用水量范围为26%～30%)。

先将拌和水倒入搅拌锅内,在5～10s内小心地将称好的500g水泥加入水中,防止水和水泥溅出;拌和时,先将锅放在搅拌机的锅座上,升至搅拌位置,启动搅拌机,低速搅拌2min,停15s,同时将叶片和锅壁上的水泥浆刮入锅中间,再高速搅拌2min停机。

(3)测定沉入深度。拌和结束后,立即将拌制好的水泥净浆装入已置于玻璃底板上的试模中,用小刀插捣,轻轻振动数次,刮去多余的净浆;抹平后迅速将试模和底板移到维卡仪上,并将其中心定在试杆下,降低试杆直至与水泥净浆表面接触,拧紧螺丝1～2s后,突然放松,使试杆垂直、自由地沉入水泥净浆。在试杆停止沉入或释放试杆30s时记录试杆距底板之间的距离,之后提升起试杆,立即擦净。注意:整个操作应在搅拌后1.5min内完成。

(4)计算水泥的标准稠度用水量P(%)。以试杆沉入净浆距底板6mm±1mm的水泥净浆为标准稠度水泥浆,其拌和水量为该水泥的标准稠度用水量(P),以水泥质量的百分数计。如果试杆沉入深度不满足上述要求,则需调整水量,重新进行试验。

三、凝结时间

1. 仪器设备与试验环境条件

(1)水泥净浆搅拌机。

(2)维卡仪,如图2所示。

(3)初凝用试针,如图4所示。有效长度为50mm±1mm,直径为1.13mm±0.05mm。

(4)终凝用试针。有效长度为30mm±1mm,细部构造如图5所示。

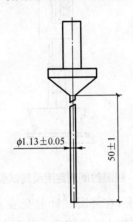

图4　初凝用试针(尺寸单位:mm)　　　　图5　终凝用试针(尺寸单位:mm)

(5)盛水泥浆的金属试模及玻璃板,如图3所示。

(6)初凝时间测定用立式试模侧视图,如图6所示。

(7)终凝时间测定用反转试模前视图,如图7所示。

(8)试验环境条件同水泥标准稠度用水量试验。

2. 试验步骤

(1)测定前准备工作。检查维卡仪滑动部分表面光滑,能靠重力自由下落,不得有紧涩和晃动现象;搅拌机运行正常。

(2)制备标准稠度水泥浆。水泥浆搅拌步骤同标准稠度用水量试验。将制备好的水泥浆一次装满试模,振动数次并刮平,连同试模一起立即放入湿气养护箱中。记录拌制水泥浆时水泥全部加入水中的时间,作为凝结时间的起始时间。

(3)测定初凝时间。试件在湿气养护箱中养护至加水后30min时进行第一次测定。从湿气养护箱中取出试模放到试针下,调整试针顶点与水泥净浆表面接触,将指针对准零点。拧紧螺丝1~2s后,突然放松,使试针垂直、自由地沉入水泥净浆。观察试针停止下沉或释放试针30s时指针的读数。当试针下沉距底板4mm±1mm时,为水泥浆达到初凝状态;由水泥全部加入水中至初凝状态的时间为水泥的初凝时间,用"min"表示。

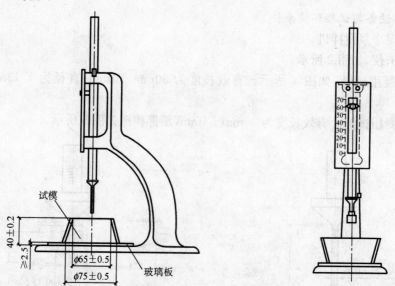

图6 初凝时间测定用立式试模侧视图(尺寸单位:mm) **图7 终凝时间测定用反转试模前视图**

(4)测定终凝时间。为了准确观测试针沉入的状况,在终凝试针上安装了一个环形附件。在完成初凝时间测定后,立即将试模连同浆体以平移的方式从玻璃板上取下,翻转180°,即以直径大端向上、小端向下的形式再次将它们放于玻璃板上,如图7所示。之后放入湿气养护箱中继续养护,临近终凝时每隔15min测定一次。

测定时,应使终凝时间试针接触水泥浆表面,将指针对准零点。拧紧螺丝1~2s后,突然放松,使试针垂直、自由地沉入水泥净浆。当试针沉入水泥浆试体中0.5mm时,即环形附件开始不能在试体上留下痕迹时,为水泥达到终凝状态。由水泥全部加入水中至终凝状态的时间为水泥的终凝时间,用"min"表示。

测定时应注意,在最初测定时应轻轻扶持金属柱,使其徐徐下降,以防试针撞弯;在整个测试过程中试针沉入的位置至少要距试模内壁10mm。临近初凝或终凝时,应每隔15min测定一次,到达初凝或终凝时应立即重复测一次,当两次结论相同时才能定为到达初凝或终凝状态。每次测定不能让试针落入原针孔,每次测试完毕须将试针擦净并将试模放回湿气养护箱内,整个测试过程要防止试模受振。

四、安定性试验

1.仪器设备与试验环境条件
(1)水泥净浆搅拌机。

(2)沸煮箱。有效尺寸约为 410mm×240mm×310mm,篦板的结构应不影响试验结果,篦板与加热器之间的距离大于 50mm。箱的内层由不易锈蚀的金属材料制成,能在 30min±5min 内将箱内的试验用水由室温升至沸腾状态并保持 3h 以上,整个试验过程中不需补充水量。

(3)雷氏夹。由铜质材料制成,其结构如图 8 所示。当一根指针的根部先悬挂在一根金属丝或尼龙丝上,另一根指针的根部再挂上 300g 质量的砝码时,两根指针针尖之间的距离的增加应在 17.5mm±2.5mm 范围内,当去掉砝码后针尖的距离能恢复至加载砝码前的状态。

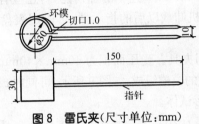

图 8　雷氏夹(尺寸单位:mm)

(4)试验环境条件同水泥标准稠度用水量试验。

2.试验步骤

(1)测定前的准备工作。每个试样需成型两个试件,每个雷氏夹需配备质量约为 75~85g 的玻璃板两块,凡与水泥净浆接触的玻璃板和雷氏夹内表面都要稍稍涂上一层油。

(2)雷氏夹试件的成型。将预先准备好的雷氏夹放在已稍擦油的玻璃板上,并立即将已制好的标准稠度水泥净浆一次装满雷氏夹。装浆时一只手轻轻扶持雷氏夹,另一只手用宽约 10mm 的小刀插捣数次,然后抹平,盖上稍涂油的玻璃板,接着立即将试件移至湿气养护箱内养护 24h±2h。

(3)沸煮。

①调整好沸煮箱内的水量,保证在整个沸煮过程中水位一直超过试件,不需中途添补试验用水,同时又能保证在 30min±5min 内升温至沸腾。

②从玻璃板上取下雷氏夹试件,先测量雷氏夹指针尖端间的距离(A),精确到 0.5mm。然后将试件放入沸煮箱中的试件架上,指针朝上,在 30min±5min 内加热至沸并恒沸 3h±5min。

(4)沸煮结束后,立即放掉沸煮箱中的热水,打开箱盖,待箱体冷却至室温时取出试件。测量沸煮后试件的雷氏夹指针尖端的距离(C),准确至 0.5mm。当两个试件煮后指针尖端处所增加的距离($C-A$)的平均值不大于 5.0mm 时,即认为该水泥安定性合格,否则为不合格。当两个试件的($C-A$)值相差超过 4.0mm 时,应用同一样品立即重做一次试验。

五、水泥胶砂强度试验（ISO 法）

1.仪器设备与试验环境条件

(1)行星式砂浆搅拌机。

(2)振实台。

(3)抗折强度试验机。

(4)抗压强度试验机。在较大的 4/5 量程范围内使用时,记录的荷载应有±1‰
精度,并具有按 2400N/s±200 N/s 速率的加荷能力,还应有一个能指示试件破坏时
的荷载并把它保持到试验机卸载以后的指示器,可以用表盘里的峰值指针或显示器
来实现。

(5)抗压强度试验机用夹具。受压面积为 40mm×40mm。

(6)试模。由 3 个水平的模槽组成,如图 9 所示,可同时成型 3 条截面为 40mm×
40mm、长 160mm 的棱柱形试体。

(7)成型室的空气温度为 20℃±2℃,相对温度应不
低于 50％;水泥试样、拌和水、仪器和用具的温度应与试
验室一致。

(8)试体带模养护的养护箱或雾室温度保持在
20℃±1℃,相对温度不低于 90％;试体养护池的水温应
在 20℃±1℃ 的范围内。

2.试验用原材料及砂浆配比

(1)水泥。

(2)标准砂。采用中国 ISO 标准砂,每袋标准砂质
量为 1350g±5g。

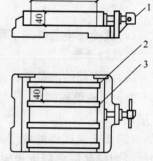

图 9　试模(单位尺寸:mm)
1-底模;2-侧板;3-挡板

(3)胶砂配合比。胶砂的质量配合比应为一份水泥、三份标准砂和半份水(水灰
比为 0.5)。一锅胶砂成型 3 条试体,每锅所需各材料量及称量误差允许范围如表 1
所示。

每锅胶砂所需各材料量及称量误差允许范围　　表 1

水泥(g)	标准砂(g)	水(mL)
450±2	1350±5	225±1

3.试验步骤

(1)称量各材料。按表 1 所示各材料用量分别称取水泥、标准砂和水。

(2)搅拌。先使搅拌机处于待工作状态,然后按以下程序进行操作:

首先把水加入锅内,再加入水泥,把锅放在固定架上,上升至固定位置;然后立即开动机器,低速搅拌 30s 后,在第二个 30s 开始的同时均匀地将砂子加入。当各级砂子分装时,从最粗粒级开始,依次将所需的每级砂量加完。把机器转至高速再拌30s,停拌 1.5min,在第一个 15s 内用一胶皮刮具将叶片和锅壁上的胶砂刮入锅内。在高速下继续搅拌 1min,各个搅拌阶段,时间误差应在 ±1s 内。

(3)制备试件。胶砂搅拌好后立即成型。将空试模和模套固定在振实台上,用勺子直接从搅拌锅里将胶砂分二层装入试模,装第一层时,每个槽里约放 300g 胶砂,用大播料器垂直架在模套顶部沿每个模槽来回一次将料层播平,接着振实 60 次;再装入第二层胶砂,用小播料器播平,再振实 60 次。移走模套,从振实台上取下试模,用一金属直尺以近似 90°的角度架在试模模顶的一端,然后沿试模长度方向以横向锯割动作慢慢向另一端移动,一次将超过试模部分的胶砂刮去,并用同一直尺以近乎水平的方式将试体表面抹平。在试模上做标记或加字条,标明试件编号和试件相对于振实台的位置。

(4)试件的养护。

①脱模前的处理和养护 去掉留在模子四周的胶砂。立即将做好标记的试模放入雾室或湿箱的水平架子上养护,湿空气应能与试模各边接触。一直养护到规定的脱模时间时取出脱模。脱模前,用防水墨汁或颜料笔对试体进行编号。两个龄期以上的试体,在编号时应将同一试模中的 3 条试体分在两个以上的龄期内。

②脱模 脱模应非常小心,需要测定 24h 龄期强度的试件,应在破型试验前20min 内脱模。对于 24h 以上龄期的试件,应在成型后 20~24h 之间脱模。

③水中养护 将做好编号的试件立即水平或竖直放在 20℃±1℃的水中养护,水平放置时刮平面应朝上。试件之间应保持一定间距,试件之间间隔或试体上表面的水深不得小于 5mm。养护至规定龄期,取出进行强度试验。

试件的龄期从水泥加水搅拌开始试验时算起,各龄期强度试验在下列时间里进行:

24h~24h±15min;

48h~48h±30min;

72h~72h±45min;

7d~7d±2h;

大于等于 28d~28d±8h。

(5)抗折强度试验。用规定的设备以中心加荷法测定抗折强度。将试体的一个侧面放在试验机支撑圆柱上,试体长轴垂直于支撑圆柱,通过加荷圆柱以 50N/s±10N/s 的速率均匀地将荷载垂直加在棱柱体相对侧面上,直至折断,记录破坏荷载 F_f,按下式计算抗折强度值 R_f(精确至 0.1MPa)。

$$R_\mathrm{f} = \frac{1.5 F_\mathrm{f} L}{b^3} \tag{6}$$

式中：R_f——抗折强度，MPa；

F_f——折断时施加于棱柱体中部的荷载，N；

L——支撑圆柱之间的距离，mm；

b——棱柱体正方形截面的边长，mm。

(6)抗压强度试验。用规定的设备，在折断后的棱柱体上进行抗压试验，受压面是试体成型时的两个侧面，面积为 40mm×40mm。半截棱柱体中心与压力机压板受压中心差应在 ±0.5mm 内，棱柱体露在压板外的部分约有 10mm。在整个加荷过程中以 2400N/s±200N/s 的速率均匀地加荷直至破坏，记录破坏荷载 F_c，按下式计算抗压强度值 R_c(精确至 0.1MPa)。

$$R_\mathrm{c} = \frac{F_\mathrm{c}}{A} \tag{7}$$

式中：R_c——抗压强度，MPa；

F_c——破坏时的最大荷载，N；

A——受压面积(40mm×40mm＝1600mm²)，mm²。

4. 试验结果评定

(1)抗折强度。以一组 3 个棱柱体试件的抗折强度平均值作为试验结果，计算精确至 0.1MPa。当 3 个强度值中有超出平均值±10％时，应剔除该值后再取平均值作为抗折强度试验结果。

(2)抗压强度。以一组 3 个棱柱体折断后、6 个试件的抗压强度测定值的算术平均值作为试验结果，计算精确至 0.1MPa。如 6 个测定值中有一个超出平均值的 ±10％，应剔除该值，再以剩下 5 个测定值的平均值作为抗压强度试验结果。如果这 5 个测定值中再有超过它们平均值±10％的，则该组试验结果作废。

(3)确定水泥强度等级。根据不同品种水泥，按照规定龄期的抗折、抗压强度值(表 2-4)确定水泥的强度等级。

试验 III 混凝土用砂、石试验

一、砂的表观密度

1. 主要仪器设备

主要仪器设备包括：天平(称量 1000g，感量 1g)，容量瓶(500mL)，烘箱，干燥器，料勺,烧杯,温度计等。

2.试验步骤

(1)称取烘干试样 300g(m_0),装入盛有半瓶冷开水的容量瓶中,摇动容量瓶,使试样充分搅动,排除气泡。塞紧瓶塞,静置 24h。

(2)打开瓶塞,用滴管添水使水面与瓶颈 500mL 刻线平齐。塞紧瓶塞,擦干瓶外水分,称其质量 m_1(g)。

(3)倒出瓶中的水和试样,清洗瓶内外,再装入与上项水温相差不超过 2℃的冷开水至瓶颈 500mL 刻度线。塞紧瓶塞,擦干瓶外水分,称其质量 m_2(g)。

3.结果计算

(1)按下式计算砂的表观密度 ρ_0(精确至 0.01g/cm³)。

$$\rho_0 = \frac{m_0}{m_0 + m_2 - m_1} \times \rho_w \tag{8}$$

式中:ρ_w——水的密度,取 1g/cm³。

(2)以两次试验结果的算术平均值作为砂的表观密度,计算精确至 0.01g/cm³。如两次结果之差大于 0.02g/cm³ 时,应重新取样进行试验。

二、砂的堆积密度与空隙率

1.主要仪器设备

(1)天平。称量 10kg,感量 1g。

(2)容量筒。圆柱形金属筒,内径 108mm,净高 109mm,筒壁厚 2mm,容积为 1L。

(3)方孔筛。孔径为 4.75mm 筛一只。

(4)垫棒。直径 10mm、长 500mm 的圆钢。

(5)烘箱、漏斗或料勺、直尺、浅盘、毛刷等。

2.试验步骤

(1)将经过缩分、烘干后的砂试样用 4.75mm 孔径的筛子过筛,然后分成大致相等的两份。

(2)松散堆积密度。取试样一份,用漏斗或料勺将试样从容量筒中心上方 50mm 处徐徐倒入,让试样以自由落体落下,当容量筒上部试样呈锥体,且容量筒四周溢满时停止加料。然后用直尺沿筒口中心线向两边刮平(试验过程中应防止触动容量筒),称出试样和容量筒的总质量 G_1(精确至 1g)。

(3)紧密堆积密度。取试样一份分两次装入容量筒。装完第一层后,在筒底垫放垫棒,将筒按住,左右交替颠击地面各 25 次。然后装入第二层,并用同样的方法颠实(但筒底所垫垫棒方向与第一层时的方向垂直)后,再加试样至筒口,然后用直尺沿筒口中心线向两边刮平,称出试样和容量筒的总质量 G_1(精确至 1g)。

3. 结果计算与评定

(1)砂的松散堆积密度或紧密堆积密度按下式计算(精确至 $10kg/m^3$):

$$\rho_1 = \frac{G_1 - G_0}{V} \tag{9}$$

式中:ρ_1——砂的松散堆积密度或紧密堆积密度,kg/m^3;

G_1——试样和容量筒的总质量,g;

G_0——容量筒的质量,g;

V——容量筒的容积,L。

(2)砂的空隙率 P_0 按下式计算(精确至 1%)。

$$P_0 = \left(1 - \frac{\rho_1}{\rho_0}\right) \times 100\% \tag{10}$$

式中:P_0——砂的空隙率,%;

ρ_1——砂的松散堆积密度或紧密堆积密度,kg/m^3;

ρ_0——砂的表观密度,kg/m^3。

(3)堆积密度取两次试验结果的算术平均值,计算精确至 $10kg/m^3$;空隙率取两次试验结果的算术平均值,计算精确至 1%。

三、砂的颗粒级配

1. 主要仪器设备

(1)方孔筛一套。孔径为 $150\mu m$、$300\mu m$、$600\mu m$、1.18mm、2.36mm、4.75mm 及 9.50mm 的筛各一只,并附有筛底和筛盖。

(2)天平。称量 1000g,感量 1g。

(3)摇筛机。

(4)烘箱、浅盘、毛刷等。

2. 试验步骤

(1)按规定取样,并将试样缩分至大约 1100g,放在烘箱中于 105℃±5℃下烘至恒重,冷却至室温。筛除大于 9.50mm 的颗粒(并算出其筛余百分率),然后分为大致相等的两份备用。

(2)准确称取试样 500g,精确至 1g,将试样倒入按孔径大小从上到下组合的套筛(附筛底)上,进行筛分。

(3)将套筛置于摇筛机上并固紧,摇筛 10min;取下套筛,按筛孔大小顺序再逐个用手筛,筛至每分钟通过量小于试样总量的 0.1% 为止。通过的砂样并入下一号筛中,并和下一号筛中的试样一起过筛,按此顺序进行,直至各号筛全部筛完为止。

(4)称出各号筛的筛余量,精确至 1g。如每号筛的筛余量与筛底剩余量之和同原试样质量之差超过 1%时,须重新试验。

3. 结果计算与评定

(1)计算分计筛余百分率。即为各号筛上的筛余量除以试样总质量(精确至 0.1%)。

(2)计算累计筛余百分率。即为该号筛的筛余百分率加上该号筛以上各筛分计筛余百分率之和(精确至 0.1%)。

(3)按下式计算砂的细度模数 M_x(精确至 0.01)。

$$M_x = \frac{(A_2 + A_3 + A_4 + A_5 + A_6) - 5A_1}{100 - A_1}$$

(11)

式中: M_x——细度模数;

$A_1, A_2, \cdots, A_6$——分别为 4.75mm、2.36mm、1.18mm、$600\mu m$、$300\mu m$、$150\mu m$ 筛的累计筛余百分率。

(4)根据各筛上累计筛余百分率,评定该试样的颗粒级配。

(5)累计筛余百分率取两次试验结果的算术平均值,计算精确至 1%。细度模数取两次试验结果的平均值,计算精确至 0.1;如两次试验的细度模数之差超过 0.20 时,则须重新试验。

四、石子颗粒级配试验

1. 主要仪器设备

(1)方孔筛一套。孔径为 4.75mm、9.50mm、16.0mm、19.0mm、26.5mm、31.5mm、37.5mm、53.0mm、63.0mm、75.0mm 及 90.0mm 的筛各一只,并附有筛底和筛盖(筛框内径为 300mm)。

(2)台秤。称量 10kg,感量 1g。

(3)摇筛机。

(4)烘箱、浅盘、毛刷等。

2. 试验步骤

(1)按规定取样,并将试样缩分至略大于表 2 规定的数量,烘干或风干后备用。

石子颗粒级配试验时所需试样数量   表 2

最大粒径(mm)	9.5	16.0	19.0	26.5	31.5	37.5	53.0	75.0
最少试样质量(kg)	1.9	3.2	3.8	5.0	6.3	7.5	12.6	16.0

(2)按表 2 规定的数量准确称取试样一份(精确至 1g)。将试样倒入按孔径大小从上到下组合的套筛(附筛底)上,然后进行筛分。

（3）将套筛置于摇筛机上，摇筛 10min；取下套筛，按筛孔大小顺序再逐个用手筛，筛至每分钟通过量小于试样总量的 0.1％为止。通过的颗粒并入下一号筛中，并和下一号筛中的试样一起过筛，按此顺序进行，直至各号筛全部筛完为止。

（4）称出各号筛的筛余量（精确至 1g）。如每号筛的筛余量与筛底剩余量之和同原试样质量之差超过 1％时，须重新试验。

3. 结果计算与评定

（1）计算分计筛余百分率。即为各号筛的筛余量与试样总质量之比（精确至 0.1％）。

（2）计算累计筛余百分率。即为该号筛的筛余百分率加上该号筛以上各筛分计筛余百分率之和（精确至 1％）。

（3）根据各筛上累计筛余百分率，评定该试样的颗粒级配。

五、石子的表观密度试验

1. 主要仪器设备

（1）天平。称量 2kg，感量 1g。

（2）广口瓶。1000mL，磨口，带玻璃片。

（3）方孔筛。孔径为 4.75mm 的筛一只。

（4）烘箱、温度计、毛巾、搪瓷盘、刷子等。

2. 试验步骤

（1）按规定取样，并缩分至略大于表 3 中规定的数量，风干后筛除小于 4.75mm 的颗粒，然后洗刷干净，分为大致相等的两份备用。

石子表观密度试验所需试样数量　　　　　　　　表 3

最大粒径(mm)	小于 26.5	31.5	37.5	63.5	75.0
最少试样质量(kg)	2.0	3.0	4.0	6.0	6.0

（2）将试样浸水饱和，然后装入广口瓶中，装试样时广口瓶应倾斜放置。注入饮用水，用玻璃片覆盖瓶口，以上下左右摇晃的方法排除气泡。

（3）气泡排尽后，向瓶中添加饮用水，至水面凸出瓶口边缘，然后用玻璃片沿瓶口迅速滑行，使其紧贴瓶口水面盖好。擦干瓶外水分，称出试样、水、瓶和玻璃片的总质量，精确至 1g。

（4）将瓶中的试样倒入浅盘中，放在 105℃±5℃ 的烘箱中烘至恒重，取出冷却至室温，称出试样质量，精确至 1g。

（5）将瓶洗净并重新注入饮用水，用玻璃片紧贴瓶口水面滑行盖好，擦干瓶外水分后，称出水、瓶和玻璃片的总质量，精确至 1g。

3. 结果计算与评定

(1)石子的表观密度按下式计算(精确至 $10kg/m^3$)。

$$\rho_0 = \frac{G_0}{G_0 + G_2 - G_1} \times \rho_w \tag{12}$$

式中：ρ_0——表观密度，kg/m^3；

    G_0——烘干后试样的质量，g；

    G_1——试样、水、瓶和玻璃片的总质量，g；

    G_2——水、瓶和玻璃片的总质量，g；

    ρ_w——水的密度，取 $1000kg/m^3$。

(2)表观密度取两次试验结果的算术平均值，计算精确至 $10kg/m^3$；若两次试验结果之差大于 $20kg/m^3$，须重新试验。对颗粒材质不均匀的试样，如两次试验结果之差超过 $20kg/m^3$，可取 4 次试验结果的算术平均值。

六、石子堆积密度与空隙率

1. 主要仪器设备

(1)台秤。称量 10kg，感量 10g。

(2)磅秤。称量 50kg 或 100kg，感量 50g。

(3)容量筒。体积分为 10L(石子最大粒径 $D_{max} \leqslant 26.5mm$)，20L(D_{max} 为 31.5mm，37.5mm)，30L(D_{max} 为 53.0mm、63.0mm 或 75.0mm)三种，根据石子试样的最大粒径选取。

(4)垫棒。直径 16mm、长 600mm 的圆钢。

(5)直尺、小铲等。

2. 试验步骤

(1)按规定取样，烘干或风干后，拌匀并把试样分为大致相等的两份备用。

(2)松散堆积密度。取试样一份，用小铲将试样从容量筒口中心上方 50mm 处徐徐倒入，让试样以自由落体落下，当容量筒上部试样呈锥体，且容量筒四周溢满时，即停止加料。除去凸出容量筒口表面的颗粒，并以适当的颗粒填入凹陷部分，使表面稍凸起部分和凹陷部分的体积大致相等(试验过程中应防止触动容量筒)，称出试样和容量筒的总质量，精确至 10g。

(3)紧密堆积密度。取试样一份分 3 次装入容量筒。装完第一层后，在筒底垫放垫棒，将筒按住，左右交替颠击地面各 25 次，再装入第二层，第二层装满后用同样方法颠实(但筒底所垫垫棒的方向与第一层时的方向垂直)，然后装入第三层，如法颠实。试样装填完毕，再加试样直至超过筒口，用钢尺沿筒口边缘刮去高出的试样，并用适当的颗粒填入凹陷部分，使表面稍凸起部分和凹陷部分的体积大致相等，称出试样和容量筒的总质量,精确至 10g。

3. 结果计算与评定

(1)石子的松散堆积密度或紧密堆积密度按下式计算(精确至 $10kg/m^3$)。

$$\rho_1 = \frac{G_1 - G_0}{V} \tag{13}$$

式中:ρ_1——松散堆积密度或紧密堆积密度,kg/m^3;

G_1——试样和容量筒的总质量,g;

G_0——容量筒的质量,g;

V——容量筒的容积,L。

(2)空隙率按下式计算(精确至 1%)。

$$P_0 = \left(1 - \frac{\rho_1}{\rho_0}\right) \times 100\% \tag{14}$$

式中:P_0——空隙率,%;

ρ_1——石子的松散堆积密度或紧密堆积密度,kg/m^3;

ρ_0——石子的表观密度,kg/m^3。

(3)堆积密度取两次试验结果的算术平均值,计算精确至 $10kg/m^3$;空隙率取两次试验结果的算术平均值,计算精确至 1%。

试验 IV 混凝土拌合物性能试验

一、混凝土试验室拌和方法

1. 一般规定

拌制混凝土的原材料应符合技术要求,并与实际工程材料相同,在拌和前材料的温度应与试验室温度相同(宜保持在 20℃±5℃);水泥如有结块,应用 64 孔/cm² 筛后方可使用。称取材料以质量计,称量精度:砂、石骨料为±0.5%,水泥、掺合料、水和外加剂为±0.3%;砂、石骨料以干燥状态为基准。

2. 主要仪器设备

(1)混凝土搅拌机。积量 30~100L,转速 18~22r/min。

(2)台秤。称量 50kg,感量 50g。

(3)天平。称量 5kg,感量 1g。

(4)量筒、拌铲、钢制拌板、盛器等。

3. 试验步骤

(1)称料。按所定配合比称取各材料用量。

（2）预拌。将按配合比称量的水泥、砂及水组成的砂浆和少量石子在搅拌机中预拌一次，使水泥砂浆部分粘附在搅拌机的内壁和叶片上，倒出预拌混合料后刮去多余砂浆，以避免影响正式搅拌时的配合比。

（3）搅拌。依次向搅拌机内加入石子、砂和水泥，开动搅拌机干拌均匀后，再将水徐徐加入，全部加料时间不超过 2 min，加完水后再继续搅拌 2min。

（4）将拌合物自搅拌机卸出，倾倒在钢板上，再经人工拌和 2～3 次，即可做拌合物的各项性能试验或成型试件。从加水时起，全部操作必须在 30min 内完成。

二、混凝土拌合物坍落度试验

1. 主要仪器设备

（1）坍落度筒。截顶圆锥形，由薄钢板或其他金属板制成，形状和尺寸见图 10。

（2）捣棒（端部应磨圆）、装料漏斗、小铁铲、钢直尺、镘刀等。

2. 试验步骤

（1）首先用湿布润湿坍落度筒及其他用具，将坍落度筒置于钢板上，漏斗置于坍落度筒顶部，且用双脚踩住踏板。

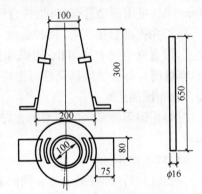

（2）用铁铲将拌好的混凝土拌合物分三层装入筒内，每层高度约为筒高的 1/3。每层用捣棒沿螺旋方向由边缘向中心插捣 25 次。插捣底层时应贯穿整个深度，插捣其他两层时捣棒应插至下一层的表面。

图 10　坍落度筒及捣棒（尺寸单位：mm）

（3）插捣完毕后，除去漏斗，用镘刀刮去多余拌合物并抹平，清除筒四周拌合物，在 5～10s 内垂直平稳地提起坍落度筒，随即量测筒高与坍落后的混凝土试体最高点之间的高度差，即为坍落度值。

（4）从开始装料到坍落度筒提起整个过程应在 2.5min 完成。当坍落度筒提起后，混凝土试体发生崩坍或一边剪坏现象，则应重新取样测定坍落度，如第二次仍出现这种现象，则表明该拌合物的和易性不好。

（5）在测定坍落度过程中，应注意观察拌合物的黏聚性和保水性。

3. 试验结果

（1）稠度。以坍落度表示，单位 mm，精确至 5mm。

（2）黏聚性。以捣棒轻敲混凝土锥体侧面，如锥体逐渐下沉，则表示黏聚性良好；如锥体倒坍、崩裂或离析，表示黏聚性不好。

（3）保水性。提起坍落度筒后如果底部有较多稀浆析出，骨料外露，表示保水性不好；如无稀浆或少量稀浆析出，表示保水性良好。

三、混凝土拌合物表观密度试验

1. 主要仪器设备

(1)容量筒。骨料最大粒径不大于 40mm 时，容量筒体积为 5L；骨料粒径大于 40mm 时，容量筒内径与高均应大于骨料最大粒径的 4 倍。

(2)台秤。称量 50kg，感量 50g。

(3)振动台。频率为 3000 次/min±200 次/min，空载振幅为 0.5mm±0.1mm。

2. 试验步骤

(1)润湿容量筒内壁，称其质量 m_1，精确至 50g。

(2)将拌制好的混凝土拌合物装入容量筒并使其密实，当拌合物坍落度不大于 70mm 时，可用振动台振实；当拌合物坍落度大于 70mm 时，可用捣棒捣实。

(3)用振动台振实时，将拌合物一次装满，振动时随时准备添料，振至表面出现水泥浆，没有气泡向上冒为止；用捣棒捣实时，混凝土分两层装入，每层插捣 25 次（对 5L 容量筒），每一层插捣完后可把捣棒垫在筒底，用双手扶筒左右交替颠击 15 次，使拌合物布满插孔。

(4)用镘刀将多余的料浆刮去并抹平，擦净筒外壁，称出拌合物与筒的总质量 m_2（kg）。

3. 结果计算

按式(16)计算混凝土拌合物的表观密度 ρ_{0c}（精确至 $10kg/m^3$）：

$$\rho_{0c} = \frac{m_2 - m_1}{V} \times 1000 \tag{15}$$

式中：ρ_{0c}——混凝土拌合物的表观密度，kg/m^3；

V——容量筒的容积，L；

m_1——容量筒的质量，kg；

m_2——拌合物与容量筒的总质量，kg。

试验 V   混凝土力学性能试验

一、主要仪器设备

(1)压力试验机。精度不低于±2%，试验时由试件最大荷载选择压力机量程，使试件破坏时的荷载位于全量程的 20%～80% 范围以内。

(2)振动台。振动频率为 50Hz±3Hz，空载振幅约为 0.5mm。

(3)搅拌机、试模、捣棒、抹刀等。

二、试件制作与养护

1.一般规定

制作混凝土强度试件时,在成型前,应确认试模尺寸符合有关规定,试模内表面应涂一薄层矿物油或其他不与混凝土发生反应的脱模剂。

2.试件的制作

(1)将拌和好的混凝土拌合物至少再用铁锹来回拌和3次。

(2)将混凝土拌合物一次装入试模,装料时应用抹刀沿各试模壁插捣,并使混凝土拌合物高出试模口;试模应附着或固定在符合规定的振动台上,振动时不容许有任何跳动,振动应持续到表面出浆为止,且应避免过振。

(3)刮除试模上口多余的混凝土,在混凝土临近初凝时,用抹刀抹平。

3.试件的养护

(1)试件成型后应立即用不透水的薄膜覆盖表面,以防止水分蒸发。

(2)试件在温度为20℃±5℃的环境中静置一昼夜,然后编号、拆模。拆模后应立即将试件放入温度为20℃±2℃、相对湿度为95%以上的标准养护室中养护,或在温度为20℃±2℃的不流动的$Ca(OH)_2$饱和溶液中养护。标准养护室内的试件应放在支架上,彼此间隔10~20mm,试件表面应保持潮湿,并应避免水直接冲淋试件。

三、抗压强度试验

1.试验步骤

(1)试件养护到规定龄期,自养护室取出,擦干表面并测量其尺寸(精确至1mm),据此计算试件的受压面积$A(mm^2)$。

(2)将试件安放在试验机承压板中心,试件的承压面与成型面垂直。开动试验机,当上压板与试件接近时,调整球座,使接触均衡。

(3)加荷应连续而均匀,加荷速度为:混凝土强度等级小于C30时,取0.3~0.5MPa/s;混凝土强度等级大于等于C30且小于C60时,取0.5~0.8MPa/s;混凝土强度等级大于等于C60时,取0.8~1.0MPa/s。当试件接近破坏、开始迅速变形时,停止调整试验机油门,直至试件破坏。记录破坏荷载$F(N)$。

2.试验结果计算

(1)按下式计算混凝土立方体试件的抗压强度f_{cc}(精确至0.1MPa)。

$$f_{cc} = \frac{F}{A} \tag{16}$$

式中:f_{cc}——混凝土立方体试件抗压强度测定值,MPa;

F——试件破坏荷载，N；

A——试件承压面积，mm^2。

(2)以 3 个试件强度测定值的算术平均值作为该组试件的抗压强度值，计算精确至 0.1MPa。3 个测定值中的最大值或最小值中如有一个与中间值的差值超过中间值的 15％时，则把最大和最小值一并舍去，取中间值作为该组试件的抗压强度值；如最大、最小测定值与中间值之差均超过中间值的 15％，则该组试件的试验结果无效。

(3)立方体抗压强度试验的标准试件尺寸为 150mm×150mm×150mm。混凝土强度等级小于 C60 时，用非标准试件测得的强度值均应乘以尺寸换算系数，其值为采用 200mm×200mm×200mm 的试件时为 1.05，采用 100mm×100mm×100mm 的试件时为 0.95。当混凝土强度等级大于等于 C60 时，宜采用标准试件。

(4)混凝土的强度等级。混凝土强度等级应按立方体抗压强度标准值划分，分为 C15，C20，…，C75，C80 等 14 个强度等级。混凝土立方体抗压强度标准值系指对标准方法制作和养护的边长为 150mm 的立方体试件，在 28d 龄期用标准试验方法测得的具有 95％保证率的混凝土抗压强度值。

四、轴心抗压强度试验

1. 试验步骤

(1)试件养护到规定龄期，自养护室取出，擦干表面并测量其尺寸（精确至 1mm），据此计算试件的受压面积 $A(mm^2)$。

(2)将试件直立放置在试验机的下压板或钢垫板上，并使试件轴心与下压板中心对准。

(3)开动试验机，当上压板与试件或钢垫板接近时，调整球座，使接触均衡。

(4)应连续均匀地加荷，不得有冲击。当试件接近破坏、开始急剧变形时，应停止调整试验机油门，直至试件破坏。记录破坏荷载 $F(N)$。

2. 试验结果计算

混凝土试件轴心抗压强度应按式(17)计算（精确至 0.1MPa）。

$$f_{cp} = \frac{F}{A} \tag{17}$$

式中：f_{cp}——混凝土轴心抗压强度，MPa；

F——试件破坏荷载，N；

A——试件承压面积，mm^2。

混凝土强度等级小于 C60 时，用非标准试件测得的强度值均应乘以尺寸换算系数，其值为对 200mm×200mm×400mm 的试件为 1.05，对 100mm×100mm×300mm 的试件为 0.95。当混凝土强度等级大于等于 C60 时，宜采用标准试件。

五、劈裂抗拉强度试验

1. 试验步骤

(1)试件养护到规定龄期,自养护室取出,擦干表面并测量其尺寸(精确至1mm),据此计算试件的劈裂面积 $A(mm^2)$。

(2)将试件放在试验机下压板的中心位置,劈裂面应与试件成型时的顶面垂直;在上、下压板与试件之间垫以圆弧形垫条及垫层,垫层与垫条应与试件上、下面的中心线对准并与成型时的顶面垂直,如图11所示。为了保证上、下垫层和垫条对准及提高试验效率,可以把垫条及试件安装在定位架上使用。

(3)开动试验机,当上压板与试件接近时,调整球座,使接触均衡。加荷应连续均匀,加荷速度应为:混凝土强度等级小于 C30 时,取 0.02～0.05MPa/s;混凝土强度等级大于等于 C30 且小于 C60 时,取 0.05～0.08MPa/s;混凝土强度等级大于等于C60 时,取0.08～0.10MPa/s。至试件接近破坏时,应停止调整试验机油门,直至试件破坏。记录破坏荷载 $F(N)$。

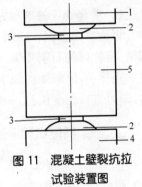

图 11　混凝土劈裂抗拉试验装置图

1、4-压力机上、下压板；2-垫条；3-垫层；5-试件

2. 试验结果计算

混凝土劈裂抗拉强度应按式(18)计算(精确到0.01MPa)。

$$f_{ts} = \frac{2F}{\pi A} = 0.637 \frac{F}{A} \qquad (18)$$

式中:f_{ts}——混凝土劈裂抗拉强度,MPa;

$\quad F$——试件破坏荷载,N;

$\quad A$——试件劈裂面面积,mm^2。

3. 确定劈裂抗拉强度值时应符合下列规定

(1)取 3 个试件测定值的算术平均值作为该组试件的劈裂抗拉强度值,计算精确至 0.01MPa。

(2)3 个测值中的最大值或最小值中如有一个与中间值的差值超过中间值的15%时,则最大及最小值一并舍除,取中间值作为该组试件的劈裂抗拉强度值。

(3)如两个测值与中间值的差均超过中间值的 15%,则该组试件的试验结果无效。

(4)采用 100mm×100mm×100mm 非标准试件测得的劈裂抗拉强度值,应乘以尺寸换算系数 0.85;当混凝土强度等级大于等于 C60 时,宜采用标准试件。

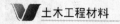

试验 Ⅵ　建筑砂浆试验

一、砂浆拌合物取样及试样拌和方法

（1）试验室拌制砂浆进行试验时，试验材料应与现场用料一致，并提前运入室内，使砂风干；拌和时的室温应为20℃±5℃；水泥若有结块应充分混合均匀，并通过孔径0.9mm的筛；砂子应采用孔径为5mm的筛过筛。材料称量精度要求：水泥、水、外加剂等为±0.5%，砂、石灰膏等为±1%。

（2）混合砂浆的拌和方法：按计算配合比，采用风干砂，称取5L砂浆用的水泥和砂。将称好的水泥和砂倒入拌锅中干拌均匀（约拌1.5min），然后用拌铲在中间做一凹槽，将称好的石灰膏倒入凹槽中，并倒入适量的水，将石灰膏调稀，然后再与水泥和砂共同拌和，继续逐次加水搅拌，直至拌合物色泽一致、和易性凭经验观察符合要求时，即可进行稠度试验，一般需拌和5min。

二、砂浆稠度试验

1. 主要仪器设备

（1）砂浆稠度测定仪，见图12。标准圆锥体和杆总质量为300g，圆锥体高度为145mm，底部直径为75mm，圆锥筒高180mm，底口直径为75mm。

（2）拌和锅、拌铲、捣棒、量筒、秒表等。

2. 试验步骤

（1）将拌和好的砂浆立即做稠度试验，且一次装入圆锥筒内，装至距离口约10mm处，用捣棒插捣25次，并将容器轻轻敲击5～6次。

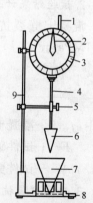

图12　砂浆稠度测定仪
1-齿条测杆；2-指针；3-刻度盘；4-滑杆；5-固定螺丝；6-圆锥体；7-圆锥筒；8-底座；9-支架

（2）将盛有砂浆的圆锥筒移至砂浆稠度测定仪底座上，放松固定螺丝并放下圆锥体，对准容器的中心，使锥尖正好接触到砂浆表面时拧紧固定螺丝。将指针调至刻度盘零点，然后突然放松固定螺丝，使圆锥体自由沉入砂浆中，并同时按下秒表，经10s后读出下沉的深度，即为砂浆稠度值（精确至1mm）。

（3）圆锥筒内的砂浆，只允许测定一次稠度，重复测定时应重新取样测定。如测定的稠度值不符合要求，可酌情加水或石灰膏，经重新拌和后再测，直至稠度满足要求为止。但自拌和加水时算起，不得超过30min。

3.试验结果计算

取两次测定结果的平均值作为该砂浆的稠度值,计算精确至1mm。如两次测定值之差大于20mm,应重新配料测定。

三、砂浆分层度试验

1.主要仪器设备

砂浆分层度仪,为圆筒形,其内径为150mm,上节(无底)高200mm,下节(带底)净高100mm,用金属制成。其他仪器同砂浆稠度试验。

2.试验步骤

(1)将拌和好的砂浆,立即分两层装入分层度仪中,每层用捣棒插捣25次,最后抹平,移至稠度仪上,测定其稠度K_1。

(2)静置30min后,除去上节200mm砂浆,将剩下的100mm砂浆重新拌和后测定其稠度K_2。

(3)两次测定的稠度值之差(K_1-K_2),即为砂浆的分层度值(精确至1mm)。

3.试验结果计算

取两次测定值的平均值作为所测砂浆的分层度值,计算精确至1mm。若两次测定值之差大于20mm,则应重做试验。

四、砂浆保水性试验

1.主要仪器设备

(1)可密封的取样容器。

(2)金属或硬塑料圆环试模。内径100mm,内部深度25mm。

(3)2kg的重物。

(4)医用棉纱。尺寸为110mm×110mm。

(5)中速定性滤纸。直径110mm,200g/m²。

(6)2片金属或玻璃的方形或圆形不透水片。边长或直径大于110mm。

(7)电子天平。量程2000g,感量0.1g。

2.试验步骤

(1)将试模放在不透水片上,接触面用黄油密封,保证水分不渗漏,称其质量m_1。

(2)称量8片定性滤纸的质量m_2。

(3)按照砂浆配合比拌制砂浆样品,或从工地抽取样品。将砂浆样品一次装入试模,略高于试模边缘,用捣棒顺时针插捣25次;用抹刀将砂浆表面抹平,将试模边缘的砂浆擦净,称量试模和砂浆的质量m_3。

(4)用2片医用棉纱覆盖在砂浆表面,再在棉纱表面放8片滤纸,用另一块不透水片盖在滤纸表面,用 2kg 的重物把不透水片压住。

(5)静置 2min 后移走重物及不透水片,取出滤纸(不包括棉纱),迅速称量滤纸质量 m_4。

(6)根据砂浆配合比及加水量计算砂浆含水率;若无法计算,则用烘干法测定砂浆的含水率。

3.结果计算

(1)砂浆保水率按下式计算。

$$W = \left[1 - \frac{m_4 - m_2}{\alpha \times (m_3 - m_1)}\right] \times 100\% \tag{19}$$

式中:W——砂浆保水率,%;

　　　m_1——试模和不透水片的质量,g;

　　　m_2——8 片滤纸吸水前的质量,g;

　　　m_3——试模、不透水片与砂浆的总质量,g;

　　　m_4——8 片滤纸吸水后的质量,g;

　　　α——砂浆含水率,%。

(2)取两次试验结果的算术平均值作为该组砂浆的保水率。若两个测定值中有一个超出平均值的 5%,则此组试验结果无效。

五、砂浆抗压强度试验

1.主要仪器设备

(1)试模。有底或无底的立方体金属模,内壁边长为 70.7mm,每组两个三联模。

(2)压力机(50~100kN),捣棒(直径 100mm、长 310mm),镘刀等。

2.试验步骤

(1)用于多孔基面的砂浆,采用无底试模,下垫砖块,砖面上铺一屋湿纸,允许砂浆中部分水被砖面吸收;用于较密实基面的砂浆,应采用带底的试模,以免水分流失。

(2)采用无底试模时,将试模内壁涂一薄层机油,置于铺有湿纸的砖上(砖含水率不大于 20%,吸水率不小于 10%)。一次装满砂浆,并使其高出模口,用捣棒插捣 25次,静置约 15~30min 后,刮去多余的砂浆并抹平。

(3)采用带底试模时,砂浆应分两层装入,每层厚约 4cm,并用捣棒将每层插捣 12次,面层捣完后,在试模相邻两个侧面,用腻子刮刀沿模内壁插捣 6 次,然后抹平。

(4)试件成型后,经 24h±2h 室温养护后即可编号、脱模,并按下列规定进行继续养护。

①在空气中硬化的砂浆(如混合砂浆),养护温度为 20℃±3℃,相对湿度为 60%~80%。

②在潮温环境中硬化的砂浆(如水泥砂浆),养护温度为 20℃±3℃,相对湿度在 90%以上。

③养护期间,试件彼此间隔不小于 10mm。

(5)试件于养护 28d 后测定其抗压强度,试验前擦干净试块表面,测量试件尺寸(精确至 1mm),并计算受压面积 $A(mm^2)$。

(6)以试件的侧面作为受压面,将试件置于压力机下承压板的中心位置,开动压力机进行加荷,加荷速度为 0.5～1.5kN/s(强度高于 5MPa 时取高限,反之取低限),直至破坏,记录破坏荷载 $P(N)$。

3.试验结果计算

按式(20)计算试件的抗压强度 f_{mu}(精确至 0.1MPa)。

$$f_{mu} = \frac{P}{A} \qquad (20)$$

以 6 个试件测定值的算术平均值作为该组试件的抗压强度值,计算精确至 0.1MPa。当 6 个试件中的最大值或最小值与平均值之差超过 20%时,以中间 4 个试件的平均值作为该组试件的抗压强度值。

试验 VII 砌墙砖试验

砌墙砖试验适用于烧结砖和非烧结砖。烧结砖包括烧结普通砖、烧结多孔砖及烧结空心砖和空心砌块(以下简称空心砖);非烧结砖包括蒸压灰砂砖、粉煤灰砖、炉渣砖和碳化砖等。

一、尺寸测量

1.量具

砖用卡尺如图 13 所示,分度值为 0.5mm。

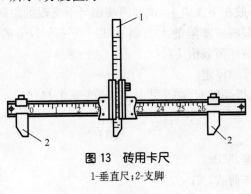

图 13 砖用卡尺
1-垂直尺;2-支脚

2.测量方法

长度、宽度均应在砖的两个大面的中间处分别测量两个尺寸;高度应在两个条面的中间处分别测量两个尺寸,如图 14 所示。当被测处有缺损或凸出时,可在其旁边测量,但应选择不利的一侧。

3.结果评定

结果分别以长度、高度和宽度的最大偏差值表示,不足 1mm 者按 1mm 计。

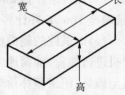

图 14　尺寸量法

二、烧结砖的抗折强度和抗压强度试验

1.仪器设备

(1)材料试验机。试验机的示值相对误差不大于±1%,其下加压板应为球铰支座,预期最大破坏荷载应在量程的 20%～80% 之间。

(2)抗折夹具。抗折试验的加荷形式为三点加荷,其上压辊和下支辊的曲率半径为 15mm,下支辊应有一个为铰接固定。

(3)抗压试件制备平台。试件制备平台必须平整水平,可用金属或其他材料制作。

(4)水平尺。规格为 250～300mm。

(5)钢直尺。分度值为 1mm。

2.抗折强度(荷重)试验

(1)试样

烧结砖不需浸水及其他处理,直接用 5 块砖进行试验。

(2)试验步骤

①按尺寸测量规定测量试样的宽度和高度尺寸各两个,分别取其算术平均值(精确至 1mm)。

②调整抗折夹具下支辊的跨距为砖规格长度减去 40mm。

③将试样大面平放在下支辊上,试样两端面与下支辊的距离应相同,当试样有裂缝或凹陷时,应使有裂缝或凹陷的大面朝下,以 50～150N/s 的速度均匀加荷,直至试样断裂,记录最大破坏荷载值 P(N)。

(3)试验结果计算与评定

①每块试样的抗折强度 R_c 按下式计算(精确至 0.1MPa)。

$$R_c = \frac{3PL}{2BH^2} \tag{21}$$

式中:R_c——抗折强度,MPa;

　　P——最大破坏荷载,N;

L——跨距,mm;

B——试样宽度,mm;

H——试样高度,mm。

②试验结果以试样抗折强度或抗折荷重的算术平均值和单块最小值表示,计算精确至 0.1MPa 或 0.1kN。

3. 抗压强度试验

(1)试件制备。将试样切断或锯成两个半截砖,断开的半截砖长不得小于100mm,如图 15 所示。如果不足 100mm,则应另取备用试样补足。在试样制备平台上,将已断开的半截砖放入室温的净水中浸 10~20min 后取出,并以断口相反方向叠放,两者中间抹以厚度不超过 5mm 的用 32.5 级或 42.5 级普通硅酸盐水泥调制成稠度适宜的水泥净浆黏结,上下两面用厚度不超过 3mm 的同种水泥浆抹平。制成的试件上下两面须相互平行,并垂直于侧面,如图 16 所示。

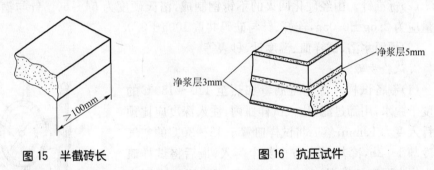

图 15　半截砖长　　　　　　图 16　抗压试件

(2)制成的抹面试件应置于不低于 10℃的不通风室内养护 3d,再进行试验。

(3)试验步骤。

①测量每个试件连接面或受压面的长、宽尺寸各两个,分别取其平均值,精确至 1mm。

②将试件平放在加压板的中央,垂直于受压面加荷,加荷应均匀平衡,不得发生冲击或振动。加荷速度以 2~6kN/s 为宜,直至试件破坏为止,记录最大破坏荷载$P(N)$。

(4)结果计算与评定。

①每块试样的抗压强度 R_p 按下式计算(精确至 0.1MPa)。

$$R_p = \frac{P}{LB} \tag{22}$$

式中:R_p——抗压强度,MPa;

　　P——最大破坏荷载,N;

L——受压面(连接面)的长度,mm;

B——受压面(连接面)的宽度,mm。

②试验结果以试样抗压强度的算术平均值和单块最小值表示,计算精确至0.1MPa。

试验 VIII　石油沥青试验

一、针入度测定

1. 主要仪器设备

(1)针入度计(图 17)。

(2)标准针。由经硬化回火的不锈钢制成,洛氏硬度为 54~60。针与箍的组件质量应为 2.5g±0.05g,连杆、针与砝码共重 100g±0.05g。

(3)恒温水浴、试样皿、温度计、秒表等。

2. 试验步骤

(1)制备试样。首先将沥青加热至 120~180℃ 的温度下脱水,用筛过滤,注入试样皿内,注入深度应比预计针入度大 10mm;然后将试样皿置于 15~30℃ 的空气中冷却 1~2h,冷却时应防止灰尘落入;最后将试样皿移入规定湿度的恒温水浴中,恒温 1~2h,浴中水面应高出试样表面 25mm 以上。

(2)调节针入度计使之水平,检查指针、连杆和轨道,确认无水和其他杂物,无明显摩擦,装好标准针、放好砝码。

(3)从恒温水浴中取出试样皿,放入水温为 25℃±0.1℃ 的平底保温皿中,试样表面以上的水层高度应不小于 10mm。将平底保温皿置于针入度计的平台上。

(4)慢慢放下标准针连杆,使针尖刚好与试样表面接触时固定。拉下活杆,使之与标准针连杆顶端相接触,调节指针或刻度盘使指针指零。然后用手紧压按钮,同时启动秒表,使标准针自由下落穿入沥青试样,经5s 后,停压按钮,使指针停止下沉。

(5)再拉下活杆使之与标准针连杆顶端接触,这时刻度盘指针所指的读数或与初

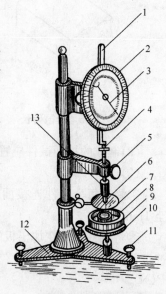

图 17　针入度计

1-拉杆;2-刻度盘;3-指针;4-连杆;
5-按钮;6-小镜;7-标准针;8-试样;
9-保温皿;10-圆形平台;11-调平螺丝;12-底座;13-砝码

始值之差即为试样的针入度值。

(6)同一试样重复测定至少 3 次,每次测定前都应检查并调节保温皿内的水温使之保持在 25℃±0.1℃,每次测定后都应将标准针取下,用浸有溶剂(甲苯或松节油等)的布或棉花擦净,再用干布或棉布擦干。各测点之间及测点与试样皿内壁的距离不应小于 10mm。

3. 试验结果评定

取 3 次针入度测定值的平均值作为该试样的针入度(0.1mm),结果取整数值,3 次针入度测定值相差不应大于表 4 中所列的数值。

石油沥青针入度测定值的最大允许差值   表 4

针入度(0.1mm)	0~49	50~149	150~249	250~350
最大差值(0.1mm)	2	4	6	10

二、延度测定

1. 主要仪器设备

(1)延度仪。由长方形水槽和传动装置组成,由丝杆带动滑板以 50mm/min±5mm/min 的速度拉伸试样,滑板上的指针在标尺上显示移动距离(图 18)。

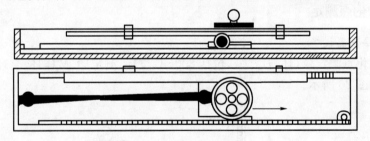

图 18   延度测定仪

(2)"8"字模。由两个端模和两个侧模组成(图 19)。

(3)其他仪器同针入度试验。

2. 试验步骤

(1)将隔离剂(甘油∶滑石粉=2∶1)均匀地涂于金属(或玻璃)底板和两侧模的内侧面(端模勿涂),将模具组装在底板上。将加热熔化并脱水的沥青经过滤后,以细流状缓慢自试模一端至另一端注入,经往返几次注满,并略高出试模,然

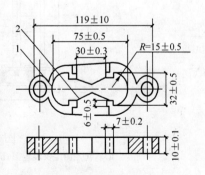

图 19   延度"8"字试模(尺寸单位:mm)

215

后在15～30℃的环境中冷却 30min 后,放入 25℃±0.1℃的水浴中,保持 30min 再取出,用热刀将高出模具的沥青刮去,试样表面应平整光滑,最后移入 25℃±0.1℃的水浴中恒温 1～1.5h。

(2)检查延度仪滑板移动速度是否符合要求,调节水槽中水位(水面高于试样表面不小于 25mm)及水温(25℃±0.5℃)。

(3)从恒温水浴中取出试件,去掉底板与侧模,将其两端模孔分别套在水槽内滑板及横端板的金属小柱上,再检查水温,并保持在 25℃±0.5℃。

(4)将滑板指针对零,开动延度仪,观察沥青拉伸情况。测定时若发现沥青细丝浮于水面或沉入槽底时,则应分别向水中加乙醇或食盐水,以调整水的密度与试样密度相近为止,然后再继续测定。

(5)当试件拉断时,立即读出指针所指标尺上的读数,即为试样的延度,以"cm"表示。

3.试验结果

取平行测定的 3 个试件延度的平均值作为该试样的延度值。若 3 个测定值与其平均值之差不都在其平均值的 5% 以内,但其中两个较高值在平均值的 5% 以内,则弃去最低值,取两个较高值的算术平均值作为测定结果。

三、软化点测定

1.主要仪器设备

(1)软化点测定仪(环与球法),包括 800mL 烧环、测定架、试样环、套环、钢环、温度计等,如图 20 所示。

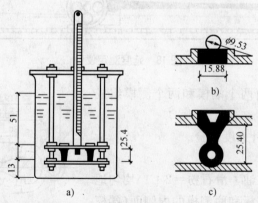

图 20 软化点测定仪
a)软化点测定仪装置图;b)、c)试验前、后钢球位置图(尺寸单位:mm)

(2)电炉或其他可调温的加热器、金属板或玻璃板、筛等。

2.试验步骤

(1)制备试样。将黄铜环置于涂有隔离剂的金属板或玻璃板上,将已加热熔化、脱水且过滤后的沥青试样注入黄铜环内至略高出环面为止(若估计软化点在 100℃以上时,应将黄铜环与金属板预热至 80～100℃)。将试样在 15～30℃的空气中冷却30min 后,用热刀刮去高出环面的沥青,使与环面齐平。

(2)往烧杯内注入新煮沸并冷却至约 5℃的蒸馏水(估计软化点不高于 80℃的试样)或注入预热至 32℃的甘油(估计软化点高于 80℃的试样),使液面略低于连接杆上的深度标记。

(3)将装有试样的铜环置于环架上层板的圆孔中,放上套环,把整个环架放入烧杯内,调整液面至深度标记,环架上任何部分均不得有气泡。将温度计由上层板中心孔垂直插入,使水银环与铜环下面齐平,恒温 15min。水温保持在 5℃±0.5℃(甘油温度保持在 32℃±1℃)。

(4)将烧杯移至放有石棉网的电炉上,然后将钢球放在试样上(须使环的平面在全部加热时间内完全处于水平状态),立即加热,使烧杯内水或甘油温度在 3min 后保持每分钟上升 5℃±0.5℃,否则重做。

(5)观察试样受热软化情况,当其软化下坠至与环架下层板面接触(即 25.4mm)时,记下此时的温度,即为试样的软化点(精确至 0.5℃)。

3.试验结果

取平行测定的两个试样软化点的算术平均值作为测定结果,计算精确至 0.5℃。

参 考 文 献

[1] ［美］P. Kumer Mehta. Concrete：Microstructure，Properties，and Materials. McGraw-Hill Publisher，2006.

[2] Shan Somayaji. Civil Engineering Materials. Printice-Hill Publisher，2001.

[3] H. F. W. Taylor. Cement Chemistry. 2nd ed. Thomas Telford Services Ltd，1997.

[4] 徐定华，徐敏. 混凝土材料学概论. 北京：中国标准出版社，2002.

[5] ［加］Sidney Mindess，［美］J. Francis Young，［美］David Darwin. 混凝土. 吴科如，张雄，姚武，张东，译. 北京：化学工业出版社，2005.

[6] 周士琼. 土木工程材料. 北京：中国铁道出版社，2004.

[7] 覃维祖. 结构工程材料. 北京：清华大学出版社，2003.

[8] 王福川. 土木工程材料. 北京：中国建材工业出版社，2001.

[9] 中国土木工程学会标准. 混凝土结构耐久性设计与施工指南. 北京：中国建筑工业出版社，2005.

[10] 中国土木工程学会高强混凝土委员会. 高强混凝土结构设计与施工指南. 第2版. 北京：中国建筑工业出版社，2001.